U0162893

2023年江苏省习近平新时代中国特色社会主义思想研究中心生态环境厅基地项目："习近平生态文明思想新内涵融入'美丽江苏'建设的实践进路研究"（JD20230103）

2018年度江苏高校哲学社会研究重点项目（2018SJZDI026）：基于生态哲学的高质量发展"江苏方案"研究

生态哲学视域下高质量发展的"江苏方案"研究

曹顺仙◎著

南京大学出版社

图书在版编目(CIP)数据

生态哲学视域下高质量发展的"江苏方案"研究 /
曹顺仙著. — 南京：南京大学出版社，2023.11
ISBN 978 - 7 - 305 - 27374 - 2

Ⅰ. ①生… Ⅱ. ①曹… Ⅲ. ①生态学－哲学－研究－
江苏 Ⅳ. ①Q14 - 02

中国国家版本馆 CIP 数据核字(2023)第 209538 号

出版发行　南京大学出版社
社　　址　南京市汉口路 22 号　　　　邮　编　210093
书　　名　SHENGTAI ZHEXUE SHIYU XIA GAO ZHILIANG FAZHAN DE JIANGSU FANGAN YANJIU
　　　　　生态哲学视域下高质量发展的"江苏方案"研究
著　　者　曹顺仙
责任编辑　刘慧宁　　　　　　　　编辑热线　025 - 83592148

照　　排　南京南琳图文制作有限公司
印　　刷　盐城市华光印刷厂
开　　本　880 mm×1230 mm　1/32　印张 10.625　字数 301 千
版　　次　2023 年 11 月第 1 版　2023 年 11 月第 1 次印刷
ISBN 978 - 7 - 305 - 27374 - 2
定　　价　78.00 元

网址：http://www.njupco.com
官方微博：http://weibo.com/njupco
官方微信号：njupress
销售咨询热线：(025) 83594756

前　言

　　生态文明建设是关乎中华民族永续发展的根本大计。习近平生态文明思想深刻回答了为什么要建设生态文明、建设什么样的生态文明、怎样建设生态文明等重大理论和实践问题，为推进美丽中国建设、实现人与自然和谐共生的现代化提供了根本遵循和行动指南。在习近平生态文明思想引领下，中国的环境治理取得显著成效，开创了在保护中发展、在发展中保护的良好局面。2017年，中国共产党第十九次全国代表大会在全面系统地阐述习近平新时代中国特色社会主义思想、阐明新时代内涵的基础上，对我国经济发展做出由高速增长转向高质量发展阶段的重大战略研判，同时也把坚持人与自然和谐共生作为大力推进生态文明建设的基本方略。这一方面反映了改革开放以来经济社会发展由量变到质变的阶段性变化，意味着经济社会发展必须随着新时代的到来和国内主要矛盾、国际时局变化而实行新的发展战略，另一方面高质量发展作为新时代中国特色社会主义实现什么样的发展、怎样实现发展这一重大问题的回应，必须坚持以绿色为底色，在新发展理念的引领下，以创新为动力，以人与自然和谐共生的现代化为目标，探索富强民主文明和谐美丽的中国特色社会主义经济、政治、文化、社会、生态的平衡充分发展之路，在全面建成小康社会、推进美丽中国和美丽世界协同发展的现代化进程中实现高质量发展。因此，新时代的高质量发展不仅是尊重和顺应经济发展规律的必然选择，更是回应时代变化，响应人民群众对更美好生活、更优良生态环境的需要,实现民族复兴的中国式现代化的战略选择,需要以综合改革、协同创新为动力,实现经济、社会、生态的全面协调可持续发展。

随着以高质量为首要任务的现代化新征程的开启,贯彻习近平生态文明思想的高质量发展必须坚持人与自然是生命共同体的生态本体论,坚持生态惠民的生态价值观,坚持绿色发展的生态发展观,坚持统筹治理的生态系统思维和方法,促进人与自然和谐共生的高质量发展新格局的开创。2020 年,中国全面建成小康社会,经济社会发展进入第二个百年目标奋斗阶段,社会主要矛盾转化为人民日益增长的美好生活需要和不平衡不充分的发展之间的矛盾,过去那种低水平的、粗放式的发展,在各领域各方面都难以为继。因此,在起草"十四五"规划和 2035 年远景目标建议的过程中,习近平总书记明确提出,"高质量发展不能只是一句口号,更不是局限于经济领域".[①] 在中国共产党十九届五中全会上,习近平总书记进一步指出,"经济、社会、文化、生态等各领域都要体现高质量发展的要求".[②] 由此,高质量发展成为"经济社会发展方方面面的总要求",成为在空间维度上"所有地区发展都必须贯彻的要求",成为在时间维度"必须长期坚持的要求"[③],成为与实现中国式现代化目标耦合一体的发展要求。贯彻高质量发展总要求,需要"准确把握新发展阶段,深入贯彻新发展理念,加快构建新发展格局,推动'十四五'时期高质量发展,确保全面建设社会主义现

---

① 新华网. 为什么要把握好高质量发展这个总要求[EB/OL]. [2023 - 08 - 01]. http://www. xinhuanet. com/politics/2021 - 03/161c_1127216046. htm? ivk_sa = 1024320u.

② 中国共产党第十九届中央委员会第五次全体会议文件汇编[M]. 北京:人民出版社,2020:81.

③ 新华社. 高质量发展"高"在哪儿? 习近平总书记这样解析[EB/OL]. [2021 - 03 - 08]. https://baijiahao. baidu. com/s? id = 1693627413262814866&wfr = spider&for=pc.

代化国家开好局、起好步"。① 2022 年，中国共产党的二十大报告明确指出，高质量发展是全面建设社会主义现代化国家的首要任务，提出加快构建新发展格局，着力推动高质量发展的基本方略，同时阐明人与自然和谐共生是中国式现代化的基本特征之一，促进人与自然和谐共生是中国式现代化的本质要求。2023 年 2 月，中共中央、国务院印发的《质量强国建设纲要》，旨在促进我国经济由大到强的转变，全面提高中国质量总体水平。2023 年 7 月，习近平总书记在全国生态环境保护大会上强调，要把建设美丽中国摆在强国建设、民族复兴的突出位置，以高品质生态环境支撑高质量发展，加快推进人与自然和谐共生的现代化；要正确处理好高质量发展和高水平保护的关系，要站在人与自然和谐共生的高度谋划发展，通过高水平环境保护，不断塑造发展的新动能、新优势，着力构建绿色低碳循环经济体系，有效降低发展的资源环境代价，持续增强发展的潜力和后劲。因此，只有从生态哲学的高度充分认识习近平生态文明思想对统筹高质量发展和高水平保护的重大意义，才能在新征程上开创以高品质生态环境支撑高质量发展的新局面。

生态哲学视域下高质量发展的"江苏方案"以习近平生态文明思想蕴含的生态哲学思想为引领，首先在理论上澄清高质量发展的生态本体论、生态价值观、生态发展观和生态思维；其次，结合"强富美高"新江苏建设的实际，系统阐述"六个高质量发展"的进展和成效；再次，阐明并论证由"六个高质量发展""五美共建"的"强富美高"新江苏建设转向以高品质生态环境支撑的全面高质量发展的"江苏方案"。

江苏作为东部先发省份，在贯彻落实高质量发展的精神要义的实践中，以习近平新时代中国特色社会主义思想为指导，依据党的十九大和 2017 年底中央经济工作会议精神，结合自身情况，于

---

① 习近平.把握新发展阶段,贯彻新发展理念,构建新发展格局[J].求是,2021(09).

2018年初提出了推进江苏经济社会"六个高质量发展"即经济发展高质量、改革开放高质量、城乡建设高质量、文化建设高质量、生态环境高质量、人民生活高质量的战略思路。随后,制定了省、市、县三级评价考核指标体系并逐渐完善。经过四年多的努力,江苏"六个高质量发展"战略在各部门各地区得以实施,并转化为化解主要矛盾、提升经济社会转型发展水平的实际行动。2021年,江苏人均GDP达到13.73万元,比2017年的10.72万元高出3.01万元,成为目前国内唯一按人均GDP2万美元整体达到发达国家标准的省份。苏南苏中苏北的协同发展水平显著提高。城市集群的协同发展能力不断增强。2021年,国家发改委发文同意《南京都市圈发展规划》,加快促进江苏与安徽部分地区的协同发展,形塑区域经济发展"共同体"。生态文明建设取得一系列显著成果。2020年,一批散乱污企业和"僵尸企业"被关停处理。主要工业污染物排放持续下降,碳排放强度下降24%,单位国内生产总值能耗下降20%以上,均超过国家目标。为改善空气质量,江苏加大了林业建设力度,全省森林覆盖率由22.5%提高到24%。在"生态优先,绿色发展"理念支撑下,江苏生态环境持续好转,低碳生活方式大范围普及,绿色出行理念正在被越来越多的人所接受。2022年,江苏GDP总量突破了12万亿元,苏南苏北苏中平衡发展的势头进一步加强。

不过,正确处理高质量发展与高水平保护这一重大关系问题的提出,意味着发展与保护关系新阶段的到来,意味着发展观念的深刻变革和绿色发展的高水平要求,需要加快将习近平生态文明思想的新内涵融入高质量发展与高水平保护的全过程各方面,坚持以人民为中心,牢固树立和践行绿水青山就是金山银山的理念,坚持人与自然是生命共同体的本体论,坚定生态惠民的生态价值取向,以绿色低碳的高质量发展之路,开创人与自然和谐共生的现代化新格局,在正确把握立与破的关系中总结江苏高质量发展的先进经验,寻求克服苏南苏中苏北在高质量发展中整体提升相对困难、全面绿色转型摆脱传统能源约束难等问题的现实路径,为江苏乃至全国相关地区破解高质量发展与高水平保护协同共进的难题,提供一定的哲学社会科学智力支撑。这正是本选题将高质量发展"江苏方案"的研究置于人与自然和谐共生的生态哲学视域下的意义所在。

本课题研究的基本思路和框架结构由课题负责人研究提出,并在课题研究过程中得以修正和完善。本课题研究突出"形而上"与"形而下"的辩证统一,将生态哲学研究与决策咨询服务有机结合,在生态哲学视域下提出由"六个高质量发展"转向全面高质量发展的"江苏方案",希冀有助于《关于深化质量强省建设的实施意见》(2023)的落实,并为协同推进江苏经济社会高质量发展和高水平保护提供独特的参考方案。

本课题在研究过程中,得到了江苏省有关部门和地区的热情帮助,得到了江苏省习近平新时代中国特色社会主义思想研究中心生态环境厅基地项目"习近平生态文明思想新内涵融入'美丽江苏'建设的实践进路研究"(JD20230103)、江苏高校哲学社会研究重点项目(2018SJZDI026)的资助,以及南京林业大学人文社科处、江苏省环境与发展研究中心、中国特色生态文明建设与林业发展研究院等单位的大力支持,得到了南京林业大学马克思主义学院领导和师生的关心参与。在此,我们一并表示衷心感谢!生态哲学视域下高质量发展的"江苏方案"研究是一项具有挑战性的艰巨复杂的课题。本书对此所做的研究与探索只是初步性的,今后我们还将继续跟踪并深化研究,努力取得新的成果。限于时间和水平,本书中的不足之处在所难免,敬请专家学者批评指正。

曹顺仙

2023 年 8 月 15 日于南京林业大学

目　录

导论 / 001

　　一、生态哲学与高质量发展的关系 / 001

　　二、生态哲学与高质量发展耦合共生的基本路径 / 006

　　三、生态哲学和高质量发展协同共进需深入认识并研究的

　　　　问题 / 009

第一章　高质量发展的生态本体论 / 029

　第一节　经典马克思主义生态哲学的本体论 / 029

　　一、马克思主义对于人的理解 / 030

　　二、马克思主义对于人的理解的生态哲学意蕴 / 038

　　三、辩证唯物论自然观 / 043

　第二节　生态学马克思主义的生态本体论 / 047

　　一、法兰克福学派的实践自然观 / 048

　　二、实践自然观的二元悖论与马克思主义自然观的

　　　　回归 / 050

　　三、基于历史唯物主义的生态本体论 / 053

　第三节　高质量发展的生命共同体本体论 / 054

　　一、辩证唯物的生态整体论 / 054

　　二、人与自然是生命共同体 / 058

第二章　高质量发展的生态价值观 / 065

　第一节　西方生态哲学的自然价值论 / 066

　　一、价值是事物的属性 / 066

二、自然具有内在价值 / 067

三、人类具有最高价值 / 068

四、自然价值源于自然的创造 / 069

五、自然价值论以生态整体论、系统论为思维方法 / 070

第二节　生态学马克思主义的生态价值观 / 074

一、生态学马克思主义的两种生态价值观 / 074

二、生态学马克思主义对生态价值观的重构 / 076

第三节　生态为民的高质量发展价值观 / 083

一、经典马克思主义的生态价值观 / 084

二、生态惠民、生态为民的生态价值观 / 085

三、"以人民为中心"的价值立场 / 086

第三章　高质量发展的生态发展观 / 088

第一节　经典马克思主义的生态发展观 / 089

一、自然是人存在发展的基础 / 089

二、人与自然和谐发展 / 091

三、资本主义生产方式有碍人与自然和谐关系的建立 / 092

四、物质变换的持续是人与社会永续发展的前提 / 093

五、生态发展的主要路径在于生产方式的转变和制度

变革 / 094

六、终极目标是"双和""双解" / 095

第二节　生态学马克思主义的生态发展观 / 099

一、对历史唯物主义的生产力发展理论的生态辩护 / 099

二、对生产力发展与人类需要关系的生态阐释 / 104

三、对历史唯物主义生产力理论的生态化重构 / 109

第三节　高质量发展的绿色发展观 / 112

一、贯彻新发展理念 / 113

二、坚持绿水青山就是金山银山 / 114

三、走绿色低碳循环发展的道路 / 116

四、推进经济社会的全面绿色转型 / 117

五、推动形成绿色生产方式和生活方式是发展观的一场
深刻革命 / 118

第四章　高质量发展的生态思维 / 121

第一节　生态中心主义的生态整体思维 / 121

一、生态整体论思维 / 123

二、以非线性方法取代分析还原方法 / 124

三、事实与价值相推移 / 127

四、多层级的生态价值模型 / 129

第二节　中国传统"集大成"式的创新思维 / 133

一、古代"集大成"式创新思维的典范 / 134

二、"集大成"式创新思维的特点及趋势 / 139

第三节　高质量发展的系统创新思维 / 141

一、自然—人—社会"三位一体"生态辩证思维 / 142

二、方方面面高质量发展的系统创新思维 / 146

第五章　江苏"六个高质量发展"的成效和经验 / 154

第一节　江苏高质量发展的本质内涵和时代条件 / 154

一、江苏"六个高质量发展"的本质内涵 / 154

二、江苏"六个高质量发展"内涵生成的时代背景 / 158

三、江苏"六个高质量发展"内涵生成的现实依据 / 160

四、江苏"六个高质量发展"的战略定位 / 183

第二节　江苏"六个高质量发展"的进展和成效 / 187

一、经济高质量发展取得阶段性成效 / 187

二、改革开放高质量发展迈出新步伐 / 193

三、城乡建设高质量发展迈上新台阶 / 203

四、文化建设高质量发展达到较高水平 / 210

五、生态环境高质量发展趋向优良 / 214

六、人民生活高质量发展水平明显提高 / 220

第三节 江苏"六个高质量发展"的经验做法 / 227

一、坚持经济高质量发展稳中有进 / 228

二、坚决打赢"三大攻坚战" / 230

三、不断发展壮大新动能 / 231

四、坚持城乡区域协调发展 / 233

五、坚持改革开放再出发、迈新步 / 236

六、坚持持续改善生态环境 / 238

七、坚持以人民为中心的生活高质量发展 / 246

第六章 生态哲学视域下全面高质量发展的"江苏方案" / 249

第一节 江苏转向全面高质量发展的机遇和挑战 / 249

一、江苏转向全面高质量发展的新机遇 / 249

二、江苏转向全面高质量面临的挑战 / 251

三、江苏转向全面高质量面临的主要问题 / 252

第二节 江苏全面高质量发展的指导思想和基本原则 / 264

一、追求"稳""变""新"的良性循环发展 / 264

二、坚持生态优先与质量第一相统一 / 269

三、始终贯彻"七个坚持" / 270

第三节 全面高质量发展"江苏方案"的目标任务和
生态战略 / 274

一、总目标、阶段目标与规划指标 / 274

二、全面高质量发展的目标任务 / 277

三、全面高质量发展的生态战略决策 / 285

第四节 全面高质量发展"江苏方案"的绿色低碳路径 / 293

一、确立绿色低碳的生态价值观 / 294

二、建设全面高质量发展的绿色低碳政府 / 296

三、构建多主体共建共享的全面高质量发展共同体 / 298

四、以绿色科技创新增强高质量发展新动能 / 300

五、以全面高质量发展总要求打造现代生态治理体系 / 302

六、以"双碳"为抓手全面推进城乡高质量发展和高水平
保护 / 303

七、以"双循环"为目标打造全面高质量发展新格局 / 305

第五节　全面高质量发展"江苏方案"的生态政治保障 / 307

一、坚持党对高质量发展的领导 / 307

二、将生态文明建设目标贯穿于高质量发展的全过程各
方面 / 308

三、以"六个高质量发展"为重点推进全面高质量 / 312

四、构建人与自然和谐共生的高质量发展制度体系 / 313

参考文献 / 317

导论

一、生态哲学与高质量发展的关系

生态哲学与高质量发展的关系是本书的基础性理论问题。首先,生态哲学作为一种新的哲学理论反映着时代精神的巨变,表征并导引着人们世界观、价值观和思维方式的转变,尽管到目前为止,学界关于"生态哲学"这一概念还未达成共识。例如,有学者提出,生态哲学是一种哲学范式的转变,它指导着人类生活实践。[①] 有学者认为:"生态哲学不是当代哲学的一个分支或下属的部门哲学,它就是生态文明时代的哲学世界观。"[②]有学者从生态文明的角度,认为生态哲学是建设生态文明新时代的时代精神。[③] 有学者从马克思主义哲学出发,认为生态哲学是奠基在马克思唯物实践论基础上的生态存在论哲学。[④] 有学者认为,生态哲学是当代哲学界从反思人与自然关系的演化进程,面向生态环境危机的严峻现实,展望人类生存发展的文明前景等一系列活动中提升出来的哲学新形态。[⑤] 有学者认为,生态哲学作为一种新的哲学,是新

① 余谋昌.生态哲学与可持续发展.自然辩证法研究[J],1999(2):47-50.
② 刘福森.新生态哲学论纲[J].江海学刊,2009(6):12-18.
③ 卢风.生态哲学:新时代的时代精神[J].社会科学论坛.2016(6):49-68.
④ 曾繁仁.当代生态文明视野中的生态美学观[J].文学评论.2005(4):48-55.
⑤ 包庆德.生态哲学十大范畴论评[J].内蒙古大学学报(人文社会科学版).2005
(4):73-79.

的世界观和方法论,它以人与自然的关系为哲学基本观点,追求人与自然的和谐发展。① 有学者从生态文明出发,认为生态哲学是伴随着生态文明时代产生的一种新形态的哲学,它体现的是生态文明的价值取向与逻辑原则,是以生态整体存在论为基础的生态世界观,以自然内在价值为核心的生态价值观,以生命平等为前提的生态伦理观和以可持续发展为特征的生态实践观。② 也有学者认为,生态哲学是在生态学基础之上发展而来的科学哲学,是在19世纪下半叶德国生态学家恩斯特·海克尔(E. H. Haekel,1834—1919)提出的"生态学"③的基础上发展而来的,生态学的发展在科学和社会之间架起了桥梁。④

总体而言,生态哲学包含了生态学的哲学转向和哲学的生态学转向,也包含着对现代诸多自然科学、社会科学和人文科学的成就的吸纳。其形成和发展有着广泛的科学基础和深刻的社会历史背景。就思想文化而言,它是西方工业化、现代化导致的日渐严重的生态危机和经济社会危机所引发的强烈的哲学反思,进而促进了哲学重构,孕育并催生了生态哲学。从20世纪40年代到现在,先后形成了敬畏生命的环境伦理学、动物解放论、动物权利论、生态中心主义、"深层生态学""弱人类中心主义"、生态女权主义、生态学马克思主义等诸多生态哲学流派。生态哲学的发展改变了人们的自然观、发展观、价值观,成为推动国际社会从追求无限增长转向谋求可持续发展和绿色发展的重要因素。就我国而言,生态哲学的研究和创新发展也助推了新时代中国特色社会主义思想确

① 李世雁.生态哲学之解读[J].南京林业大学学报(人文社会科学版).2015(1):25-32.
② 南俊琪,安慧.论生态哲学的理论建构及其意义[J].重庆科技学院学报(社会科学版).2014(9):19-22.
③ 李博.普通生态学[M].内蒙古:内蒙古大学出版社,1993.
④ 尤金·奥德姆.生态学:科学与社会之间的桥梁[M].何文珊,译.北京:高等教育出版社,2017.

立起人与自然和谐共生的生态本体论、生态惠民的生态价值观和绿色发展的新理念,对引领经济社会及时从高速增长转向高质量发展发挥了重要的指导作用。

就我国做出高质量发展的重大判断而言,其重要背景是全球生态环境问题已成为人类生存和发展面临的共同挑战,我国高速增长的经济遭遇生态环境保护瓶颈,经济社会全面绿色转型成为时代要求。在哲学层面,生态哲学开始影响并改变人与自然的关系,生态世界观、生态价值观和生态方法论逐渐转化为反映时代精神的新哲学,引领人类变革发展方式,推进经济社会转向人与自然和谐共生的可持续发展、绿色发展和高质量发展。

因此,生态哲学与高质量发展的交互耦合内在于实践发展的需要和思想理论创新的逻辑。正如美国哲学家科利考特所坚信的:"环境哲学一定会成为 21 世纪智力成就的领导者,是下一次道德哲学中的革命来临的先兆。"[1]

就历史而言,两者的耦合是经济社会发展的历史选择。生态哲学又名环境哲学,是人们针对日渐严峻的生态环境问题,在生态科学最新成果的基础上,在世界绿色思潮和环境运动的裹挟下,所引发的关于人、自然、社会及其相互关系问题的重新反思。它以人、自然、社会及其相互关系的和谐可持续为核心旨趣,反思什么是人,什么是自然,什么是社会,什么是人与自然的关系、人与社会的关系、自然与社会的关系,什么是人与自然的关系和人与社会的关系之间的关系,如何处理这些关系,自然究竟有没有价值、有什么样的价值等人类发展的根本性、基础性的问题,形成了以马克思主义和非马克思主义,或者以人类中心主义(强式弱式)、非人类中心主义、超越人类中心主义与非人类主义的理论主张相区分的生

---

① 郑惠子.环境哲学的实质:当代哲学的人类学转向[J].自然辩证法研究,2006(10):9-13.

态哲学。不过,生态哲学作为时代哲学,具有四方面内涵或鲜明特征:一是在本体论方面,普遍主张生态自然观,把自然界包括人在内看成相互联系、不可分割的有机整体;二是在价值论方面,普遍主张自然的内在价值(固有价值)或外在价值,或把自然看成"自生成""自组织"因而是"自价值""自目的"的生态共同体,或把自然看成人类满足自身生存和发展需要的衣食之源或生存之本;三是在方法论方面,或主张"顺从自然""敬畏生命",或主张"理性消费""明智利用";四是在认识论方面,普遍主张用整体主义的系统思维方式把握自然,把科学主义的机械思维视为生态环境问题的深层原因。因此,20世纪中期以来,与"生态"或"环境"有关的哲学名词和流派虽纷繁复杂,但共同促进了生态哲学的产生和繁荣,其中马克思主义生态哲学为破解"人类中心主义"和"非人类中心主义"价值对立的迷思提供了理论武器。当然,马克思主义生态哲学因其价值立场、致思理路等差异,在应对生态环境问题、回应人类中心主义和非人类中心主义的挑战时也形成了不同流派。[①] 其中代表性的有马克思主义生态哲学(环境哲学)、生态学马克思主义生态哲学和中国马克思主义生态哲学等。习近平总书记指出:"上世纪60年代以来,全球100多个中等收入经济体中只有十几个成功进入高收入经济体。那些取得成功的国家,就是在经历高速增长阶段后实现了经济发展从量的扩张转向质的提高。那些徘徊不前甚至倒退的国家,就是没有实现这种根本性转变。经济发展是一个螺旋式上升的过程,上升不是线性的,量积累到一定阶段,必须转向质的提升,我国经济发展也要遵循这一规律。"[②]

就现实需要而言,首先,高质量发展是适应我国社会主要矛盾

---

① 冯雷. 日本学者岛崎隆对马克思自然观的解读[J]. 马克思主义与现实,2007(3):95-98.

② 习近平. 习近平谈治国理政:第三卷[M]. 北京:外文出版社. 2020:238.

变化和全面建成小康社会、全面建成社会主义现代化国家的必然要求。改革开放取得的巨大成就使我国的主要矛盾发生了重大变化，我国经济发展阶段也随之发生历史性变化，不平衡不充分的发展是发展质量不高的表现，从"温饱"到"环保"的变化意味着人民对生态需要的质量要求有所提高。解决主要矛盾，必须推动高质量发展，推动满足人民群众日益增长的对美好生活和优良环境的需要，在重视量的发展的同时更加注重质的提升，实现量、质、效的协同增长。其次，高质量发展是保持经济持续健康发展的必然要求。资源环境约束增大、劳动力成本上升、粗放的发展方式难以为继，经济循环不畅问题十分突出，这是我国新时代经济社会发展面临的历史和现实问题。同时，世界新一轮的科技革命和产业变革方兴未艾、多点突破。只有以创新为动力，适应科技新变化和人民新需要，形成优质高效多样化的供给体系，提供更多优质产品和服务，才能在新的水平上巩固和延续经济持续增长和社会持续稳定的奇迹，使我国经济社会以持续健康发展支撑强国梦的实现。再次，绿色是高质量发展的底色。建立健全绿色低碳循环发展经济体系，促进经济社会发展全面绿色转型，是解决我国生态环境生态问题，全面提升生态文明建设，构建高质量现代化经济体系的"双赢"策略。绿色象征着活力，象征着生机，象征着生命，是生命的颜色，更是当代中国发展最鲜明的底色。党的十八大以来，我国生态文明建设发生了历史性变化，天更蓝了，水更清了，环境更优美了。在"十四五"开局之年，国务院印发了《关于加快建立健全绿色低碳循环发展经济体系的指导意见》，引领环境与发展朝更加绿色、更高质量的一体化方向迈进。深入贯彻绿色发展理念是推进高质量发展的思想前提；坚持"绿水青山就是金山银山"是坚持质量优先、效益优先，走生态优先、绿色发展之路，推动经济社会发展全面绿色转型的基本方法。坚持以供给侧结构性改革为主线，推进发展方式转变、结构优化、动力转换，就要在新发展理念引领下坚持生产生活方式绿色低碳变革,让绿色成为生产生活的底色,以绿色低碳循环的科技创新促进物质流、能量流、信息流的结构优化、效用升级和质量提升。因此,以绿色为底色推动经济社会高质量发展,才能让生态更美、环境更好、产业更旺、百姓更富,才能使高质量发展与生态文明建设一起成为实现人与自然和谐共生的现代化的"两翼"。

二、生态哲学与高质量发展耦合共生的基本路径

大力推进生态文明建设的理论创新和实践成就是支持并推动生态哲学与高质量发展协同共进的基本路径。(1)生态文明建设是"国之大者"。"党的十八大以来,我们加强党对生态文明建设的全面领导,把生态文明建设摆在全局工作的突出位置,作出一系列重大战略部署。在'五位一体'总体布局中,生态文明建设是其中一位;在新时代坚持和发展中国特色社会主义的基本方略中,坚持人与自然和谐共生是其中一条;在新发展理念中,绿色是其中一项;在三大攻坚战中,污染防治是其中一战;在到本世纪中叶建成社会主义现代化强国目标中,美丽中国是其中一个。这充分体现了我们对生态文明建设重要性的认识,明确了生态文明建设在党和国家事业发展全局中的重要地位。"[①](2)基于生态文明建设推动高质量发展是生态文明建设的应有之义。一是"五位一体"总体布局要求将生态文明建设放在更加突出的位置,融入经济建设、政治建设、文化建设、社会建设,不断夯实各项建设事业的生态环境基础,最终实现物质文明、政治文明、精神文明、社会文明、生态文明的全面提升,不断完善人类文明新形态的系统构成,努力促进社

---

① 习近平.论坚持人与自然和谐共生[M].北京:中央文献出版社,2022:279-280.

会全面进步和人的全面发展。①（3）回应主要矛盾，遵循发展规律，实现可持续发展是生态文明建设和高质量发展共同的选择。人与自然和谐共生基本方略的核心要义在于明确贯彻和落实党中央关于生态文明建设的实践要求，在可持续发展战略取得成就的基础上提升可持续发展水平。生态文明建设和高质量发展都是为了更好地满足人民日益增长的美好生活需要，都是要体现新发展理论的发展，使创新成为第一动力、协调成为内生特点、绿色成为普遍形态、开放成为必由之路、共享成为根本目的的发展。在新发展理念的整体框架中，坚持让绿色成为发展的底色，努力让绿色成为普遍形态。这是两者的共同选择。既坚持空间格局、产业结构、生产方式、生活方式等结构要素的绿色化，努力打造节约资源和保护环境的空间格局、产业结构、生产方式、生活方式，又坚持协调推进新型工业化、城镇化、信息化、农业现代化和绿色化，努力促进发展环节的永续化。在统筹安全和发展时，坚持将资源安全、环境安全、生态安全、生物安全、核安全纳入国家总体安全当中，最终形成生态优先、绿色发展为导向的高质量发展。（4）生态文明建设和高质量发展都是社会主义现代化建设的重要特征。实践证明，西方先污染后治理的老路在中国行不通，只谋求量的线性增长而忽视质量互变的非线性增长难以持续。因此，坚持人与自然和谐共生，及时推动经济社会由高速增长进入高质量发展，是中国特色社会主义现代化的重要特征。一方面，既坚持用生态文明引领和规范工业文明，又坚持通过发展工业文明来夯实生态文明建设的经济基础。坚持用信息化带动工业化，以工业化促进信息化，努力走出一条科技含量高、经济效益好、资源消耗低、环境污染少、安全条件有保障、人力资源优势得到充分发挥的新型工业化道路，努力实

---

① 张云飞.不断提升和强化生态文明建设的战略地位[N].中国环境报，2021-12-07(03).

现从落后农业国向先进工业国的转变,努力以可持续方式迎头赶上信息化浪潮,用信息化支撑绿色化。另一方面,以高质量发展推动供给、需求、投入产出、宏观经济循环的结构优化、动力转换和方式变革,为人与自然的和谐共生构建高质量的现代化经济体系、动力体系和社会保障体系,加快生态文明建设拐点的到来,在巩固经济长期增长奇迹、社会长期稳定奇迹的基础上创造生态文明建设高质量的奇迹。(5)在现代化强国目标中,生态文明建设和高质量发展既有对应性又有非对应性。对应性使生态文明建设更加侧重人与自然的和谐美丽关系,重在打造人与自然和谐共生的现代化和美丽中国、美丽世界的建设;使高质量发展首先侧重高质量的经济发展,注重以供给侧结构性改革推动经济发展方式的变革和结构优化、动力转换,注重高质量的现代化经济体系的打造。非对应性则使生态文明建设的融入和高质量作为经济社会发展方方面面的总要求相互交汇,使二者成为富强民主文明和谐美丽的社会主义现代化强国的基本特征。因此,生态文明建设和高质量发展都是关系现代化强国目标的"国之大者"。必须坚持以习近平新时代中国特色社会主义思想为指导,坚持人与自然和谐共生,协同推进人民富裕、国家强盛、中国美丽,使我国成为经济发展、政治清明、文化昌盛、社会公正、生态良好的社会主义现代化强国。[①]

生态文明建设和高质量发展作为反映经济社会阶段性发展规律的理论、总体要求和战略决策,需要以这个阶段的"时代精神"深刻反思以往发展中引发和累积的根本性问题,深入认识并把握生态文明建设与高质量发展的时代意涵,自觉推动生态文明建设与高质量发展方式和理论范式的构建。2017年,中国共产党的十九大报告正式提出"高质量发展",这是十八大以来中国共产党全面

---

① 张云飞.不断提升和强化生态文明建设的战略地位[N].中国环境报,2021-12-07(03).

审视国际国内新的形势，从理论和实践结合上系统回答新时代坚持和发展什么样的中国特色社会主义，怎样坚持和发展中国特色社会主义，建设什么样的社会主义现代化强国，怎样建设社会主义现代化强国，建设什么样的长期执政的马克思主义政党，怎样建设长期执政的马克思主义政党等重大时代课题，为推动党和国家事业取得历史性成就、发生历史性变革提供科学理论指导而提出的新时代中国特色社会主义思想的重要组成部分①，是科学回答中国之问、世界之问、人民之问、时代之问的当代中国马克思主义、21世纪马克思主义的最新理论成果。2018年5月，"习近平生态文明思想"正式提出并初步构建了从理论到实践的思想体系，意味着中国特色生态本体论、生态价值观和生态方法论的形成。由此，生态文明建设和高质量发展呈现出富有时代精神的崭新面貌，生态文明理论的原创性成果不断涌现；生态文明实践从顶层设计、体制机制改革、制度体系构建到先行先试示范区建设、国家公园建设等广泛开展；高质量发展在2020年成为我国经济社会发展总要求，要求贯彻落实到经济、社会、文化、生态的方方面面和全国各地区。

三、生态哲学和高质量发展协同共进需深入认识并研究的问题

就生态哲学和高质量发展的协同共进而言，要确保生态哲学能有效指引高质量发展和生态文明建设，还需深入认识和研究十个基本问题：一是高质量发展与生态环境的关系（生态之基）；二是高质量发展与生态文明建设的关系（全面实现现代化的"两翼"）；三是高质量发展与社会主要矛盾的关系（动力）；四是高质量发展与实现民族复兴的关系（民族复兴是体）；五是高质量发展与开创国内国际双循环新格局的关系（双循环是座架）；六是高质量发展

---

① 习近平. 更好把握和运用党的百年奋斗历史经验[J]. 求是，2022(13).

同人与自然和谐共生现代化的关系(道路);七是高质量发展与新发展理念的关系(指导思想);八是高质量发展与生态惠民、以人民福祉为中心的关系(价值取向);九是高质量发展与科技创新的关系(动能);十是高质量发展与全面深化体制机制改革的关系(保障)。这十个问题意味着发展理念、发展基础、发展阶段、发展动力、发展内涵、发展目标、发展方式、发展格局、发展道路、发展体制机制及其相互关系的阶段性变革,意味着多维度、全面而广泛的统筹治理和协同发展。需要从时间、空间、主体、依靠、内容、方法、性质、立场等多个维度把握高质量发展和人与自然、人与人、人与社会、人与世界之间关系演变的复合性、复杂性及不确定性,指证生态化、系统化、一体化的致思理路。

高质量发展自提出以来,一方面,其理论内涵和实践要求得到了极大的丰富和拓展,成为把握新发展阶段,贯彻新发展理念,构建新发展格局,全面提升经济建设、政治建设、文化建设、社会建设和生态文明建设的总要求,成为指导以供给侧结构性改革为主线、推动人与自然和谐共生的中国特色社会主义现代化的重要理论。党的十九大以来,习近平总书记关于高质量发展的重要讲话和论述、党和国家关于高质量发展的重要会议与文件精神既阐明了高质量发展的内涵与本质,又指明了"高质量发展不只是一个经济要求,而是对经济社会发展方方面面的总要求"。这主要取决于经济社会发展彼此联系的内在矛盾运动,取决于改革开放以来取得的巨大物质成就与自然生态供给日渐不可持续之间的矛盾。这意味着革除高投入—高产出—高消耗—高污染的生产生活方式,构建更加优质、高效、可持续的发展模式成为历史必然,转变发展方式、优化经济结构、转换增长动力正是高质量发展的方向所在。因此,高质量发展首先是经济的,但又是经济、社会、政治、文化、生态等多领域发展的共同选择。正是在这一意义上,江苏率先提出"六个高质量",体现了对高质量发展历史性、科学性、时代性、实践性的正确把握。2020 年 8 月,习近平总书记在主持召开经济社会领域专家座谈会的重要讲话中,基于国内发展环境的深刻变化,指出,"我国已进入高质量发展阶段,社会主要矛盾已经转化为人民日益增长的美好生活需要和不平衡不充分的发展之间的矛盾"。其中,讲话不仅把"高质量发展阶段"从对"我国经济"的阶段性判断拓展为关于"我国"总体发展的阶段性判断,而且将"更高质量、更有效率、更加公平、更可持续"的发展与"更为安全的发展"相联系,指明了"实现高质量发展,必须实现依靠创新驱动的内涵型增长"等动力、路径和特质,特别是把"关于我国经济发展进入新常态、深化供给侧结构性改革、推动经济高质量发展的理论"作为改革开放以来不断推进理论创新的理论成果①,确立了"高质量发展"指导我国经济社会发展、开拓马克思主义政治经济学新境界的思想地位和理论意义。2021 年 3 月,习近平总书记在参加十三届全国人大四次会议青海代表团审议时,围绕"高质量发展"所做的重要论述及时矫治了"经济高质量"论者的偏差,进一步阐明了高质量发展的地位,澄清了高质量发展只是经济领域和经济发达地区的事情、是应时之举等误区。习近平总书记指出"高质量发展是'十四五'乃至更长时期我国经济社会发展的主题,关系我国社会主义现代化建设全局。高质量发展不只是一个经济要求,而是对经济社会发展方方面面的总要求;不是只对经济发达地区的要求,而是所有地区发展都必须贯彻的要求;不是一时一事的要求,而是必须长期坚持的要求。各地区要结合实际情况,因地制宜、扬长补短,走出适合本地区实际的高质量发展之路"。习近平总书记指明了"走高质量发展之路,就要坚持以人民为中心的发展思想","把高质量发展

---

① 习近平. 正确认识和把握中长期经济社会发展重大问题[J]. 求是,2021(02).

同满足人民美好生活需要紧密结合起来"的发展动力和价值立场①,彰显了高质量发展的全面性、广泛性、长期性和人民性的统一的特征。②

另一方面,高质量发展作为回应经济社会主要矛盾变化的战略策略,需要从实践辩证法出发,确立生态系统思维,确保高质量发展的思维方法朝着人与自然和谐共生的方向前行。这不仅要求学术界加强对高质量发展的理论与实践研究,更需从时代精神出发,深化对高质量发展的基础理论研究,从方法论的角度拓展视域、论域和方法,在揭示高质量发展规律的基础上形成新的学术成果。

就学术界的研究现状而言,虽然高质量发展从 2017 年以来已成为学术研究的热点,特别是 2019 年以来每年都有数以万计的成果发表,但以往的研究就学科而言高度集中于马克思主义政治经济学或西方发展经济学,其学术的视野、论域和方法也因此受到很大局限,它们严重地制约了高质量发展问题研究的广度、深度和创新程度。当前和今后要推动理论和实践更加深入发展,必须突破相关学科和方法的限制。

就生态哲学角度而言,高质量发展是在生态哲学成为时代哲学,可持续发展成为国际共识,绿色发展成为中国新发展理念,生态文明建设成为"国之大者"的背景下提出的。这意味着环境与发展成为时代课题,人们认识世界和改造世界的世界观、价值观、发展观和方法论都发生了生态化、系统化的变化,高质量发展具有回应人们对更优良生态环境和更美好生活的需要的双重意义。由此,高质量发展研究就方法论而言可以从三方面拓展研究。

① 新华社. 高质量发展"高"在哪儿? 习近平总书记这样解析[EB/OL]. [2021 - 03 - 08]. https://baijiahao. baidu. com/s? id=1693627413262814866&wfr=spider&for=pc.

② 严维青. 准确把握习近平总书记对"高质量发展"的最新阐释[N]. 青海日报, 2021 - 10 - 12(008).

一是开阔视野，揭示高质量发展的完整内涵和深刻意义。

在党和国家层面，高质量发展是在 2017 年 10 月中国共产党第十九次全国代表大会上正式提出的。习近平总书记在党的十九大报告中首次指出，"我国经济已由高速增长阶段转向高质量发展阶段"[①]，内容和要求主要体现在经济方面。一是以建设现代化经济体系为目标，推动经济发展的转型升级。我国"正处在转变发展方式、优化经济结构、转换增长动力的攻关期，建设现代化经济体系是跨越关口的迫切要求和我国发展的战略目标"。二是要求从实际出发，"把发展经济的着力点放在实体经济上，把提高供给体系质量作为主攻方向，显著增强我国经济质量优势"。[②] 高质量发展首先聚焦于经济确有其历史原因，它是在改革开放以来长期坚持以经济建设为中心、创造了我国经济长期增长奇迹的基础上做出的重大判断。不过，值得注意的是，它也是在中国特色社会主义建设进入新时代，生态文明建设成为"五位一体"总体布局之一，要求把生态文明建设融入经济建设、政治建设、文化建设、社会建设的背景下提出的。因此，高质量发展无论是作为关于我国经济发展阶段性的重大理论判断，还是作为对我国方方面面发展的阶段性重大理论判断，都将与生态文明、绿色发展交融贯通经济建设、政治建设、文化建设、社会建设的方方面面，交融贯通国家构建新发展格局的各层面，以及人与自然和谐共生现代化的全过程。与之相应，学术研究需要有生态眼光和世界视域，缺少观察这一问题的生态眼光和世界视域，就很难揭示高质量发展理论和实践的完整内涵与深刻意义。

① 习近平.决胜全面建成小康社会夺取新时代中国特色社会主义伟大胜利：在中国共产党第十九次全国代表大会上的报告[M].北京：人民出版社，2017：30.
② 习近平.决胜全面建成小康社会夺取新时代中国特色社会主义伟大胜利：在中国共产党第十九次全国代表大会上的报告[M].北京：人民出版社，2017：30.

首先,高质量发展理论是全球生态环境问题促成的发展理论创新成果的有机组成部分,与可持续发展理论、绿色发展理念和生态文明理论相辅相成、辩证统一。从发展历程来看,可持续发展理论是基于现代生态学的发展和 20 世纪以来生态环境问题的加剧而产生的第一个具有国际共识的理论,是"世界八大公害事件"和美国生物学家蕾切尔·卡逊发表的《寂静的春天》所引发的人类关于发展观念争论的思想结晶。理论形成的标志是 1987 年以挪威首相布伦特兰为主席的联合国世界与环境发展委员会发表的报告——《我们共同的未来》。该报告正式提出了"可持续发展"(Sustainable Development)的概念和模式,阐明了可持续发展的核心要义在于经济、社会、生态三方面的协调可持续,在于人类在发展中注重经济效率与关注生态和谐、追求社会公平的统一,在于关注代内、代际、种际的可持续生存与发展,最终达到人、自然、社会及其相互关系的协调可持续。可持续发展理论否定了"增长极限问题"争论中环境与发展的对立思维,辩证肯定了环境对经济社会发展的价值和影响,将环境与发展的关系辩证统一于可持续的思想原则基础上,形成了以经济可持续发展、生态(环境)可持续发展、社会可持续发展为基本特征的新发展理论。这种可持续发展理论贯彻落实于经济社会发展,其发展样态和路径应该是什么样的。生态文明思想和绿色发展理念从不同层面做出了新的回答。

绿色发展作为一种崭新的发展理念在"十三五"规划建设中首次作为五大发展理念之一被纳入。是古今融合、东西交汇的新的发展理念,既是中国古代"天人合一""道法自然"等生态智慧的朴素呈现;又是马克思主义生态思想与时代特征的有机结合。是人民主体地位的具体体现,是社会主义核心价值体系的重要内容,更是共产党人对社会主义发展本质的现实表达。是将生态文明建设融入经济、政治、文化、社会建设各方面和全过程的全新发展理念。党的十八大以来,习近平总书记关于建设生态文明、促进绿色发展的讲话、论述、批示超过 60 次,其对绿色发展的重视程度可见一斑。特别值得一提的是,党的十八大以来,政治、经济、文化、社会、生态、党建都在走向绿色化。绿色发展理念已经成为实实在在的治国方略,切实融入经济、政治、文化、社会建设各方面和全过程。

绿色发展作为一项重大战略,是党的十八大以来中国共产党治国理政方略中将生态文明上升为"五位一体"总布局的具体体现,是推进我国建设新型的工业文明、实现人与自然和谐共生的现代化的重要途径,是全面提升生态文明、实现美丽中国和美丽世界的民族复兴目标的道路所在,是在人类反思传统工业文明和现代化发展不可持续的"黑色"发展的基础上形成的战略选择。

在生态文明思想指导下的绿色发展具有深刻的绿色变革特性。它是对 1750 年以来资本主义发展模式的一次自我觉醒与自觉超越,要求从根本上解决经济发展模式与自然资源、生态环境之间的发展悖论,并对主流经济思想和发展观念进行重新定义,形成新的绿色生产函数,从自然要素投入转向绿色要素投入,从产业和发展模式的绿色化转向经济社会的全面绿色转型,形成绿色发展模式和绿色理论范式,其主要任务是以能源、产业、消费的革命性变化为中心内容,形成以人、自然、社会及其相互关系和谐可持续的新经济体系,促进经济社会发展的全面绿色转型。

绿色发展是以效率、和谐、持续为目标的经济增长和社会发展方式,是价值理性和工具理性彼此统一的可持续发展方式,需要实实在在的绿色行动才能实现。在发展理念层面,要深入贯彻新发展理念,在构建新发展格局的过程中进一步优化产业结构,提升区域和国家绿色、低碳和循环发展的综合竞争力;在制度层面,致力于形成现代环境治理体系,提升环境治理能力,努力实现生态环境治理体系和治理能力的现代化;在实现绿色低碳上,锚定如期实现碳达峰、碳中和目标,采取更加有力的政策和措施,为各地开发新能源、调整产业结构、革新产业技术、开展建筑节能、发展低碳交通、促进社会生活低碳化转型指明方向。[①] 以主要矛盾、主攻方向为牵引,推动生态创业、绿色创业和可持续创业蓬勃发展,支持绿色城市、智慧城市、森林城市建设,支持节能环保、新能源等新兴产业发展与传统产业绿色优化改造,坚持走优质高效、生态安全、资源节约、环境友好的农业现代化道路,支持生态农业、有机农业、创意农业、平衡农业、循环农业等现代农业发展模式,推动区域协调发展。着力塑造要素有序自由流动、主体功能约束有效、基本公共服务均等、资源环境可承载的区域协调发展新格局,构建产业新体系。支持培育以绿色农业、绿色工业和绿色服务业为主的绿色低碳循环产业体系,大幅提高经济绿色化程度,使源头治理、清洁生产、绿色制造、循环经济、系统治理和综合施策等贯穿产业转型和优化升级全过程。

绿色发展是高质量发展的必由之路。高质量发展"就是能够很好满足人民日益增长的美好生活需要的发展",其本质内涵是立足于满足人民日益增长的美好生活需要,推动经济社会更美更好的发展,以人民日益增长的美好生活需要引领生产方式变革,推进经济社会的转型升级,统筹协调好生产与生活的关系,以供给侧结构性改革为主线,实现高质量生产与高品质生活的有机统一。

高质量发展是体现新发展理念的发展。党的十九届六中全会明确要求,贯彻创新、协调、绿色、开放、共享的新发展理念是关系我国发展全局的一场深刻变革。高质量发展就是要使"创新成为第一动力、协调成为内生特点、绿色成为普遍形态、开放成为必由

---

① 常纪文.推动经济社会发展全面绿色转型[N].人民日报,2021-9-28(007).

之路、共享成为根本目的的发展"①。因此,绿色发展是高质量发展的底色。任何发展都必须以尊重自然规律为前提,尤其是要遵循自然界客观存在的生态阈值或生态极限。自然界的可持续性是发展的可持续性的基础和前提。十九届五中全会提出"守住自然生态安全边界",这是对于发展的底线要求。绿色发展是高质量发展的基本要求。从构成来看,高质量发展是创新发展、协调发展、绿色发展、开放发展、共享发展的集成和综合运用。绿色发展的核心要义是实现人与自然和谐共生,着力解决环境和发展的协调问题。一方面,它要求发展必须与资源能源的高消耗和生态环境的高破坏"脱钩",全力避免和消除发展的生态代价。也就是说,要避免重蹈西方现代化先污染后治理的覆辙。另一方面,它要求经济发展与节约发展、清洁发展、循环发展、低碳发展等要求"挂钩",在实现人与自然和谐共生的过程中谋求经济发展。也就是说,要开拓出一条人与自然和谐共生的现代化道路。在这个过程中,我们要围绕资源节约、环境清洁、废物循环等问题,培植新的经济增长点。

绿色发展是高质量发展的重要目标和必由之路。高质量发展是追求全面发展目标的发展。在社会发展的终极追求上,通过发展,我们要实现物质文明、政治文明、精神文明、社会文明、生态文明的全面发展。也就是说,生态文明是社会全面进步和人的全面发展的目标之一。

高质量发展就是能够很好满足人民日益增长的美好生活需要的发展,是体现新发展理念的发展,是创新成为第一动力、协调成为内生特点、绿色成为普遍形态、开放成为必由之路、共享成为根本目的的发展。

高质量发展的科学基础涉及 19 世纪以来自然科学、人文科学

---

① 习近平.习近平谈治国理政:第三卷[M].北京:外文出版社,2020:238.

和社会科学的融合发展,特别是生态学与人文科学和社会科学的交叉发展;思维方法既得益于历史唯物主义和辩证唯物主义的辩证法,又确立于科学的辩证法与现代生态思维的融合创新,形成了生态辩证法、生态整体思维和生态系统论,为发展观的转变和发展战略的制定提供了生态化的战略思维、历史思维、辩证思维、创新思维和底线思维。

要统筹推进可持续发展、生态文明建设、绿色发展和高质量发展,首先在思想观念上要正确认识和把握其相互关系,其次在体制机制上要不断完善和创新。自然界是一个开放的复杂系统,人与自然构成的生命共同体、人与人构成的社会共同体都是动态演进又相互作用的。可持续发展、生态文明建设、绿色发展和高质量发展在存在论意义上涉及人、自然、社会及其关系的永续存在,在发展论的意义上涉及人、自然、社会三者的持久发展,而三者的发展是非线性的,是确定性与不确定性的辩证统一。但就现实需要而言,统筹推进可持续发展、绿色发展和高质量发展,就需要在实现现代化的新征程上统筹推进环境污染治理,协调推进人口、资源、环境、能源、生态、减灾等领域的可持续性,促进城乡、区域、流域、国际生态文明建设,深入贯彻新发展理念,全面落实"五位一体"总

体布局和"四个全面"战略布局。① 在促进经济社会发展全面绿色转型中实现可持续发展和高质量发展。②

其次,高质量发展作为当代中国马克思主义发展理论、21世纪马克思主义发展理论的最新理论成果,是在坚持科学发展观和社会主义生态文明观的基础上,深入贯彻新发展理念,推动经济发展方式转变、结构调整、动力转换的崭新理论,在顺应世界经济全球化发展趋势,顺应各国追求和平与发展、谋求人民更好生活的可持续发展理论,正日益成为引领中国和世界共建共荣的重要思想。推动构建人类命运共同体,"合力打造高质量世界经济","推动共建'一带一路'高质量发展"是高质量发展的应有之义。2019年4月,习近平总书记在第二届"一带一路"国际合作高峰论坛开幕式的主旨演讲中声明,"共建'一带一路'不仅为世界各国发展提供了新机遇,也为中国开放发展开辟了新天地";指出"共建'一带一路',顺应经济全球化的历史潮流,顺应全球治理体系变革的时代要求,顺应各国人民过上更好日子的强烈愿望";呼吁各国聚焦重点,"推动共建'一带一路'沿着高质量发展方向不断前进"。③ 同年6月,习近平总书记在二十国集团领导人峰会上关于世界经济形势和贸易问题的发言指出,国际金融危机发生10年后,世界经济再次来到十字路口,"我们有责任在关键时刻为世界经济和全球治理把准航向,为市场增强信心,给人民带来希望"④,建议"坚持改革创新,挖掘增长动力,世界经济已经进入新旧动能转换期,我们要找准切入点,大力推进结构性改革,通过发展数字经济、促进互联互通、完善社会保障措施等,建设适应未来发展趋势的产业结

① 张云飞.绿色发展是高质量发展的必由之路[N].中国纪检监察报,2021-01-18(05).
② 叶冬娜.促进经济社会发展全面绿色转型[N].经济日报,2020-12-1(11).
③ 习近平.习近平谈治国理政:第三卷[M].北京:外文出版社,2020:490-491.
④ 习近平.习近平谈治国理政:第三卷[M].北京:外文出版社,2020:473.

构、政策框架、管理体系,提升经济运行效率和韧性,努力实现高质量发展"①。2021 年 11 月,习近平总书记在第三次"一带一路"建设座谈会的重要讲话强调完整、准确、全面贯彻新发展理念,要求"努力实现更高合作水平、更高投入效益、更高供给质量、更高发展韧性,推动共建'一带一路'高质量发展不断取得新成效"②,充分肯定了在党中央坚强领导下,共建"一带一路"在"硬联通""软联通""心联通"方面取得的实打实、沉甸甸的成就。因此,高质量发展作为理论正在引领世界经济和"一带一路"的高质量发展,作为战略决策正在推动世界经济的高质量发展,促进其新旧动能转换,通过共建"一带一路"高质量发展和构建人类命运共同体,推动各国经济的繁荣发展,推进各国人民过上更好日子的愿望的实现。

再次,高质量发展理论作为 170 多年来马克思主义发展理论的有机组成部分,是马克思主义发展理论世界化与民族化良性互动的产物。一方面,马克思主义发展理论在创立之初,直接是以一种世界化与民族化相统一的形式出现的。它是在批判各种唯心主义发展观和传统唯物主义发展观的基础上,超越了其创立时期不同哲学流派的发展世界,确立了以事物的普遍联系为基础的辩证唯物主义和历史唯物主义的发展观,揭示了联系发展的因果关系、质量互变关系、否定之否定关系,并将其应用于人类发展的历史研究中,成为批判资本主义、创立马克思主义政治经济学和科学社会主义理论的重要思想基础。另一方面,马克思主义发展理论在指导各国无产阶级创建社会主义的实践中不断丰富和发展,形成了具有不同民族性的发展理论。如苏俄的马克思主义发展理论、中国的马克思主义发展理论、现代西方马克思主义的发展理论等。这些理论在本质上都要求摆脱资本逻辑、顺应经济社会发展规律、

---

① 习近平.习近平谈治国理政:第三卷[M].北京:外文出版社,2020:474.
② 习近平.习近平谈治国理政:第四卷[M].北京:外文出版社,2022:495.

满足大多数人对更加美好生活的向往,是不同于资本主义发展理论的社会主义发展理论,引领不同时期不同国家社会主义发展模式的构建,促进了世界经济社会的多样化发展。这不仅使马克思主义发展观真正在世界上的一些民族中生根、开花和结果,也深刻地改变了这些民族乃至整个世界的发展进程和面貌。随着经济危机、金融危机、生态危机的发生,马克思主义发展理论也在与时俱进、引领世界多国社会主义实践中彰显出前所未有的旺盛生命力,深刻影响着人们的思想和人类文明的发展方向。高质量发展理论也不例外。"上世纪60年代以来,全球100多个中等收入经济体中只有十几个成功进入高收入经济体。那些取得成功的国家,就是在经历高速增长阶段后实现了经济发展从量的扩张转向质的提高。那些徘徊不前甚至倒退的国家,就是没有实现这种根本性转变。经济发展是一个螺旋式上升的过程,上升不是线性的,量积累到一定阶段,必须转向质的提升,我国经济发展也要遵循这一规律。"①

因此,缺乏生态眼光和世界视野,便很难正确认识和把握高质量发展理论的本质内涵和世界意义。"当今世界面临的各种难题,追根溯源都与发展鸿沟、发展赤字有关","合力打造高质量世界经济"②,"推动各国经济高质量发展"③已成为世界各国谋求繁荣和可持续发展的必然选择。只有打造高质量世界经济、推动各国经济高质量发展才能真正打破当今世界经济增长与环境保护相悖逆,经济效益与社会发展、生态效益相分离的世界性难题。

---

① 习近平.习近平谈治国理政:第三卷[M].北京:外文出版社,2020:238.

② 习近平.习近平谈治国理政:第三卷[M].北京:外文出版社,2020:473 - 475.

③ 新华网.习近平在亚信第五次峰会上的讲话[EB/OL].[2019 - 6 - 15]. http://www.xinhuanet.com/world/2019 - 06/15/c_1124627485.htm.

二是扩展论域，把握高质量发展的丰富内容。

理论视野决定理论研究的论域。人们的理论视野愈开阔，其论域必定愈宽广，反之亦然。高质量发展的研究也不例外。在以往人们的理论视野尚局限于马克思主义政治经济学与中国的具体实践相结合的方面时，人们关于高质量发展的理论研究主要聚焦于中国的具体实践。例如，2017年党的十九大之前，主要涉及两个领域即教育和经济领域，其中教育领域始于20世纪50年代，经济领域则始于1978年改革开放之后。就经济高质量发展而言，重点论述改革开放和科学发展观对产品、产业、行业及增长方式转变等高质量发展的理论建树和实践创新，如坚持科学发展观、转变增长方式、奋力实现对外经贸工作高水平、高质量持续发展（宋毅骏，2006），市场化改革带来经济高质量运行——上海经济发展态势观察之二（陈雅妮、陆斌，1993），高质量利用外资的开放型经济发展纪实（吴建选，2000），以经济运行的高质量保经济建设的大发展（宋力刚，2000）。这些成果的研究视域虽然随着改革开放和发展观的变化而有所拓展，但关于高质量发展作为经济高速增长的阶段性战略选择的研究还刚刚起步，如有学者认为高质量发展是中国经济升级版内涵（刘迎秋，2013），不仅与中国特色社会主义理论和实践在新时代的创新发展缺乏勾连性研究，更未开展世界经济高质量、生态环境保护高质量等的系统研究。党的十九大以来，聚焦高质量发展的研究成果呈井喷态势，研究话题聚焦经济高质量发展并快速延展至其他相关领域，整体性研究和专题研究都取得了可喜的成果，形成了关于高质量发展的基本内涵和主要特征（颜廷标，2018；林兆标，2018；冯俏彬，2018），关于经济进入高质量发展的阶段性（徐康宁，2017；李琼、艾丹，2017），关于经济高质量发展体系、机理、特征和途径（曲哲涵，2017；李佐军，2017；迟福林，2017），关于经济高质量发展的动力（蒲晓晔、Jarko Fidrmuc，2017），关于经济转向高质量发展的风险（雷英杰，2018），关于高质量发展的政策和制度(郭占恒,2018;张军扩,2018),关于高质量发展的理论基础(任保平,2018)等论域。但在诸如高质量发展的理论依据、曲折历程、现实问题、未来走向等方面,对于理解高质量发展都极其重要的问题或者只显露冰山一角,或者完全被遮蔽。例如,高质量发展与环境保护的关系等。结果原本内涵丰富深刻、复杂多样的高质量发展理论被极端简单化。一旦突破上述偏狭的理论视野,真正把高质量发展研究置于马克思主义发展理论的世界化和民族化相统一的历史进程中考察,置于中国特色社会主义发展理论的形成过程中理解,高质量发展问题研究的论域就会得到极大的扩展,这一研究就会走入一个新的天地。

第一,研究高质量发展问题,必须深入探讨高质量发展的马克思主义理论本性,弄清高质量发展的理论根据。这一问题包含三个方面。一是高质量发展的本质和根本特征。高质量发展到底具有何种区别于其他理论的特质和理论品格,使它能够不断地世界化和民族化。二是高质量发展的民族性和世界性。高质量发展的民族性和世界性及其统一关系到底是怎样的,或者说,在特定民族中产生的高质量发展理论何以能够与世界上不同民族的具体实际相结合而不断地世界化和民族化。三是高质量发展的时代性和与时俱进性。高质量发展的时代性和与时俱进性及其统一关系到底是怎样的,或者说,在特定时代产生的高质量发展理论何以能够与新的时代条件下各民族的具体实际相结合而不断地世界化和民族化。

第二,研究高质量发展问题,必须深刻反思马克思主义发展理论中国化的历史进程。一是研究不同时期马克思主义发展理论中国化的理论成就。我们不仅要深入研究毛泽东思想、邓小平理论、"三个代表"重要思想和科学发展观等马克思主义中国化的标志性成果中包含的高质量发展思想,而且要全面总结作为这些标志性成果形成和发展基础的中国广大理论工作者对高质量发展的理论贡献。二是要正确评价中国传统发展理论和现代西方发展理论对高质量发展理论所产生的积极推动作用。三是研究不同时期高质量发展的经验教训。高质量发展既有正确对待马克思主义发展观的态度、学风和方法问题,也有正确对待各种非马克思主义发展观,特别是正确对待中国传统发展观和现代西方发展观的问题。

第三,研究高质量发展问题,必须认真分析、回答和应对高质量发展在当代面临的问题和挑战。这类问题和挑战大体上可以分为三类。一是与整个马克思主义及其发展相关联的,如当代资本主义的绿色化和生态化发展是否证明马克思主义的发展观已经"过时",东欧剧变是否意味着马克思主义发展观已经"破产",在新的时代条件下应该如何坚持和发展马克思主义发展观,等等。二是与中国高质量发展相关联的,如高质量发展应该如何处理与新发展理念的关系,如何处理与循环低碳发展的关系,当前深化和推进高质量发展研究的正确思路到底应该是"回归"马克思主义发展理论的经典"文本",还是应该面向时代和现实,等等。三是与高质量发展直接相关联的,例如,应该如何理解高质量发展与当代中国先进文化发展的关系等。对于所有这类问题,我们都应该认真地分析它们的形成原因、演变过程及其实质。

第四,研究高质量发展问题,还必须着力探讨和明确高质量发展的前进方向。可以说,探讨和明确高质量发展的前进方向,是整个高质量发展问题研究的落脚点和理论归宿。而要明确高质量发展的前进方向,除了必须做好上述基础性工作,还必须深入研究以下两个问题。一是全球化条件下中国经济社会发展,特别是中国现代化建设发展的客观需要。为了适应不同时期中国现代化建设的需要,马克思主义发展理论才一次又一次地实现了飞跃。二是当代世界哲学,特别是马克思主义哲学的发展趋向。只有同时深刻地把握世界哲学,特别是马克思主义哲学的发展趋向,我们才能在未来高质量发展过程中,创造出一种既适应全球化背景下中国经济社会发展的需要,又在世界哲学中占有重要地位并能为整个马克思主义哲学的发展做出独特贡献的中国化的马克思主义高质量发展理论。

三是创新方法,把高质量发展问题的研究提高到总结规律的水平。

如果说理论研究的论域是由理论视野决定的,那么,理论研究的深度和水平,特别是理论研究的创新程度则与所使用的研究方法有着本质联系。实验心理学之父冯特曾经说过:"自然科学史从各个方面使我们铭记在心的一个通则是:科学的发展是同研究方法的进展密切相关联的。近年来,整个自然科学的起源都来自方法学上的革命,而在取得巨大结果的地方,我们可以确信,它们都是以先前方法上的改进或者以新的方法的发现为前奏的。"①自然科学研究是这样,哲学研究的情况亦如此。在以往高质量发展问题研究中,与人们局限于马克思主义发展理论中国化的内部来考察高质量发展问题,并专注于同马克思主义发展理论与中国具体实践的结合这样一种偏狭的理论视野相适应,人们所采用的主要是一种宏观的定点研究方法,这种研究方法显然是把原本极其复杂的研究对象过分简单化了。② 要把高质量发展问题的研究提高到总结规律的水平,就必须突破这种单一的研究方法,创造和运用新的研究方法。

首先,必须加强对高质量发展问题的多维度研究。在高质量发展的思想层面上,我们不仅要深入地探讨毛泽东关于质与量的思想的形成过程,以及后来中国的马克思主义者对这一思想的丰富、完善和发展,而且要考察和分析关于高质量发展的其他各种不

① 唐钺.西方心理学家文选[M].北京:人民教育出版社,1983(1).
② 汪信砚.视野·论域·方法:马克思主义哲学中国化问题研究的三个方法论问题[M].哲学研究.2003(12):7.

同理解，特别是国内外各种非马克思主义者对中国高质量发展的歪曲和攻击，以及他们对于马克思主义高质量发展思想和高质量发展思想前行方向的影响。在应用高质量发展思想引领中国和世界发展的层面上，我们既要充分研究作为马克思主义发展观中国化的标志性成果的毛泽东思想、中国特色社会主义理论、习近平新时代中国特色社会主义思想等关于质与量的思想的形成、发展过程及其继承和发展关系，也要高度重视和探讨中国高质量发展理论和生态学马克思主义对马克思主义高质量发展理论的贡献；既要总结高质量发展的宝贵经验，也要总结在实践上错误地对待中国传统的质量观和当代西方质量观的深刻教训。

其次，必须加强对高质量发展的微观个案研究。高质量发展是马克思主义发展理论的内在要求和中国经济社会发展的客观需要，也是中国马克思主义者艰辛探索的结果，它凝结着一代又一代中国马克思主义者的心血和智慧。在高质量发展的历程中，无数的中国马克思主义者都做出了自己的独创性贡献。不了解他们每个人高度个性化的哲学创造和理论贡献，就不可能真正理解高质量发展思想形成的历程，从而也不可能真正揭示高质量发展形成的规律。在以往高质量发展专题研究受到宏观定点研究方法支配的情况下，人们在相当大的程度上忽视了对高质量发展的微观个案研究。例如，在习近平高质量发展理论的研究上，人们一般重视对其重要讲话、重要论述的阐释性研究，将其归入"习近平新时代中国特色社会主义思想"或"习近平经济思想"，重理论成果的整体性和理论创新的集体性研究，至于高质量发展的内容多维性、理论贡献的个体性研究则缺乏充分关注。其实，没有部分也就没有整体，没有个体智慧也就没有集体智慧。不对部分和个体进行深入的微观个案研究，我们既无法真正理解习近平高质量发展理论的形成和发展及其在马克思主义发展理论中的地位，也无法真正说明何以只有习近平才能集大成而创立 21 世纪马克思主义的高质量发展理论,从而也就不可能通过高质量发展理论的研究而揭示马克思主义发展理论中国化和世界化的规律。

再次,加强高质量发展理论的比较研究。思想文化的比较研究能够帮助我们找出相似思想文化现象之间的共性和差异,有助于我们发现思想文化现象变化发展的规律。要揭示高质量发展的规律,也必须高度重视比较研究方法的运用。在高质量发展问题研究中,这种比较研究可以从内外两个方面来进行。一是高质量发展理论的纵向比较研究。在对高质量发展理论代表人物的思想进行深入的微观个案研究的基础上,通过他们的思想创造和理论贡献的比较研究,我们就能够找到高质量发展应该坚持的一些共同的基本原则,发现高质量发展理论形成中的一些共同的经验教训。二是高质量发展理论的横向比较研究。20世纪以来,在马克思主义发展理论民族化过程中出现的其他各种马克思主义发展理论的民族化形式,虽然经历的发展道路各不相同,在理论视角、所关注的问题及研究问题的思路和方法等许多方面都有很大的差异,甚至在一些问题上存在着相当大的分歧,但都是把马克思主义发展理论与本国、本民族的具体实际相结合的产物,都是马克思主义发展理论的世界化与民族化相统一的历史进程的重要环节和方面,因而它们之间,以及它们与中国马克思主义发展理论之间必然在若干重要方面有一些共同或相似之处。例如,开展中国马克思主义高质量发展理论与生态学马克思主义发展理论、中国马克思主义高质量发展理论与苏俄高质量发展理论等的比较研究,这是以世界视野、世界眼光观察马克思主义发展理论中国化问题的内在要求和具体表现。这种比较研究,不仅可以为我们揭示马克思主义发展理论中国化的规律提供外部参照,而且能够帮助我们认清哪些是马克思主义发展理论中国化的特殊规律,哪些是马克思主义发展理论民族化的普遍规律。

生态哲学视域下高质量发展研究的论域和方法,以生态哲学的核心要义深入而系统地阐释高质量发展的本体论、价值观、方法论、认识论内涵,论证其广泛、全面而又必须科学把握的时代特征,深刻揭示其发展动力的生态性和社会性,阐明生态惠民和坚持以人民福祉为中心的价值取向,依据高质量发展的内在逻辑,阐明并论证反映高质量发展阶段性变化的新方案。

第一章　高质量发展的生态本体论

本体论是探究世界本原或基质的哲学理论。"本体论"不仅有广义和狭义、唯物与唯心之分,也有朴素唯物主义、机械唯物主义、辩证唯物主义之别。高质量发展对于人与自然关系的和谐共生、可持续发展要求和目标终究需确立在对于世界本原或基质即对于实在的最终本性的正确认识和把握的基础上。这是深化高质量发展认识的前提。本选题从坚持以马克思主义为指导的高质量发展的中国实际出发,重点探讨高质量发展的马克思主义本体论基础。

第一节　经典马克思主义生态哲学的本体论

马克思主义生态哲学作为辩证唯物主义哲学,认为"第一个需要确认的事实就是这些个人的肉体组织以及由此产生的个人对其他自然的关系"。① 基于马克思主义生态哲学的高质量发展也不例外。本体论最基本的问题是弄清什么是"人",什么是"自然",人与自然构成的世界的本原或基质是什么。

---

① 马克思恩格斯选集:第一卷[M].北京:人民出版社,2012:146.

一、马克思主义对于人的理解

几千年来，关于人的理解常说常新。马克思认为，正像人的现实是多种多样的，人的本质规定和活动也是多种多样的；他既是自然的存在物，又是社会的存在物；既是有意识的存在物，又是能动的存在物，既是"普遍"的存在物，又是"自由"的存在物；既是"类存在物"，又是"劳动"的存在物。但归根到底，人是"对象性"的存在物，是特殊性与普遍性、差异性与同一性的辩证统一。其特殊和差异在于其的确存在可界定的多种不同人学特性，其普遍和同一在于其可界定的多种不同人学特性是彼此联系、不可分割的，都寓于"人是对象性的存在物"之中，都依赖人的对象性活动生成并发展。

（一）人是自然的、社会性的、对象性活动的存在物

1. 人是"自然存在物"。人是自然界自我进化、自我发展而生成的自然存在物。恩格斯在《自然辩证法》中依据赫胥黎、海克尔、达尔文的进化论和拉普拉斯的天体力学理论，系统阐发了自然界的自我演变、生物进化和人的形成过程，认为人是由没有定型的蛋白质通过核和膜的形成而发展细胞，再由细胞发展、由原生生物再到植物和动物，最后由动物中的古猿发展而成的。由此，人与自然万物是同质的。马克思认为人与动物植物一样，是"能动的自然存在物"或"有生命的自然存在物"，是"肉体的、感性的、对象性的存在物"[①]，是自然的一部分[②]；人与自然的关系直接就是自然与自然本身的关系，男女之间的自然的、本能的关系就是这一观念的最感性的证明。恩格斯依据自然科学的成果证实了马克思的主张，他把"蛋白体的存在方式"视为人与非人类的生命本质，认为人类或是非人类都只是蛋白体在数量上的不同组合，都可以还原为蛋白

---

① 马克思恩格斯文集：第一卷[M].北京：人民出版社，2009：209.
② 马克思恩格斯文集：第一卷[M].北京：人民出版社，2009：161.

体，"人们能从最低级的纤毛虫身上看到原始形态，看到独立生活的单细胞，这种细胞又同最低级的植物……同包括人的卵子和精子在内的处于较高级的发展阶段的胚胎并没有什么显著区别"①。换句话说，人体的所有组织不是由细胞组成的就是从细胞产生的。

2. 人是对象性的自然存在物。人作为自然存在物，其自然性和生物性只有在对象性中才能实现和表现。这是因为人的自然性决定了必须把自然界作为自己"欲望的"对象，以维持自身肉体的存在。即"人只有凭借现实的、感性的对象才能表现自己的生命"。② 也就是说，如果在人之外不存在任何对象，他就势必成为"唯一存在物"或"孤独"的存在物，成为"非存在物"，而非存在物是"一种非现实的、非感性的，只是思想上的即只是想象出来的存在物，是抽象的东西"③。所以，人作为自然的存在物而活动的过程，就是人将自然对象化进而塑造自身的过程。

3. 人是"社会的存在物"。人与人之间的社会关系是对象活动发生的前提，对象性活动则反过来促进或拓宽了人与人之间的社会关系。马克思在《关于费尔巴哈的提纲》中提出："人的本质不是单个人所固有的抽象物，在其现实性上，它是一切社会关系的总和。"④

人的社会性起源于人的自然性、起源于人作为有意识的自然物想要超越自身自然性的需要。正如马克思在《〈黑格尔法哲学批判〉导言》中所诠释的，人不是黑格尔所谓的抽象的"类"和"抽象的人格"，国家、社会团体也不是"抽象的东西"。人的本质不是他的胡子、血液、抽象的肉体的本性，不是抽象地栖息于世界以外的东西，而是他的社会特质；人就是人的世界，就是国家和社会，国家和

---

① 马克思恩格斯文集：第十卷[M].北京：人民出版社，2009：164.
② 马克思恩格斯文集：第一卷[M].北京：人民出版社，2009：210.
③ 马克思恩格斯文集：第一卷[M].北京：人民出版社，2009：211.
④ 马克思恩格斯文集：第一卷[M].北京：人民出版社，2009：501.

社会的职能不过是人的社会特质的存在和活动的方式,"是现实的人借以实现其现实内容的一些类形式"①。在此意义上,马克思关于人的社会性也不同于费尔巴哈的"人本学"唯物主义。他不是把人的本质理解为一种内在的、无声的,把许多个人纯粹自然地联系起来的共同性,而是理解成人为了实现自身相对于自然的独立性和自由而组成的"集体",因为只有在集体中,个人才能有获得全面发展其才能的手段。即只有在集体中才能有个人自由。正是根据人的社会性生存,以及由这种社会性所带给人的力量的聚合性,马克思和恩格斯在 1844 年撰写的《神圣家族》中,把"整个社会的力量"而不是"单个个人的力量"视为判断人的"天性的力量"的准绳,马克思才在《关于费尔巴哈的提纲》中把"人类社会或社会化的人类"而不是"市民社会"看成是新唯物主义的"立足点",才在1857—1858 年的《〈政治经济学批判〉导言》中把人直接定义为"最名副其实的政治动物",定义为"一种合群的动物,而且是只有在社会中才能独立的动物"。②

4. 人是对象性活动的存在物。人的自然性和社会性只有也只能通过人的对象性活动才能表现出来。一方面,只有在对象性活动中,人才能不仅把外部自然界当作自己的对象,而且也把他人看作自己的对象——不管这个"他人"是作为自然的存在还是作为自为的存在;另一方面,人们如果不以一定的方式结合起来共同活动和相互交换其活动,如果不与他人发生一定的社会关系("合作"),就不能进行对象性活动;为了对象性活动的顺利开展,人与人之间只能发生一定的联系和关系。只有在社会联系和社会关系中,自然界才表现为他自己的属人的存在的基础。"因为只有在社会中,自然界对人来说才是人与人联系的纽带,才是他为别人的存

---

① 马克思恩格斯文集:第一卷[M].北京:人民出版社,2009:3.
② 马克思恩格斯选集:第二卷[M].北京:人民出版社,2012:684.

在和别人为他的存在,只有在社会中,自然界才是人自己的合乎人
性的存在的基础,才是人的现实的生活要素。只有在社会中,人的
自然的存在对他来说才是人的合乎人性的存在,并且自然界对他
来说才成为人。因此,社会是人同自然界的完成了的本质的统一,
是自然界的真正复活,是人的实现了的自然主义和自然界的实现
了的人道主义。"①总之,人与人之间的社会关系是对象性活动的
发生前提,而对象性活动又反过来促进或加强了人与人之间的合
作关系。

(二) 人是有意识的对象性活动存在物

人是"能思想的存在物",是有意识的存在物。任何一个有正
常意识的人都能意识到这一点。

马克思在学生时代曾把意识看成人的独特的本质,博士毕业
后在多种场合进一步强调了意识的属人性。例如,在《摘自〈德法
年鉴〉的书信》中提出了"人是能思想的存在物",在《1844 年经济
学哲学手稿》中提出了人与动物的区别在于"有意识的生命活动",
在《德意志意识形态》中提出了"真正的人＝思维着的人的精神",
在《资本论》第一卷中用意识的手术刀划开了建筑师与蜜蜂的原始
的、自然的同一,等等。恩格斯则在《自然辩证法》中比较了鹰的眼
睛与人的眼睛、狗的嗅觉与人的嗅觉的不同,认为虽然前者在生理
功能上要比人强得多,其感觉的效果却不可与人的感觉效果相提
并论。因为劳动和人脑的相互作用,使人们可以用他们的思维而
不是需要来解释其行为,由此能够使人在改造自己的同时使自然
界为自己的目的服务,创造人类特有的物质世界和精神世界。②

人的意识或说精神并非天生就有,而是在对外部世界的活动
中长期积淀而成的。"不仅五官感觉,而且连所谓精神感觉、实践

①　马克思恩格斯文集:第一卷[M].北京:人民出版社,2009:187.
②　马克思恩格斯文集:第九卷[M].北京:人民出版社,2009:554-559.

感觉(意志、爱等等),一句话,人的感觉、感觉的人性,都是由于它的对象的存在,由于人化的自然界,才产生出来的。"①在《自然辩证法》中,恩格斯还把意识的物质器官——人的大脑直接看成人对象化活动的结果,把劳动看成猿脑进化为人脑的"最主要的动力"。因此,如果说外部世界是人的意识的"原型"或"文本"的话,那么对象性活动则是人类意识生成与发展的活动,是人的意识的源泉和动力。正是在此意义上,人的意识活动同时就是对象性的活动,因为人的任何行动都是和他的大脑,和他的意志与动机联系在一起的,意识如果不参与人的对象活动,就只能是空洞的意识;对象性活动如果没有意识的参与,就只能是动物的活动。正是人的意识和人的对象活动的相互作用,才造就了人和动物生命活动的直接区别,人不仅是有意识的存在物,而且是类存在物。

(三) 人是"类存在物"

人作为"类存在物"是自由的、普遍的存在物。其自由性、普遍性都缘起于人的理性和人的意识,由此形成人与非人类的又一重大区别。"动物和自己的生命活动是直接同一的。动物不把自己同自己的生命活动本身区别开来。它就是自己的生命活动。人则使自己的生命活动本身变成自己意志的和自己意识的对象。他具有有意识的生命活动……有意识的生命活动把人同动物的生命活动直接区别开来。正是由于这一点,人才是类存在物。"②

人的类本质同样是通过对象性活动形成和实现的。对象性活动使人成为有意识的存在物,进而才使人成为"普遍的因而也是自由的存在物"③。具体而言,一是人借助意识,不仅能在理论上把自然界当作自己的精神对象,而且能在实践上把自然界当作自己

---

① 马克思恩格斯文集:第一卷[M]. 北京:人民出版社,2009:191.
② 马克思恩格斯文集:第一卷[M]. 北京:人民出版社,2009:162.
③ 马克思恩格斯文集:第一卷[M]. 北京:人民出版社,2009:161.

的物质对象，由此构成了人的"普遍性"，决定了人是普遍的存在物。二是借助意识，人不仅能把自己和自己的生命活动区别开来，而且能把自己的意志和意识融于生命活动、改变生命活动，构成了人的"类特性"①。如人能够自由、自觉地看待并处理自己的生产及其产品，把生产和生活看成自己的类生活，看成类生活本身的目的而不仅是维持自己肉体存在的手段；就自然而言，人能够比动物在更广泛的范围内自由地认识并利用自然，他不只是把自然界当作自己物质的和精神的活动对象，而且把自然看作"他的作品和他的现实"②，看作自己本质力量的直观与确证，从而在"人"而不是"物"的层次上达到人与自然的统一。因此，人的类特性源于人的对象性；人的类生活的过程，就是对象性活动走向"自由"和"自觉"的过程。③

（四）人是劳动的存在物

人的自然性、社会性、意识性、类特性等都寓于人的对象性之中，并通过对象性活动表现出来，因此对象性就成为人最基本的属性。劳动直接就是人的对象性活动，人的对象化就是劳动的现实化；劳动的产品就是固定在某个对象中、物化为对象的劳动。因此，马克思恩格斯认为，劳动就是人的本质规定性，是人最高的也是最后的本质。

对象性劳动是人与动物、人类社会与自然界相区别的最根本的标志。"动物只生产它自己或它的幼仔所直接需要的东西；动物的生产是片面的，而人的生产是全面的；动物只是在直接的肉体需要的支配下生产，而人甚至不受肉体需要的影响也进行生产，并且只有不受这种需要的影响才进行真正的生产；动物只生产自身，而

---

① 马克思恩格斯文集：第一卷[M].北京：人民出版社，2009：162.
② 马克思恩格斯文集：第一卷[M].北京：人民出版社，2009：163.
③ 马克思恩格斯文集：第一卷[M].北京：人民出版社，2009：162.

人再生产整个自然界;动物的产品直接属于它的肉体,而人则自由地面对自己的产品。动物只是按照它所属的那个种的尺度和需要来构造,而人懂得按照任何一个种的尺度来进行生产,并且懂得处处都把固有的尺度运用于对象;因此,人也按照美的规律来构造。"①恩格斯把劳动看作人类社会区别于猿群的最主要的特征,因为猿群的活动只是"收集",而人则从事生产,人是"唯一能够挣脱纯粹的动物状态的动物——他的正常状态是一种同他的意识相适应的状态,是需要他自己来创造的状态"②。动物仅仅利用外部自然界,而人则通过对象性劳动来使自然界为自己的目的服务,这便是人同其他动物的"最终的本质的差别"。

马克思恩格斯批判了施特劳斯、施蒂纳等人从人的精神、意识出发来考察人的本质的错误做法,详细考察了意识、语言等与劳动在发生学上的先后关系。恩格斯指出:"首先是劳动,然后是语言和劳动一起,成了两个最主要的推动力,在它们的影响下,猿脑就逐渐地过渡到人脑;后者和前者虽然十分相似,但要大得多和完善得多。随着脑的进一步的发育,脑的最密切的工具,即感觉器官,也进一步发育起来。"③也就是说,意识、理性是通过劳动使大脑发育起来的产物,不能构成人与非人类相区别的根本性特征。劳动是使人类从动物界中脱颖而出的"第一个历史行动","一当人开始生产自己的生活资料的时候,即迈出由他们的肉体组织所决定的这一步的时候,人本身就开始把自己和动物区别开来"。④ 因此,在《詹姆斯·穆勒〈政治经济学原理〉》中,马克思明确把劳动视为"反映我们本质的镜子",认为人和人的生产劳动"是一致的",因为劳动的对象就是人的类生活的对象化,只有通过劳动的中介,自然

① 马克思恩格斯选集:第一卷[M].北京:人民出版社,2012:57.
② 马克思恩格斯文集:第九卷[M].北京:人民出版社,2009:408.
③ 马克思恩格斯文集:第九卷[M].北京:人民出版社,2009:554.
④ 马克思恩格斯选集:第一卷[M].北京:人民出版社,2012:147.

界才表现为人的作品和人的现实,人才能"不仅像在意识那样在精神上使自己二重化,而且能动地、现实地使自己二重化,从而在他所创造的世界中直观自身"。① 在马克思恩格斯看来,劳动作为人对自然的对象性活动,就是人之为人的过程,是人的自我生成与自我实现,是人的最后的也是最高的本质。由此,马克思指出:既然人是对象化劳动的产物,人之为人的过程就是对象化的劳动过程,那么,整个所谓的世界历史无非就是人将自然对象化的历史,是自然成为人的自然,即自然界生成的历史。②

　　马克思恩格斯把对象性看成人的本质,把对象性活动看成确证并实现人的本质力量的活动,这就为人尊重自然、保护自然、顺应自然提供了充足理由。因为人的自然性、社会性、意识性、类特性等寓于人与自然交往的对象性活动中,而自然作为人的本质力量的确证和实现,理应得到人类的新生与呵护;既然对象性活动就是劳动,就是实践本身,那么实践的"合规律性"也必然要求人类尊重并呵护自然。由此,马克思主义关于人的对象性的规定,就为环境哲学从"事实"到"价值"的过渡提供了中介和桥梁。与此同时,也为人尊重、保护和顺应自然指明了科学的方法论路径。既然人的对象性本质规定了人一天也离不开自然作为他的对象,既然人的本质活动是人作为主体与自然作为客体的认识和被认识、改造和被改造的活动,那么处理人与自然关系的科学方法论只能是坚持对自然"有所为"和"有所不为"的辩证统一,而非对立与对抗。所以我们既要抓长江黄河的大治理大保护,又要全面推进黄河流域、长江流域的高质量发展,以绿色高质量发展造福流域社会和美丽中国建设。

---

① 马克思恩格斯文集:第一卷[M].北京:人民出版社,2009:163.
② 曹顺仙.马克思恩格斯生态哲学思想的"三维化"诠释:以马克思恩格斯生态环境问题理论为例[J].中国特色社会主义研究.2015(6):85.

二、马克思主义对于人的理解的生态哲学意蕴

马克思主义对人的理解既是对人类中心主义"理性人"的扬弃,为我们立足马克思主义人学观,借鉴非人类中心主义"自然人"的人学观,形成高质量发展的时代的新人学观奠定了理论基础。

1. 人类中心主义的"理性人"

在对人的理解上,一些人类中心主义者认为理性是人的本质规定性,理性的属人性决定了价值的属人性,决定了人给自然立法而不是相反。美国著名的人类中心主义者默迪在《一种现代的人类中心主义》一文中指出,不管非人类中心主义如何诘难与批判,人类中心主义都是不可超越的。其不可超越性在于"使我们成为人类的那些因素",即理性的独特性。他说,人从动物中脱颖而出,成为"自为的存在",这与人的理性——作为知识和文化——的"获得""存储""遗继"相关联;一个能够向前辈的经验学习的物种就可能在一种不断扩张的基础上建立起新的知识,积累着的知识给人这种文化物种提供了不断增长着的开发自然的能量,提供了对世界的控制权与主宰权。默迪所谓的"知识"其实就是指人的理性,特别是科技理性,人"学习"的过程也就是人理性和思维的"客观主体化"过程,人的"控制权"实际上就是人作为"中心"支配自然作为"环境"的权力。概括地说就是,人是有理性有文化的特殊物种,尽管"生、死和繁衍对于所有的生命是同样的,但是由于人能对其行为进行反思和计划,所以他的行为就不像其他有机体那样,仅仅是对自然的盲目的反应;他同化和转化自然,并在其中投入一种意义和可理解的道德价值"①。正因为人有"反思""计划"等理性特征,所以人对自然的反应不仅不是盲目的,而且能同化和转化自然,并能将人关于意义和道德价值的理性投入自然中。因此,理性的属

---

① W. H. 墨迪,章建刚. 一种现代人类中心主义[J]. 哲学译丛. 1999(2):12 - 18,26.

人性规定了道德、价值的属人性,但这种属人性并不妨碍人类在反思、计划、同化、转化中赋予自然以道德和价值。这种将人作为有理性的存在物的人类中心主义在本质上延续了传统人类中心主义"以人为中心""统治自然、征服自然"的合理性。正如默迪引用辛普森所说的一样:"人是最高级的动物。他自己就能够做出如此判断的事实本身就是一个明证,证明这一结论的正确。反之,即使他是最低等的动物,当他考虑其在事物序列中的位置,希望寻找一个基础以指导自己的行动并对它们做出他的评价时,人类中心主义的观点仍然明显地是他最应当采取的。"①

正是理性的客观实在性造就了人类中心地位,无论是"走出人类中心主义"还是"走进人类中心主义",都是人理性"判断"或"考虑"所提出的命题,是人的主体性的自我确证。即使我们否定人类中心主义,那也是对人作为主体所做出的理性否定,凸显的恰恰是人的理性和主体性。同样,以理性和意识为中介,现代人类中心主义认识到,"一个个体的良好存在既有赖于它的社会群体,又有赖于它的生态支持系统",由此肯定和承认自然的工具性价值并在实践中给非人类以伦理关怀,实现了"是"和"应该"的融通,进而使人类中心主义获得了自身的"普遍的有效性"。

人类中心主义把理性或意识看成人的本质,这既具有合理性,又具有片面性。根据马克思主义对人的理解,理性、意识、思想、精神等是人的对象性活动的产物,是劳动的产物,是自然通过对象性活动在人脑中的内化和反映,具有属人性,但不能颠倒或否定与对象性活动和劳动的关系,不是有"理性"才是人,而是作为对象性活动的人才会有理性。人的理性、意识的独特性与人的对象性活动相比,不具有"第一性"、"根本"性或"本质"意义。当然,就人的本

---

① W. H. 墨迪,章建刚.一种现代人类中心主义[J].哲学译丛.1999(2):12-18,26.

质规定的多样性而言,仅把理性、意识等看成人的本质规定是片面的。马克思主义把对象性劳动视为人的本质,是因为劳动既包括了人的肉体活动,又包括了人的精神活动。人作为自然存在依赖于自然界,并通过劳动和对象性活动形成理性和意识,离开了自然界,人将无以为人,更无所谓意识和理性,而自然界则不依赖于任何意识而存在。所以,促进人与自然关系的和谐,构建矫正偏向"自然人"和"理性人"的马克思主义生态人学为高质量发展奠定生态本体论的内在需要。

2. 非人类中心主义的"自然人"

关于人是什么的理解,非人类中心主义往往以生物进化论和自然的自组织理论为依据,把人看成纯自然的存在物,看成自然界自组织的存在物,与非人具有同源性、同质性和同构性,等等。利奥波德认为"人只是生物队伍中的一员的事实,已由对历史的生态学认识所证实。很多历史事件,至今还都只从人类活动的角度去认识,而事实上,它们都是从类和土地之间相互作用的结果。土地的特性,有力地决定了生活在它上面的人的特性"。[1] 霍尔姆斯·罗尔斯顿则把地球"尘埃"化,由此把人"渺小"为纯粹自在的"物质"。既然人与自然是同质的,那么人的活动也就是自然的、本能的、动物式的活动。因此,罗尔斯顿在《哲学走向荒野》中说:"如果我们将自然定义为一切物理、化学和生物过程的总和,那么,就没有理由不把人类的能动行为包含在自然之内。人类动物与其他一切动物一样,都受制于迄今所发现的所有的自然规律。不管我们愿意不愿意,自然规律都在我们身心里起作用。"[2]其中强调了自然的与受自然规律约束的一面,而没言明异于动物的非物理的、

---

[1] 奥尔多·利奥波德. 沙乡年鉴[M]. 侯文蕙,译. 长春:吉林人民出版社,1997:195.

[2] 霍尔姆斯·罗尔斯顿. 哲学走向荒野[M]. 长春:吉林人民出版社,2000:43.

意识的、社会性、主体性的一面;也没有区别自然有荒野与非荒野,这意味着把人化自然视为对荒野或原始自然的非合理合规的自然,进而也否定了人化自然作为自然存在物的人的本质力量反映的必然性。

在非人类中心主义看来,太阳底下没有新的东西,有的就只是物质——人与自然相同一的物质,这就忽略了人的本质规定是多种多样的,特别是遮蔽了人的精神性、社会性和类特性等。这使非人类中心主义关于人的理解在实质上与费尔巴哈的唯物主义"人本学"类同,只是费尔巴哈主要依据的是自然的先在性和人的生物性而非物理、化学和生物等过程。正如车尔尼雪夫斯基在《哲学上的人本主义》中对费尔巴哈人学理论所做的概括:"人本学是这样一门科学,它无论谈到人的生命过程的哪一部分,都永远记得:整个这一过程以及它的每一部分都是发生在人的机体中;这个机体就是它的研究的现象的材料;现象的性质是由材料的性质决定的,至于现象发生的规律只是自然规律发生作用的特殊个别情况。"① 也就是说,人直接就是它的构成材料——自然的物质或物质的自然。

马克思主义承认人是自然界进化的产物,人直接就是自然存在物,人与人之间的关系直接就是自然与自然之间的关系,人与自然的确具有同质性与同源性。马克思在《1844 年经济学哲学手稿》中以男女关系说明了"人和人之间的直接的、自然的、必然的关系",说明在这种男女的自然的和类的关系上,人同自然的关系直接就是人和人的关系,但也承认人作为自然存在物只有通过对象性活动才能维持其自身的自然存在,并使人与其他自然物区别开来,成为真正意义上的人。

---

① 北京大学哲学系外国哲学史教研室编译. 西方哲学原著选读:下卷[M]. 北京:商务印书馆,1985:539.

承认人的自然性使非人类中心主义关于人的理解成为唯物主义的,却未必是辩证唯物主义的。因为辩证唯物主义在肯定人的自然性的同时,又明确作为一个现实存在的人不可能单纯是自然的或者精神的又或者是社会的,也不是自然的、社会的、精神的机械相加,而是一个各种属性集于一身的整体的人。

因此,非人类中心主义把人的本质简单归结为人的自然性是片面甚至倒退的。人类把道德关怀拓展到非人类自然,不只在于承认人的自然性,而更在于认识和把握自然界是人生存和发展须臾无法离开的对象,是人以自然界作为自己理论和实践的对象实现自身本质的内在需要。人为了自然就是为了自己,为了自己就必须为了自然。如果仅从人与自然的关系切入,片面强调自然性而导致人的"空场",那将误导人类陷入"环境法西斯主义"或"生态法西斯主义"。非人类中心主义从人的肉体性、自然性出发呼吁人类保护和关爱自然,这个逻辑起点是对的,但它忘记了"从经验的、肉体的个人出发,不是为了……而是为了从那里上升到'人'"①。即具备多种属性和特质的整体的人。因为只有这样的人,才能充当大自然的灵魂,并自觉承担起自然和人类的道德责任。

3. 面向方方面面高质量的"生态人"

郇庆治从生态文明制度建设和创新的角度提出:"对于生态文明制度的建设与创新来说,我们必须强调如下两点:生态文明制度建设与创新的根本在于生态文明理念、意识的革新或人的革新,而生态文明制度创新的基本衡量准则是理解与尊重生态(物)的多样性与稳定性。"他认为对于两者而言,"生态文明制度的建设与创新归根结底就是'生态新人'或'(社会主义)生态文明新人'的孕育、培养"。②

---

① 马克思恩格斯文集:第十卷[M].北京:人民出版社,2009:25.
② 郇庆治.论我国生态文明建设中的制度创新[J].学习论坛,2013(8):54.

还有学者提出,践行中国特色马克思主义生态文明建设是一项系统性工程,需要加快社会生产力的转型升级,同时还需要改变人的生态意识,通过对人的思维方式、人格及实际需要的生态化转变,真正实现从"经济人"向"生态人"的转向①。

三、辩证唯物论自然观

辩证唯物论自然观是马克思主义本体论的重要体现。

第一,辩证唯物论自然观坚持物质世界的唯物主义一元论,认为自然界是客观存在的、是物质的,物质是运动的,物质运动是有规律的,规律是不以人的意志为转移的。"世界的真正的统一性是在于它的物质性";辩证法的规律则"是自然界的实在的发展规律",它是从自然界和人类社会的历史中抽象出来的,是历史发展的这两个方面和思维本身的最一般的规律,包括量变质变规律、对立统一规律、否定之否定规律等。辩证唯物论自然观虽然认为规律是客观的,不以人的意志为转移,但又强调规律是可知的,人类可以认识和利用规律。规律具有稳定性和重复性,因为规律是事物内在的必然联系,是现象中的同一,犹如儒家所谓"理一分殊"的"理"。认识规律的最根本途径是实践,包括生产实践、生活实践和科学实践。因此,坚持"物质第一"和辩证法规律的本体论,使辩证唯物论自然观成为去神化的更加科学的自然观。基于20世纪以来现代科学最新成果的生态整体论自然观虽有意于批判基督教的创世说,但对上帝持保留态度。这使它难以去除神的烙印,并因此使其科学性受到牵制。将不以人的意志为转移的内在价值论作为理论核心则混淆了本体论和价值论的关系。

第二,辩证唯物论自然观在强调自然整体论的同时,主张将自

---

① 马超,潘正祥.论人的生态化转型之维:由"经济人"向"生态人"变革.理论建设,2015(6):71-75.

然区分为自在自然和人化自然,认为自在自然和人化自然之间是辩证统一的,并可以相互转化。已进入人类视野的"荒野"自然不过是人类认识和实践程度相对较低的人化自然。辩证唯物论自然观认为,所谓自然是客观存在的物质世界,它包含自在自然与人化自然。自在自然包括人类历史之前的自然,也包括存在于人类认识或者实践之外的自然。人化自然则是指与人类的认识和实践活动紧密相连的自然,也是作为人类认识和实践对象的自然。因为我们"周围的感性世界决不是某种开天辟地以来就已存在的、始终如一的东西,而是工业和社会状况的产物,是历史的产物,是世世代代活动的结果,其中每一代都在前一代所达到的基础上继续发展前一代的工业和交往方式,并随着需要的改变而改变它的社会制度"①。

自在自然与人化自然相比,一方面,自在自然具有优先性和基础性。因为人的"这种连续不断的感性劳动和创造、这种生产,正是整个现存感性世界的基础,它哪怕只中断一年,费尔巴尔就会看到,不仅在自然界将发生巨大的变化,而且整个人类世界以及他自己的直观能力,甚至他本身的存在也会很快就没有了。当然,在这种情况下,外部自然界的优先地位仍然会保持着"②。自在自然的优先性和基础性表明,自然不会因人类的死亡而消失,整个人类世界的存在却须臾离不开自然。另一方面,自在自然是无限的,人化自然是有限的。正是在包含了自在自然的意义上,列宁认为:"自然界是无限的,而且它无限地存在着。"③自在自然随着社会发展而逐渐转化为人化自然,但是,这并不意味着两者的转化能与社会发展同步或者处于同一水平,因为这种转化是有前提和规律的。时至今日,自在自然的无限性依然存在,劳动、创造和生产仍然是

---

① 马克思恩格斯全集:第三卷[M].北京:人民出版社,1960:48-49.
② 马克思恩格斯全集:第三卷[M].北京:人民出版社,1960:50.
③ 列宁全集:第十四卷[M].北京:人民出版社,1957:277.

自在自然向人化自然转化的基本途径。

　　第三，人是自然造化的产物，是人化自然的主体。生态整体论笼统地把人变成整体自然的"部分"或"普通成员"，致使其关于人与自然关系的认识陷于片面。从起源论或生成论的角度而言，人及其社会是自然界长期发展的产物，必须承认并依赖自然界的先在性和基础性。从人与社会的可持续发展角度考察，人类及其社会从自然界中"提升"出来，并不意味着人类社会可以离开自然界来获得发展。一方面，人类社会作为自然界进化的高级阶段，它的存在和发展必须以自然界为基础和前提，它必须遵循自然界发展的客观"尺度"，并通过认识和实践不断把握自然界的本质和规律，将其"内化"为人的主观构成，即"自然人化"；另一方面，作为自然界的特殊部分，人类不但能利用自然界，而且能够按照自己的主观"尺度"，在自然界打上人的本质烙印，营造"人化自然"。对人而言，"凡是有某种关系存在的地方，这种关系都是为我而存在的；动物不对什么东西发生'关系'，而且根本没有'关系'；对于动物来说，它对物的关系不是作为关系存在的"①。因为人才是有意识的最高级动物。

　　第四，在思维方式上，辩证唯物论自然观认为辩证法对自然界的理解是"活生生的"，只有坚持辩证法，才能理解一切现实事物。恩格斯主张"辩证法是唯一的、最高度地适合自然观的这一发展阶段的思维方法"②；承认整个自然界的统一，存在普遍联系，可以把包罗万象的发展过程、把自然界的所有领域、它们的全部现象贯穿和有机地联系起来。生态整体论自然观强调生态整体思维，也认为自然是动态变化的有机整体，是普遍联系的。辩证唯物论和生态整体论都承认平衡，并认为平衡是相对的、暂时的。因为"自然

①　马克思恩格斯选集：第一卷[M].北京：人民出版社，1995：81.
②　马克思恩格斯选集：第三卷[M].北京，人民出版社，1973：535.

界中的整个运动的统一,现在已经不再是哲学的诊断,而是自然科学的事实了"。① 不同在于前者强调平衡与运动的关系,后者则更倾向于平衡是进化的一种顶级状态。

辩证唯物论自然观的历史意义在于以下三点。(1) 适时地总结了代表 19 世纪科学的最高成就,揭示了自然界运动过程中的联系、变化和发展,"新的自然观的基本点是完备了:一切僵硬的东西溶化了,一切固定的东西消散了,一切被当作永久存在的特殊东西变成了转瞬即逝的东西,整个自然界被证明是在永恒的流动和循环中运动着"②。(2) 批判性地吸取了人类哲学史上自然观的优秀成果,它是在对机械论自然观与德国自然哲学批判和超越的基础上创新的,是对黑格尔、费尔巴哈自然观的"扬弃",是通过对人与自然关系状况的现实把握和对自然科学认识的哲学概括。(3) 指出人与自然的本质关系是一种对象性关系,即人类活动实现的是自然界的对象化。这种自然观大大提高了人类对自然的认识,克服了机械论自然观的一些不足,是人类历史上自然观的最完备、最科学的形态。

辩证唯物论自然观的现实启示有两方面。一方面,在理论层面上,对我们破解所谓的"荒野"自然观、"自然终结论"和"自然死亡论"及"返魅"自然论奠定了思想基础。它让我们充分认识到,我们生存和发展于人化自然之中,人化自然是历史与现实的辩证统一,作为历史的自然,它具有续承性;作为现实的自然,每一代人面对的自然都不一样。它与人和社会的需要密切相关,并随着社会发展方式的改变而变革其社会制度。这意味着所谓的"伪自然"③不过是人化程度较高的自然,其属性仍是人化自然。生态整体论因过分强调自然的整体性而忽视了对客观存在的自然的分析,以

---

① 恩格斯. 自然辩证法[M]. 北京:人民出版社,1971:175 - 176.
② 马克思恩格斯全集:第二十卷[M]. 北京:人民出版社,1971:373 - 374.
③ 董光璧. 当代新道家[M]. 北京:华夏出版社,1999:11.

至于无法厘清当下人们关于自然的分歧，甚至在一定程度上误导了人们对待人化自然的态度和信念。今天人们关切地球、关注地球生物圈的命运，是因为全球化已使整个地球变成了地球村，人化程度迫使人们"翻转"对人与自然（实质是人化自然）关系的认识。另一方面，在实践层面上，为正在受困于资源短缺的人们提供了自然资源无限的理论假设。辩证唯物论自然观的整体论是无限性与有限性的统一。生态学从个体生态学到地球生物圈生态学的发展印证着自然有限性与无限性的辩证统一。没有无限自然的存在也就没有所谓大尺度生态系统的扩张。

辩证唯物论自然观的局限性主要体现在科学性与时代性的关系方面，它作为基于 19 世纪科学成果的自然观，不可避免地带有那个时代的印痕，在一些具体问题的理解上并没有彻底摆脱机械论自然观的影响，因此对当代科学所揭示的人与自然关系的多样性、复杂性、不确定性等不可能有系统的理论关照。正是在这个意义上，我们主张将辩证唯物论自然观与生态整体论自然观有机整合，提出并论证其内涵和内在逻辑。

第二节　生态学马克思主义的生态本体论

作为一个不断发展演进的理论整体，生态学马克思主义理论建构的逻辑主体及其哲学本体论基础亦是一个不断发展的过程。总的来看，这一建构过程同西方马克思主义对马克思及其历史唯物主义理解的不断深化密切相关，或者说生态学马克思主义理论建构之本体论基础就是西方马克思主义对历史唯物主义之本体论变革的认识深化过程。就本体论而言，生态学马克思主义经历了20 世纪 50—70 年代实践唯物主义范式下的实践本体论和生态视角的开启，70—90 年代绿色思潮激荡下实践唯物主义自然观及其内在逻辑张力的重思,再到90年代后"物质变换"概念新发掘后的以人与自然的实践关系为基础,以物质变换为核心范畴的人与自然辩证统一的生态本体论变革。

一、法兰克福学派的实践自然观

伴随20世纪五六十年代全球性生态危机的出现,不同学者基于自身的理论背景重新审思生态问题,生态思潮呈现出多头并进、百花齐放的图景。其中,一些学者开始借助马克思主义的观点、立场和方法去分析生态问题,代表性的有法兰克福学派及其生态批判理论。通过反思和批判,法兰克福学派构建起了生态马克思主义的最初理论形态。

法兰克福学派的生态批判理论并非直接源自对马克思主义自然观或生态思想的系统挖掘,而是致力于重新理解并展开历史唯物主义的具体论域的思考和研究。具体地说,以霍克海默、弗洛姆等人为代表的早期法兰克福学派,继承和发展了卢卡奇以来西方马克思主义的实践唯物主义的解释路径和理解方式,即把马克思的唯物主义哲学解释为以人类实践为基础、关于人与人和人与自然关系的哲学;侧重探讨人的自由和解放,赋予自然以社会性与历史性,趋向于现代形态的实践唯物主义哲学。例如,第一代代表人物霍克海默就反复强调,马克思的唯物主义所谈及的"自然"是以实践为基础的社会和历史中的自然。"我们在周围知觉到的对象——城市、村庄、田野、树林,都带有人的产用的印迹……感官呈现给我们的事实通过两种方式成为社会的东西:通过被知觉对象的历史特性和通过知觉器官的历史特性。这两者都不仅仅是自然的东西;它们是由人类活动塑造的东西。"[①]弗洛姆强调,"19世纪

① 马克斯·霍克海默.批判理论[M].李小兵,等译,重庆:重庆出版社,1989:192.

末所盛行的唯物主义认为,真实的存在是物质,而不是思想,与这种机械唯物主义相反,马克思并不注意物质与精神之间的因果关系,而是把一切现象都理解为现实的人类活动的结果"。①

　　法兰克福学派以实践作为历史唯物主义解释的基础性概念和范畴,将自然转化为社会历史范畴。这一方面为开启历史唯物主义的生态视域提供了可能,使得马尔库塞等第一代生态学马克思主义将法兰克福学派对发达工业社会的哲学文化批判转变成为一种对资本主义社会的现实批判,把古典马克思主义意义上对资本主义制度的政治经济学批判转变成一种对资本主义制度的政治生态学批判成为可能。另一方面,在自然哲学层面,继承自卢卡奇的实践唯物主义范式却存在着抹除自然的客观实在性,将自然完全消融于社会之中的危险倾向。②

　　作为第二代代表人物之一的施密特,在一定程度上澄清和回答了上述的危险倾向。不同于马尔库塞对马克思早期作品《1844年经济学哲学手稿》青睐有加,施密特主要关注马克思中晚期相对成熟的理论文本,如《资本论》及其系列准备手稿。施密特在沿袭法兰克福学派关于自然概念"社会—历史"阐释的基础上,提出了"自然的社会中介"与"社会的自然中介",在历史的辩证法中阐释了"自然被人化"与"人被自然化"③,并将自然划分为第一自然和第二自然。所谓"第一自然"即独立于人之外的"自在自然",承认第一自然就是承认自然的客观实在性,就是反对像卢卡奇那样把自然完全消融在社会中,就是坚持马克思唯物主义的基本立场。

――――――――

　　① 埃里希·弗洛姆.在幻想锁链的彼岸[M].张燕,译,长沙:湖南人民出版社,1986:40.
　　② 侯惠勤.危险的误导:卢卡奇的《历史与阶级意识》为何被捧为马克思主义创新的经典?[J].马克思主义研究,2017(05):5-17,159.
　　③ 叶海涛,方正.法兰克福学派社会批判理论的生态维度探究:以自然观念为中心的政治哲学分析[J].思想理论教育,2017,(12):39-44.

所谓"第二自然"则是人类为了生存和发展以实践中介过的"自然",或者说,经由人的实践而社会化了的"人化自然",从而保留和承认了法兰克福学派关于自然的社会历史理解。由此,在第一自然和第二自然的解释框架下,施密特形成了对马克思自然概念的辩证认识,既不同于卢卡奇等人将自然纳入社会范畴,从而过分夸大人的主观性,又不同于"本体论的马克思主义"对自然存在的纯粹客体化理解而滑至"旧唯物主义"的窠臼。在施密特看来,作为第一自然和第二自然中介的实践不仅要受历史的和社会条件的制约,而且必须以尊重自然规律为基础和前提。人类是以自然界的客观性为基础,通过创造性的劳动使"自在自然"变成"为我之物",从而形成了自然物质的使用价值。但是,人类所创造的"第二自然"本身的缺陷使得使用价值无法真正为人的目的服务,这就会出现"人化自然"向"自在自然"倒退,即社会存在向自然物质的退化的现象,并由此根据这一现象阐明了自然和社会、主体和客体在劳动基础上的同一性中包含着非同一性,实现了自然的客观实在性和马克思的唯物主义立场的辩证统一。

二、实践自然观的二元悖论与马克思主义自然观的回归

20世纪70年代左右随着施密特《马克思的自然》在英语世界的流行,生态学马克思主义的生态批判理论逐渐进入西方绿色理论家们视角之中。而当生态学马克思主义通过技术批判和文化价值批判,揭露了生态危机同资本主义制度的内在关联,并旨在构建一种政治生态哲学以通往生态社会主义时,对生态学马克思主义的诘难接踵而至。西方绿色理论认为历史唯物主义是"人类中心主义""技术决定论""生产主义""生态普罗米斯主义"的,它不承认自然的极限,忽视自然资源的有限性和稀缺性,为了发展不惜牺牲生态环境,历史唯物主义同现代生态学所隐含的生态思维是不一致甚至是对立的,并断言历史唯物主义是反生态的。由此,"历史

唯物主义同生态学是否具有一致性"成为这一时期生态学马克思主义理论构建的焦点问题。

事实上,"历史唯物主义同生态学是否具有一致性",这是生态学马克思主义理论建构过程中的关键问题。一方面,这牵涉生态学马克思主义理论构建的合法性和科学性,或者说,生态学马克思主义这一理解和解决资本主义生态危机的理论体系为什么是科学的,而不是一些马克思主义学者将其同生态危机嫁接后的自说自话,并由此关涉生态学马克思主义这一业已出现的批判流派进一步的发展形态问题。另一方面,又牵涉生态学马克思主义学者对马克思唯物主义自然观的理解。一些西方生态理论只看到马克思的唯物主义自然观对自然客观性、本体性和现在性的承认,将其片面地等同于主客二分的旧唯物主义,忽视了马克思的唯物主义自然观之变革意义在于以实践为中介,重新理解人与自然关系的生态价值关系,在承认自然的客观实在性的同时,强调自然的社会历史性。在争论中,以英国的本顿和美国的奥康纳为代表的学者,认为唯物史观片面强调生产力对社会发展的积极作用,专注于资本主义的生产关系造成的经济危机和工人的贫困问题,而相对忽视了生产力发展可能带来的生态后果;同时,他们认为马克思恩格斯的历史唯物主义是一种人类中心主义,把生产力发展看作历史进步的根本标志,强调人对自然的利用和控制,反对"自然极限",把人类的幸福建立在物质财富极为丰裕的基础上,并对技术抱乐观主义的态度,这些思想与生态学的基本观念是不相融的。[①] 因此历史唯物主义需要"绿化",使之能够解释当今的生态问题并为解决生态问题提供指导。以休斯和格伦德曼为代表的学者认为,历史唯物主义与生态学的基本原则是一致的,尽管历史唯物主义的

---

① 陈永森.生态马克思主义对历史唯物主义与生态学关系的理解及其启示[J].思想理论教育,2015(3):39-44.

立场确实是人类中心主义的,但这里的人类中心主义并非只承认启蒙以来强调自然工具理性的人类中心主义,而是一种包含着从审美和道德角度看到自然界的广义的人类中心主义;马克思"控制自然""支配自然"的观点尽管沿袭自启蒙理性,但马克思又有所扬弃和超越,更多是指在掌握自然规律前提下的有意识控制,人类中心主义正是我们保护自然的依据,在人类中心主义的旗帜下我们能够关心"自然的繁荣"。因此,应当坚持以历史唯物主义为基础构筑生态学马克思主义的理论大厦。

生态学马克思主义内部关于历史唯物主义会产生肯定或否定两种截然不同的态度,根源仍在于能否跳出从卢卡奇到法兰克福学派以来的西方马克思主义关于历史唯物主义所做的科学主义和人道主义、实证和思辨之间二元对立的阐释模式与思维方式。换言之,如果囿于这种二元对立的思维方式,仅仅从科学主义或人道主义某一向度来运用历史唯物主义进行生态分析,必然会导致历史唯物主义在生态问题上的"失语"。用科学主义的观点解读历史唯物主义,将历史发展的动力规定为经济基础的变化,将历史发展的进程解读为生产力的发展过程,忽视了人的意义和人的主体性在历史发展过程中的作用,由于片面追求历史唯物主义的科学性和普遍性,企图用历史唯物主义发展规律来囊括所有人类历史发展现象,最终将陷入经济决定论的窠臼。用人道主义的观点来阐释历史唯物主义,即强调历史发展过程中人的作用,突出对人的主体性和实践性的关怀,尤其是人的主体性和实践性对于历史发展的推动作用,这种解读消弭了自然的客观实在性而片面地强调社会历史性,将历史唯物主义自然观消弭于历史观之中。

不过,生态学马克思主义学者通过漫长的理论探索和辩护,还是逐步明确和坚持了马克思的唯物主义自然观。同时,西方马克思主义对历史唯物主义的二元理解导致了生态学马克思主义的生态二元论对立,这促使生态学马克思主义重新思考和理解历史唯物主义。

三、基于历史唯物主义的生态本体论

进入 20 世纪 90 年代后,以福斯特为代表的生态学马克思主义学者开启了对历史唯物主义的生态重释,即通过对历史唯物主义的生态理解,确证了生态学马克思主义的生态本体论。

福斯特对历史唯物主义生态重释的关键在于以物质变换概念重新理解实践,使实践不再只是表达人与自然之间对象化活动的范畴或是实践唯物主义意义上的抽象本体,而是成为一个具象理论范畴。福斯特指出,在马克思看来,自然与社会是交互式的辩证关系,其间不仅有生存的斗争,而且充满生存的和谐。它是一个相互影响的自然历史生态过程。只不过在马克思生活的那个生态学尚不明朗的年代,马克思用接近生态学的词语称之为"新陈代谢"罢了。这也是马克思对摩尔根用生存技术作为社会演化标准提出不满看法的原因。因为生存的技术只看到了自然历史中人类的本质性力量,而缺失了自然本身对社会的影响。因此,马克思在引进"劳动"一词来揭示这个自然历史过程的时候,同时引进了"新陈代谢"一词。正是新陈代谢的概念使劳动过程具备了新的意义。[①]"劳动首先是人和自然之间的过程,是人以自身的活动来中介、调整和控制人和自然之间的物质变换的过程。"[②]在这里,劳动过程和劳动关系就立即表现为双重的关系:一方面是社会关系,另一方面是自然关系。正是在此基础上,福斯特通过深层次多角度剖析马克思的"新陈代谢",阐释马克思"新陈代谢"理论蕴含的人与自然、社会与自然的多重内涵,并将其确证为历史唯物主义生态阐释

---

① 王喜满.新陈代谢及其断裂理论:福斯特解读马克思生态学思想的最新视角[J].社会主义研究,2008,(03):23-26.

② 中共中央马克思恩格斯列宁斯大林著作编译局译.资本论:第一卷[M].北京:人民出版社.2004:207-208.

的基石性概念。

福斯特通过"物质变换"或"新陈代谢"概念,从政治经济学和哲学的双重视角赋予实践以具体的内涵,在继承西方马克思主义实践唯物主义的解释传统的同时,又克服了内含的科学主义与人道主义倾向在生态维度的逻辑张力,指证了唯物主义自然观和唯物主义历史观在马克思的实践唯物主义中是统一的,并且唯物主义历史观是以唯物主义自然观作为基础的,二者共同构建了自然历史的王国,并自然而然地将历史唯物主义所具有的生态向度彰显出来。[①]

第三节　高质量发展的生命共同体本体论

自然观是影响人与自然交往行为的首要思想要素。高质量发展的自然观以马克思主义自然观为基础,以人与自然是生态共同体为本体论,坚持辩证唯物主义和历史唯物主义的生态整体论。

一、辩证唯物的生态整体论

辩证唯物的生态整体论不是辩证唯物论自然观和生态整体论自然观的简单整合,而是一种基于宇宙哲学基础、文化基础、现实基础的根本的内在超越,它的终极目的是要实现人与人、人与自然的和解。

首先,辩证唯物的生态整体论的提出以"主客融合"成为主导性思潮为前提。从理论上看,"主客二分"在黑格尔以后就受到尼采、海德格尔等现当代哲学家的批判否定。"主客融合"的主导性

---

① 福斯特. 马克思的生态学:唯物主义和自然[M]. 刘仁胜,肖峰,译,北京:高等教育出版社,2006:129.

思潮认为:人生存于自然环境中,是自然的产物,依赖于自然;人是有限的,自然是无限的。这从根本上决定了人不可能以征服者的身份对待自然。如果一味地强调科技的先导性和人的主观意志,那么,人类一定会遭遇主客背离的灾难。

其次,生态整体论的发展并不排斥人们对辩证唯物论的关注和信仰。例如,达尔文以来很多科学家的成果是在相信唯物论的基础上取得的。达尔文在M笔记中写道:"为了避免走得太远,我虽然相信唯物论,但只能说感情、本能和天才的程度是遗传的,因为孩子的脑与双亲的脑类似。"[①]他认识到,"自然界中的每一事物都是固定法则的结果"[②]。贝塔朗菲也认为:"作为一个整体的世界及其每个个别的实体,都是一个对立统一体。然而,这样的统一体在它们的对立和斗争中构成和保持了一个更大的整体。"[③]与此同时,生态整体论的研究带动了生态社会主义、生态学马克思主义、马克思主义生态学等相关理论研究的深入,随着生态文明理论的提出,使辩证唯物论自然观及其哲学理论与现代科学的关系问题也受到高度关注。

再次,辩证唯物的生态整体论是回应自然观多元化挑战的内在要求。一是关于自然概念的应用,在不同时代、不同文化区域有不同意义。二是生态危机的发生不仅使自然概念出现的频率几乎高于任何方面,而且关于自然的多重新定义和规定性等既印证着自然观的新变化,又加剧了自然观的多元化。三是辩证唯物论自然观和生态整体论自然观虽自成理论体系,但两者在理论的科学性和完备性上各有优劣。比如,前者主张无神,后者主张有神;前

---

① 斯蒂芬·杰·古尔德.自达尔文以来[M].田洺,译,北京:生活·读书·新知三联书店,1997:10.

② 达尔文.达尔文生平[M].叶笃庄,叶晓,译.北京:科学出版社,1983:50.

③ 路德维希·冯·贝塔朗菲.生命问题:现代生物学思想评价[M].吴晓江,译.北京:商务印书馆,1999:58.

者主张整体性与矛盾性的统一,后者更强调整体和部分的统一;前者强调规律是不以人的意志为转移的,后者则以自然内在价值为理论核心;前者主张辩证思维,后者主张生态整体思维;前者主张无限与有限、平衡与不平衡、绝对真理与相对真理、自然—人—社会的辩证统一,后者否定无限、绝对真理,更多地侧重于人与自然的整体性。因此,克服各自的理论缺陷,成功回应自然观多元化的挑战,实现协同共生,这是辩证唯物论自然观和生态整体论自然观深入发展的内在要求。

最后,纵观自然观演化的相互关系,其规律和趋势如表 1-1 所示,随着时间的流逝和自然、经济、政治、社会与文化的发展,人类自然观先后形成了自然宗教自然观、有机论自然观、神学自然观、机械论自然观、辩证唯物主义自然观、生态整体论自然观等,不同自然观之间的相互关系,从总体上说,不同时期代表性的新旧自然观之间并不是线性取代关系,而是非线性的主导与非主导的关系,是并存共生的关系,其演进的规律是与时俱进,总的趋势是日趋多元化。多元化趋势加强的直接原因在于思想文化发展的差异性,根本原因在于自然、经济和社会发展的不平衡性。

表 1-1　自然观演进的规律和趋势

古代				近现代		当代	思维范式	目标	主体
						生态整体论自然观	科学理性	合规律、合目的	
					辩证唯物论自然观	辩证唯物论自然观			
				机械论自然观	机械论自然观	机械论自然观			

(续表)

古代					近现代	当代	思维范式	目标	主体
			神学自然观	神学自然观	神学自然观	神学自然观			
		有机论自然观	有机论自然观	有机论自然观	有机论自然观	有机论自然观	非科学理性	合目的	人
	万物有灵论	万物有灵论	万物有灵论	万物有灵论	万物有灵论	万物有灵论			
自然宗教自然观	自然宗教自然观	自然宗教自然观	自然宗教自然观	自然宗教自然观	自然宗教自然观	自然宗教自然观			

由表 1-1 可知,(1) 古代与近现代、当代的自然观之间存在着理性与非理性的差别。近现代以来,基于科学理性的自然观取代古代非理性自然观而主导人们的思想和行为成为一种趋势,合规律性成为合目的性的基础和前提。

(2) 从古到今,自然观提出和论证的主体都是人。它是人类认知水平和实践能力变化发展的智慧结晶。离开了人的主体自觉,就无所谓自然观。因此,自然观是人的本质力量的体现。

(3) 占主导地位的自然观往往是基于认识和实践的发展而形成的新自然观。然而,近现代以来,机械论自然观长期占主导地位,而辩证唯物论自然观作为一种新自然观,由于经济、政治、文化等多种因素的影响,只是在少数国家(地区)的意识形态领域占据一定的主导地位。当代生态整体论自然观以生态中心主义为价值取向,从提出至今,始终处于争议之中,能否成为主导的自然观还有待理论和实践的发展。

(4) 现当代以来,新自然观主导地位的确立日渐困难。究其原因主要有两个方面。一是一种新的自然观有待实践的检验,并随着实践的发展而发展,同时,理论自身的完备、人们认识和接受一种新的自然观都有一个过程。二是经济、政治和社会发展的不平衡性,特别是思想文化的日趋多元化,使自然观多元并存的趋势不断增强,主导与非主导的关系变得复杂而不确定。

（5）当代自然观虽然是多元化的,但基于现代科学理性的合规律、合目的,有利于人与自然和谐发展的自然观主要有辩证唯物论自然观和生态整体论自然观,而且两者的并存共荣是历史的必然。不过,两者要接受自然观多元化的挑战而成为主导自然观则有待在相互借鉴的基础上,克服各自的理论局限,尝试展开合规律、合目的的深度融合,而不是彼此排斥。这正是辩证唯物的生态整体论的合规律性所在。

二、人与自然是生命共同体

我国的高质量发展坚持以马克思主义为思想指导,秉持人与自然是生命共同体的本体论。一方面承认和肯定"自然界是人类社会产生、存在和发展的基础和前提"[1],承认和肯定"人类归根到底是自然的一部分,在开发自然、利用自然中,人类不能凌驾于自然之上,人类的行为方式必须符合自然规律"[2],承认和肯定"人与自然的关系是人类社会最基本的关系"[3],人与自然之间自然的先在性、条件性和客观性,人类一旦违反自然界客观规律,"就会遭到大自然的报复"[4],将承认和肯定人与自然的关系看作一种具有"一体性"的系统存在,并将这一系统看作一个不断进行社会建构

---

[1] 中共中央宣传部. 习近平总书记系列重要讲话读本（2016年版）[M]. 北京:学习出版社、人民出版社,2016:231.

[2] 中共中央宣传部. 习近平总书记系列重要讲话读本（2016年版）[M]. 北京:学习出版社、人民出版社,2016:231.

[3] 中共中央宣传部. 习近平总书记系列重要讲话读本（2016年版）[M]. 北京:学习出版社、人民出版社,2016:231.

[4] 中共中央文献研究室. 习近平总书记重要讲话文章选编[M]. 北京:党建读物出版社、中央文献出版社,2016:394.

的历史过程①。

另一方面,承认和肯定"人类则可以通过社会实践活动有目的地利用自然、改造自然"②,"主体是人,客体是自然"③,人的观念是随着人与自然、人与社会的关系变化而变化的。正是基于这种关系的变化,人们认识到人与自然是生命共同体,生态环境没有替代品,用之不觉,失之难存。习近平总书记提出了"人与自然和谐共生"的生命共同体本体论,实现了基于人与自然关系演进方向的自然观建构。"人与自然是生命共同体"的本体论否定了近现代机械自然观,完成了对"真正的现代的自然观是生态的或者辩证的"④生态自然观的超越。"人创造环境,同样,环境也创造人。"⑤"人与自然是生命共同体"以人与人之间关系的和谐为前提,以人与自然和谐共生为核心内容,追求人、自然、社会的共生共荣和永续发展的观念。其本质特征既是生态的又是辩证的,是从人与自然、人与社会的关系的有机性、系统性和一体性出发,科学把握自然化人和人化自然的辩证关系的马克思主义生态自然观。在生态的、系统的、辩证的维度发展和创新了马克思主义自然观,成为社会主义生态文明建设必须坚持的重要原则,成为21世纪马克思主义生态哲学建构和创新的哲学基础。

第一,"人与自然是生命共同体"的本体论具有合目的性。其直接目的就是使自然界更好地并且更有效地为人类服务。离开了以人类劳动为中介的人类与自然的实践关系,任何自然的存在就都失去了以人类生活为判断尺度的存在意义,因而就不会存在人

---

① 马克思恩格斯文集:第九卷[M].北京:人民出版社,2009:559-560.

② 中共中央宣传部.习近平总书记系列重要讲话读本(2016年版)[M].北京:学习出版社、人民出版社,2016:231.

③ 马克思恩格斯选集:第二卷[M].北京:人民出版社,1995:3.

④ PARSONS H. L. Marx and Engelson ecology[M]. London:Greenwood Press,1977:4.

⑤ 马克思恩格斯选集:第一卷[M].北京:人民出版社,1995:92.

类如何保护自然环境这个问题。在批判黑格尔抽象的自然观的时候,马克思直接断言:"被抽象地孤立地理解的、被固定为与人分离的自然界,对人说来也是无。不言而喻,这位决心进入直观的抽象思维者是抽象地直观自然界的。"①在人化自然中,人类是主体,而自然是客体。人类认识自然、改造自然,以及保护自然的目的就是使自然界更好地并且更有效地为人类服务。人类把可持续发展、生态文明建设等提上议事日程,目的不只在于维护人类与万物共生共荣的物质基础,更在于谋求人类社会的永续发展,以及人与自然的和谐相处。因为人与自然万物不同,人是有意识的,能超越人自身的物质和精神需要,而从事和调节人与自然之间的物质变换。例如,"动物只生产它自己或它的幼仔所直接需要的东西;动物的生产是片面的,而人的生产是全面的;动物只是在直接的肉体需要的支配下生产,而人甚至不受肉体需要的支配也进行生产,并且只有不受这种需要的支配时才进行真正的生产;动物只生产自身,而人再生产整个自然界;动物的产品直接同它的肉体相联系,而人则自由地对待自己的产品。动物只是按照它所属的那个种的尺度和需要来建造,而人却懂得按照任何一个种的尺度来进行生产,并且懂得怎样处处都把内在的尺度运用到对象上去;因此,人也按照美的规律来建造"。② 这是人与万物的区别之一,生态整体论没有厘清这一点,人如果只能按人的尺度来创造或评价,那就不是真正意义上的"人"。自然价值论等在整体意义上强调自然能创造价值,能创造人所不能创造的美,并且承认人是唯一的价值评价主体。这是对的但又是不全面的,因为人也能创造自然所不能创造的价值和美。问题是人与自然的根本差别不在于能否创造,而在于意识。因为有意识,所以人才能创造,才能提出不同的理论观念,才

①　马克思恩格斯全集:第四十二卷[M].北京:人民出版社,1979:178-179.
②　马克思恩格斯全集:第四十二卷[M].北京:人民出版社,1979:96-97.

能在自然中建构出人化自然，才能"懂得按照任何一个种的尺度"来生产。前提是要承认自然的自为性。

"人与自然是生命共同体"的本体论的终极目标既在于自然生态系统的稳定、美丽和平衡，也在于人的自由全面发展，追求的是人与人、人与自然的矛盾的双重"和解"。

一方面，自然生态系统的稳定、美丽和平衡是人类社会全面协调可持续发展的前提。人作为自然界长期进化的产物，"我们连同我们的肉、血和头脑都是属于自然界"①。人因自然而生，人与自然的关系是一种直接的共生关系。人以自然界为客观对象，依赖于自然界为人类提供生存空间和生产生活资源。因此，"我们对自然界的全部统治力量，就在于我们比其他一切生物强，能够认识和正确运用自然规律"②，而不在于向自然"开战"。过去我们曾开山填湖，移河改道，毁林造田，认为那是人定胜天，结果导致了人与自然的对立。正如恩格斯所告诫的："我们不要过分陶醉于我们人类对自然界的胜利。对于每一次这样的胜利，自然界都对我们进行报复。每一次胜利，起初确实取得了我们预期的结果，但是往后和再往后却发生完全不同的、出乎预料的影响，常常把最初的结果又消除了。"③另一方面，人与自然之间的关系从来就不是孤立的，它和人与人、人与社会的关系问题密切相关，并随着人与人、人与社会关系的变化而变化。人与人、人与社会的对立、对抗无论是过去还是现在都是阻碍人与自然之间物质流、能量流、信息流等合理循环和公正配置的重要因素。

因此，"全部哲学研究的目的，都应立足于对人、自然及其两者关系的科学认识、理论探索、历史考察和哲学反思，并在实践中建

---

① 马克思恩格斯选集：第四卷[M]. 北京：人民出版社，1995：384.
② 马克思恩格斯选集：第四卷[M]. 北京：人民出版社，1995：384.
③ 马克思恩格斯选集：第四卷[M]. 北京：人民出版社，1995：383.

立起人与自然的和谐共存和发展"①。"人与自然是生命共同体"的本体论最能恰当地反映这一哲学目的,并为解读人与自然的关系提供新范式。辩证唯物的生态整体论不仅要探求自然本体论、自然认识论,而且更要阐明自然价值论,以及符合人的本质的伦理道德观。把"人类同自然的和解以及人类本身的和解"②作为最高理解,不仅要为解读自然、人、社会三者的互动发展提供一种新的理论策略,而且旨在为人类确立一种对待自然、人和社会"三位一体"的全面协调可持续的新态度和信念,以求得"人和自然界之间、人和人之间的矛盾的真正解决"。③

第二,"人与自然是生命共同体"的本体论对自然的界定首先是整体论的。马克思提出对自然做"人本身的自然"和"人的周围的自然"的理解。④ 或者说是"主体的自然"与"客体的自然"的双重组合。⑤ 恩格斯认为:"我们所面对着的整个自然界形成一个体系,即各种物体相互联系的总体。"⑥石里克在《自然哲学》中指出:"所谓自然,我们是指一切实在的东西,即一切时间和空间上确定的东西。"⑦罗尔斯顿在《哲学走向荒野》中强调:"自然包括任何的存在,是一切存在的总和。"⑧

第三,"人与自然是生命共同体"的本体论必须坚持唯物辩证的本体论,这是实事求是地确立高质量发展价值观的生态哲学基础。这种本体论是马克思批判性地继承黑格尔辩证法思想,并把黑格尔

① 王维.人·自然· 可持续发展[M].北京:首都师范大学出版社,1999:173.
② 马克思恩格斯全集:第一卷[M].北京:人民出版社,1956:603.
③ 马克思恩格斯全集:第四十二卷[M].北京:人民出版社,1979:120.
④ 马克思恩格斯全集:第二十三卷[M].北京:人民出版社,1972:560.
⑤ 马克思恩格斯全集:第四十六卷(上)[M].北京:人民出版社,1979:488.
⑥ 恩格斯.自然辩证法[M].北京:人民出版社,1971:54.
⑦ 莫里茨·石里克.自然哲学[M].陈维杭,译.北京:商务印书馆,1997:6.
⑧ 霍尔姆斯·罗尔斯顿.哲学走向荒野[M].刘耳,叶平,译.长春:吉林人民出版社,2000:40.

所说的人与自然世界的统一发展为唯物辩证的有机整体论自然观。这种本体论认为世界的本质是物质的,强调物质第一精神第二,物质与精神对立统一,强调世界是有机的整体,世界上任何事物都是矛盾运动的、联系发展的,并在一定条件下可以相互转化。

第四,"人与自然是生命共同体"的本体论承认人是自然层创进化(emergent)的产物。层创进化强调进化过程的阶段性和质变的层次性,认为"层创进化现象在自然界中的出现是很明显的。例如,当(首先是)生命和(其次是)学习能力在没有生命的生态系统中出现时"。① 据此,我们可以假设宇宙自然构成了一个一体化的"象限"(这是数学的一个基本概念),并用这个"象限"来说明世界的本原和人与自然的关系,这样则可以清楚地认识到,宇宙自然始终是创造万物的有机整体,大自然层创进化的创生过程始终是在由宇宙、自然构成的象限中进行的。层创进化使人与自然之间形成了人与整体自然、人与自然物的二重关系,前者强调整体,后者侧重部分,两者是辩证统一的。就人与宇宙自然的整体关系而言,一方面,宇宙自然作为创生万物(包括人的)的主体不仅具有主体性、创造性,而且主导层创进化的全过程,特别是这种层创进化的矛盾运动是无限的,不以人的意志为转移的,非人力可以取代。正是在这一意义上,有学者认为:"大自然永远具有高于人类的主导性","人本身是大自然创造出来的,大自然又创造出无数人类根本无法创造的事物,那么谁更有创造力呢? 当然是大自然!"②另一方面,人不仅是大自然的产物,而且始终生存和发展于自然中。即便人能巧夺天工,人也不能再造一个太阳、地球和宇宙。因此,敬畏自然、尊重自然、感恩自然是人应有的道德良知,因为人连同人

---

① 霍尔姆斯·罗尔斯顿. 环境伦理学[M]. 杨通进,译. 北京:中国社会科学出版社,2000:286.

② 卢风. 论自然的主体性与自然的价值[J]. 武汉科技大学学报(社会科学版). 2001(4):100.

的创造性都是大自然赋予的。人只能而且应该生活在宇宙自然的阈值中！在人与自然物的关系方面，虽然经历了从"前生物阶段""生物阶段"到人类阶段的层创进化，但人和所有自然物都是自然造化的产物，具有"物质第一性"、层创进化性、普遍联系性、协同共生性等特征。因此，坚持众生平等、人与自然万物相互联系且本质统一等是唯物辩证的本体论蕴含的基本伦理诉求，以"自然主义＝人道主义"或者说"是人的实现了的自然主义和自然界的实现了的人道主义"为价值目标是层创进化内含的价值取向，坚持人与自然万物的本质统一就是"通过人并且是为了人而对人本质的真正占有；因此，它是人向自身、向社会的即合乎人性的人的复归"①，通过这种人性复归，人与自然万物的矛盾才能真正解决，自然界才得以真正复活。

总之，"人与自然是生命共同体"的本体论既强调自然是一种自为的力量，又主张人类对自然的主体性。它既不同意"想象人类是相对自然的和非自然的"②，也不支持人类对自然的征服和对自然的破坏，而是追求人类与自然的和谐统一。一方面，人类自身就是自然界的产物，人类自身的一切都具有自然属性；另一方面，自然又是人类的无机身体，人类依赖自然而生存。因此，人类和自然是一个有机的整体，具有统一性，破坏自然就是破坏人类赖以生存和发展的物质基础，就是毁灭人类自身。"自然界，就它本身不是人的身体而言，是人的无机的身体。"③因此，"人与自然是生命共同体"的本体论既强调人类的主体性，也强调人类与自然的统一性，正是人类的主体性和人类与自然的统一性要求人类必须保护自然环境，因为破坏自然就等于破坏人类自身赖以存在的"无机的身体"。人与自然的关系主要是认识和改造，而非征服和统治。

---

① 马克思.1844年经济学哲学手稿[M].北京：人民出版社，2000：81、83.

② 威廉·P.坎宁安.美国环境百科全书[M].张坤民，译.长沙：湖南科学技术出版社，2003：427.

③ 马克思恩格斯全集：第四十二卷[M].北京：人民出版社，1979：95.

第二章　高质量发展的生态价值观

价值观是价值关系应然状态的展示和期盼,是指人们关于如何区分好与坏、善与恶的总体观念,是关于应该做什么和不应该做什么的基本原则。价值观属于观念形态,但它存在于社会生活的各个领域:在人与自然的关系中,有对实践活动和认识活动成果的评价;在人与社会的关系中,有对社会关系和社会制度的评价;在人与自我的关系中,有对自我价值和社会价值的评价;等等。在现实生活中,人们不断地追求和创造价值,同时又不断地认识和评价价值,并逐步形成了价值观。因此,不同的人、不同的社会有不同的价值观。[①]

就新时代的高质量发展而言,其价值观的生态化是将生态文明置于更高地位融入经济建设、政治建设、文化建设和社会建设的必然。高质量发展的生态价值观是推进高质量发展的思想内核。21世纪20年代全面推进高质量发展不仅面临着价值多元化的挑战,也难免面临着"人类中心主义"与"非人类中心主义"价值对立的纠缠。对此,我们以为,建构并培育生态惠民与以人民为中心的生态价值观,是消解人类中心论与非人类中心论的价值对立、夯实高质量发展合法性基础的价值选择。

---

① 杨耕.价值、价值观与核心价值观:一个再思考[N].光明日报,2015-12-02
(13).

第一节　西方生态哲学的自然价值论

自然价值论是非人类中心主义的理论基石,是生态中心论三大理论形态即大地伦理学、深层生态学和自然价值论中最具影响力的理论。自然价值论的代表人物霍尔姆斯·罗尔斯顿因其成果成为"国际环境伦理学协会"(ISEE,1990年成立)创始人和第一任会长(1990—1994)、国际环境伦理界最具权威的《环境伦理学》杂志的创始人和副主编。其代表作《环境伦理学:大自然的价值以及人对大自然的义务》于1988年出版后,当年就加印五次,并被美国八所大学选为教材。霍尔姆斯·罗尔斯顿的影响和演讲足迹遍及五大洲,并于1991年、1998年两次来华进行学术访问,其环境伦理学特别是自然价值论对中国生态哲学和环境伦理学研究具有重要影响。

一、价值是事物的属性

自然价值论把价值当作事物的某种属性来理解,认为大自然是一个客观的价值承载者,承载着"生命支撑价值"、经济价值、消遣价值、科学价值、审美价值、使基因多样化的价值、历史价值、文化象征的价值、塑造性格的价值、多样性与统一性的价值,肯定"心灵不可能产生于令人窒息的同质性"①、稳定性和自发性的价值、辩证的价值、生命价值、宗教价值等多种价值。自然价值是客观、先在并独立于人的意识而存在的。罗尔斯顿认为:"大自然是一个进化的生态系统,人类只是一个后来的加入者;地球生态系统的主

---

① 霍尔姆斯·罗尔斯顿. 环境伦理学[M]. 杨通进,译. 北京:中国社会科学出版社,2000:24.

要价值(good)在人类出现以前早已各就其位。大自然是一个客观的价值承载者,人只不过是利用和花费了自然所给予的价值而已。"①"每一个有机体都是价值的一个增殖器(aggrandizing unit)","是具有选择能力的系统",是"价值的拥有者",它们从内在的角度来评价周围的资源。因此,大自然中不只是人具有内在价值。②

二、自然具有内在价值

自然价值论提出,自然生态系统不仅具有内在价值、工具价值,还具有系统价值。"工具价值指某些被用来当作实现某一目的的手段的事物;内在价值指那些能在自身中发现价值而无须借助其他参照物的事物。"③工具价值和内在价值都是客观地存在于生态系统中的。

生态系统虽不像有机体那样具有"自为"性,却具有独特的"系统价值"。一方面,生态系统是一个网状组织,在其中,内在价值之结与工具价值之网是相互交织的。"生态系统自身拥有内在价值;毕竟,它是生命的发源地,然而,这个'松散'的生态系统虽然拥有自在(in itself)的价值,却似乎并不像有机体那样拥有任何自为(for itself)的价值。尽管它是价值的生产者(producer),但它不是价值的所有者(owner),它也不是价值的观赏者(beholder);只有在它生产、保存和完善了价值的拥有者(有机体)的意义上,它才是

---

① 霍尔姆斯·罗尔斯顿. 环境伦理学[M]. 杨通进,译. 北京:中国社会科学出版社,2000:4-5.

② 霍尔姆斯·罗尔斯顿. 环境伦理学[M]. 杨通进,译. 北京:中国社会科学出版社,2000:253-254.

③ 霍尔姆斯·罗尔斯顿. 环境伦理学[M]. 杨通进,译. 北京:中国社会科学出版社,2000:253.

价值的拥有者(holder)。"①另一方面,与有机体不同的是,"物种只增加其同类,生态系统却增加物种种类,并使新物种和老物种和睦相处";"生态系统也是有选择能力的系统",它能"选择那些持续时间较长的性状,选择个性,选择分化,选择充足的遏制,选择生命的数量及质量,并借助于冲突、分散、概然性、演替、秩序的自发性和历史性,在共同体层面恰如其分地做到了这一点"。② 对此,自然价值论提出了"系统价值"(systemic value)这个概念,并用这个概念来阐述生态系统价值,认为"系统价值""并不仅仅是部分价值(partvalues)的总和","系统价值是某种充满创造性的过程,这个过程的产物就是那被编织进了工具利用关系网中的内在价值","是创生万物的"的大自然的价值。③

三、人类具有最高价值

自然价值论认为人类具有最高价值,不过,最高也不可能高过所处生态系统的整体价值。"生态系统所成就的最高级的价值,是那些有着其主体性——这种主体性存在于脊椎动物、哺乳动物、灵长目动物,特别是人类之中——的处于生命金字塔上层的个体。这种个体是进化之箭所指向的最重要的目标。但是,进化的这些成果并不是价值的唯一聚集地,尽管价值'高密度地'聚集在它们身上。即使是最有价值的构成部分,它的价值也不可能高过整体的价值。客体性的生态系统过程是某种压倒一切的价值,这不是因为它与个体无关,而是因为这个过程既先于个体性又是个体性

---

① 霍尔姆斯·罗尔斯顿. 环境伦理学[M]. 杨通进,译. 北京:中国社会科学出版社,2000:254-255.

② 霍尔姆斯·罗尔斯顿. 环境伦理学[M]. 杨通进,译. 北京:中国社会科学出版社,2000:255.

③ 霍尔姆斯·罗尔斯顿. 环境伦理学[M]. 杨通进,译. 北京:中国社会科学出版社,2000:259.

的沃土。"①因此,罗尔斯顿在建构的"内在价值、工具价值与系统价值模型"中,虽然把人类及其创造的文化系统放置于价值金字塔的顶层,认为"愈处于顶层的,价值就愈丰富;有些价值确实要依赖于主体性",但又指出"所有的价值都是在地球系统和生态系统的金字塔中产生的。从系统的观点看,主观性的价值从上到下逐渐减弱,而存在于这个塔底的则完全是客体性的价值;但价值却是逐步扩大的:从个体到个体的功能再到个体的生存环境"。"自在自为"的个体的价值"要适应并被安置于自然系统中……内在价值只是整体价值的一部分,不能把它割裂出来孤立地加以评价"。② 这意味着人类作为自然系统中拥有最高价值的"自在自为"的个体,并非唯一的价值主体,其最高价值依赖于自然系统的整体价值。同样,人类创造的文化系统虽处于创生万物的自然价值层面的顶层,但离开了人类自然系统、动物自然系统、有机自然系统、地球自然系统、地壳自然系统和宇宙自然系统,就不可能绵延不绝。

四、自然价值源于自然的创造

自然价值论认为,自然生态系统和自然万物的价值源是自然进化的创造性。因此,自然价值论认为,"自然系统的创造性是价值之母;大自然的所有创造物,就它们是自然创造性的实现而言,都是有价值的";"凡存在自发创造的地方,都存在着价值"。③ 同时,"价值是进化的产物"。④ 自然价值是层创进化现象。"价

---

① 霍尔姆斯·罗尔斯顿. 环境伦理学[M]. 杨通进,译. 北京:中国社会科学出版社,2000:259-260.

② 霍尔姆斯·罗尔斯顿. 环境伦理学[M]. 杨通进,译. 北京:中国社会科学出版社,2000:295-296.

③ 霍尔姆斯·罗尔斯顿. 环境伦理学[M]. 杨通进,译. 北京:中国社会科学出版社,2000:271.

④ 霍尔姆斯·罗尔斯顿. 环境伦理学[M]. 杨通进,译. 北京:中国社会科学出版社,2000:282.

值——依据生态学——并不只存在于黑草莓、纤维素、光合作用中；它还存在于硝酸盐、水、能量和无机物中，存在于泥土、地表和地球生态系统中"；"有价值的东西并非只是生命，更不只是感觉或意识，而是整个自然过程"。① 不过，"自然价值是一种介入现象"，它依赖于主体或说是主体的感知和意识。"在被人的体验定型下来以前，所有的事物都只具有潜在价值。人的意识点燃了以前只是某种类似可燃物质那样的潜在价值，于是价值便呈现出来了。"不被感觉到的价值是毫无意义的，"凡不存在体验中枢的地方，就不存在价值评价活动，价值亦将消失"。② 总之，"价值深深地植根于大自然中那些建设性的进化趋势之中。生态中心说是最完美的价值产生理论，它既承认意识的层创进化是一种新的价值，又认为意识所进入的是一个客观的自然价值领域"。③ "即使不可避免地承认了主体对价值的所有权，价值的客观性也仍然不容否认。我们需要朝着这另外一个更道德的方向前进。"④ "主体是重要的，但是，它们也不是重要到可以使生态系统退化或停止运行。"⑤

五、自然价值论以生态整体论、系统论为思维方法

自然价值论的理论基础和方法论以整体论和系统论为主，同时又是综合创新的。

---

① 霍尔姆斯·罗尔斯顿. 环境伦理学[M]. 杨通进，译. 北京：中国社会科学出版社，2000：288 - 289.

② 霍尔姆斯·罗尔斯顿. 环境伦理学[M]. 杨通进，译. 北京：中国社会科学出版社，2000：287 - 288.

③ 霍尔姆斯·罗尔斯顿. 环境伦理学[M]. 杨通进，译. 北京：中国社会科学出版社，2000：289.

④ 霍尔姆斯·罗尔斯顿. 环境伦理学[M]. 杨通进，译. 北京：中国社会科学出版社，2000：42 - 43.

⑤ 霍尔姆斯·罗尔斯顿. 环境伦理学[M]. 杨通进，译. 北京：中国社会科学出版社，2000：260.

自然价值论以生态系统生态学为基础,并将其与适者生存的进化论相融合,进而确立了人类与非人类辩证统一的价值理论。因此,这种价值论不仅将生态系统价值置于"某种压倒一切的价值"地位,而且坚持一种"根源"论、层创进化论和生态整体论的思维范式。因为,一方面,"当人们把人与自然的所有关系都理解为一种资源关系时,他们就把资源概念转换成了一个绝对的思想范式——离开它,我们就不能理解我们所遇到的任何事物"。[①] 以自然价值论为基础的深层伦理"是关于我们的根源(而非资源)的伦理,它也是一种关于我们的邻居和其他生命形式的伦理"。[②] 另一方面,人和世间万物都是大自然层创进化的产物,即使是处于生命金字塔顶端的最高级的价值主体也是由生态系统所成就的,它的价值"不可能高过整体的价值"。[③]

罗尔斯顿的自然价值论是主体论的,但主张主体有人类主体和自然主体,并批判和反对传统的主体主义,认为主体主义的观点"犯了以偏概全的错误,它有一种主体癖(subjective bias),它只赞赏生态系统的后期成果:有心理能力的生命,而把此外的所有事物都降低为这种生命的奴仆。它是误把果实当成了果树,误把生命故事的最后一章当成了生命故事的全部"。[④]

在关于人与自然、事实与价值的关系论证上又是客观辩证的,并尝试以此消解"是"与"应该"、"事实"与"价值"的对立。罗尔斯顿说:"大自然是心灵的最基本的陪衬物和基础,这一事实消融了

---

① 霍尔姆斯·罗尔斯顿.环境伦理学[M].杨通进,译.北京:中国社会科学出版社,2000:41.

② 霍尔姆斯·罗尔斯顿.环境伦理学[M].杨通进,译.北京:中国社会科学出版社,2000:41.

③ 霍尔姆斯·罗尔斯顿.环境伦理学[M].杨通进,译.北京:中国社会科学出版社,2000:259-260.

④ 霍尔姆斯·罗尔斯顿.环境伦理学[M].杨通进,译.北京:中国社会科学出版社,2000:258-259.

人类与自然、事实与价值之间的界限。文化是为应付自然而发展出来的,但它也是从自然中发展出来的;这一事实不能简单地只从价值的角度来理解。"①他认为,"从长远的观点看,我们并不能总是把环境的顺从说成是好的,而把环境的抵抗说成是不好的;生命之流的河床由顺境和逆境组成。一个完全充满敌意的环境会扼杀我们,在这样的环境中不可能出现生命;一个完全和顺的环境则会使我们迟钝退化,在这样的环境中同样不可能出现人类的生命。所有的文化(古代人生存于其中)和所有的科学(现代人生存于其中)都是在与大自然的对抗中产生的"。② 因此,他相信:"人类不仅能够尊重大自然中那种存在于自发性的他者(otherness)身上的异己力量,而且能够尊重大自然中那些表现为刺激、挑战与对立的异己力量。伦理学中最困难的一课就是学会去爱自己的敌人。"③"价值体现在真实的事物并且常常是自然事物之中",它恰恰是通过人与自然辩证互动的过程而被认知和标识出来的。因此,"主体与客体的结合导致了价值的诞生。价值是与人的意识共存的"。例如,人对大自然的评价可能导致某些新价值的产生,"从逻辑上讲,这些新价值是某种体验性的价值,但是,这些新价值是附丽在自发的自然价值之上的,而后者是某种非体验的价值"。④

也就是说,罗尔斯顿的自然价值论是属于自然的、先在的、客观的、不以人的意志为转移的,同时,又离不开人的主体性,离不开人的精神和实践活动,人与自然、事实与价值,以及自然系统与文

---

① 霍尔姆斯·罗尔斯顿.环境伦理学[M].杨通进,译.北京:中国社会科学出版社,2000:29.
② 霍尔姆斯·罗尔斯顿.环境伦理学[M].杨通进,译.北京:中国社会科学出版社,2000:29.
③ 霍尔姆斯·罗尔斯顿.环境伦理学[M].杨通进,译.北京:中国社会科学出版社,2000:30.
④ 霍尔姆斯·罗尔斯顿.环境伦理学[M].杨通进,译.北京:中国社会科学出版社,2000:37.

化系统都是辩证统一的，而且这种辩证统一性是存在于创生万物的自然系统之中而非之上的。

　　总之，自然价值论的目的是为环境伦理学构建一种新的价值论，因此，它从传统的价值论伦理学出发，提出并系统论证了自然生态系统拥有内在价值，并认为维护和促进具有内在价值的生态系统的完整和稳定是人所负有的一种客观义务。其基本逻辑是自然生态系统具有客观的内在价值，"人们应当保护价值——生命、创造性、生物共同体——不管它们出现在什么地方"[①]，"我们正是从价值中推导出义务来的"[②]。其理论追求是："把下一个千年当作营造文化与自然协调发展的一千年。"[③]希望生存于社会中的每一个人都学会诗意地栖居于地球，期待"诗意地栖居"能"把人类带向希望之乡"，而非自然终结。

　　在理论层面，自然价值论不仅为环境伦理提供了依据，而且发展了大地伦理和深层生态学，为非人类中心主义回应流行于现代西方以文德班尔、佩里、厄本、詹姆斯为代表的主观主义工具价值论，以及以克里考特为代表的非人类中心的主观价值论提供了新的理论体系。

　　以自然价值论为基础构建的环境伦理学"不是伦理学的边缘学科，而是伦理学的前沿学科。它不是派生型的伦理学，而是基础性的伦理学"[④]，它为人们追求更高质量的生存、更丰富多彩的生活确立了一种新的伦理信念。这种伦理信念强调伦理既是自然的

---

　　① 霍尔姆斯·罗尔斯顿.环境伦理学[M].杨通进,译.北京:中国社会科学出版社,2000:313.

　　② 霍尔姆斯·罗尔斯顿.环境伦理学[M].杨通进,译.北京:中国社会科学出版社,2000:2.

　　③ 霍尔姆斯·罗尔斯顿.环境伦理学[M].杨通进,译.北京:中国社会科学出版社,2000:中文版前言7.

　　④ 霍尔姆斯·罗尔斯顿.环境伦理学[M].杨通进,译.北京:中国社会科学出版社,2000:455.

又是人文的,人应该栖居于自然和文化之中。

在实践层面,自然价值论以环境保护运动的伦理需求为出发点,针对我们目前碰到的最严重的四个问题——和平、环境、发展与人口爆炸,提出了新的策略思考,为我们正确地反思人与自然的关系,寻求更加科学的实践路径提供了有益启示。

第二节　生态学马克思主义的生态价值观

生态学马克思主义生态价值观是在同"深绿"和"浅绿"思潮所主张的"人类中心主义价值观""生态中心主义价值观"的对话中建立的。尽管在生态学马克思主义内部也存在着人类中心主义价值观和生态中心主义价值观的分野,但无论是人类中心主义价值观还是生态中心主义价值观,都是始终与资本主义制度和生产方式的批判联系在一起的。

一、生态学马克思主义的两种生态价值观

生态学马克思主义既批判"深绿"思潮所主张的生态中心主义价值观,又批判"浅绿"思潮的现代人类中心主义价值观,在此基础上提出了有别于"深绿""浅绿"思潮的生态价值观。就"深绿"思潮所主张的生态中心主义价值观,生态学马克思主义理论家的批评主要集中在以下三点。

一是生态中心论所说的"自然价值论"和"自然权利论"主要是借助生态科学所揭示的整体性规律直接推论出来的,是从科学事实直接推出价值判断,存在着如何从"是"直接推出"应该"的难题,是一种"自然主义的谬误"。生态中心论者为了解决这一科学论证上存在的困境,借助神秘的体验和人的境界的提升来说明他们上述主张,必然陷入相对主义、神秘主义,无法保证其理论的科学严

密性。

二是生态中心论的主张在人类实践过程中面临着诸多问题：如何解决人类同一般存在物在权利上的不同；如何解决珍稀动植物同一般动植物在权利上的矛盾冲突；以及如何解决生物之间的食物链矛盾冲突。这些问题导致生态中心论无法真正落实到实践活动中。

三是生态中心论反对科学技术和经济增长，实际上是把人类文明与自然对立起来，其理论具有后现代性质。因此，生态中心论的价值观虽然对于反思人类实践的后果具有积极作用，但是它的反科学技术和经济增长的后现代价值立场不可能真正找到生态危机的根源及其解决之道。而生态学马克思主义秉承的则是现代主义的价值立场，反对任何将生物道德化的神秘做法。

就"浅绿"思潮的人类中心主义观点，一些生态学马克思主义理论家虽然在秉承现代主义的价值立场上与其具有相关性，但生态学马克思主义认为，"浅绿"思潮所说的现代人类中心主义秉承现代主义的哲学立场，其所谓"人类整体利益"本质上是"地区利益""阶级利益"，主张不改变现有的由资本所支配的国际政治经济秩序。这就意味着"浅绿"所说的"生态保护"本质上不过是为了维系资本主义的可持续发展，所说的"人类中心主义"本质上不过是"西方中心主义"和"自由主义"。同时，"浅绿"思潮虽然强调生态保护与技术运用、经济增长之间不存在矛盾，但他们所说的自然和技术都是处于资本控制之下的。这就意味着现代人类中心主义依然没有摆脱近代主客二分的机械论思维方式，注定只能以工具性的眼光来看待自然，"浅绿"所谓的保护自然、保证人类与自然和谐平衡的要求注定是无法实现的。

具体到生态学马克思主义内部，在如何对待"人类中心主义"和"生态中心主义"的生态价值观问题上也存在着两种观点：一种是旗帜鲜明地坚持人类中心主义价值观，代表人物是福斯特、佩珀、格伦德曼等人；另一种是主张生态中心主义价值观，代表人物是本顿、科威尔、索普、埃克斯利等人。对此，本顿的追随者、澳大利亚哲学家埃克斯利明确把坚持人类中心主义价值观的生态学马克思主义分为"正统的生态学马克思主义"和"人道的生态学马克思主义"，强调人类中心主义不能为解决生态问题提供正确的理论基础，只有把生态中心主义同社会主义结合，生态问题才能真正得到解决。"提出一种针对生态危机的马克思主义解决方案的最近努力，也许可以按照'人道主义马克思主义'和'正统马克思主义'"（大体可按照"青年的"和"成熟的"马克思著作来论述）之间的简单划分而分成两股支流。① 人道主义的生态马克思主义者试图推出一种在生态上更敏锐的针对环境危机的回应，这种回应极力想调和人类王国和非人类王国之间的关系。而正统的生态马克思主义理直气壮地坚持人类中心主义，并批评人道主义的马克思主义者是唯心主义者、唯意志论者，最终是"非马克思主义"的。

在生态价值观问题上，生态学马克思主义虽然存在着人类中心主义价值观和生态中心主义的价值观两种主张，但他们所说的人类中心主义价值观和生态中心主义价值观都有别于"浅绿"和"深绿"思潮，同时，都认同马克思的历史观及其独特的造物主之类的人类概念。

二、生态学马克思主义对生态价值观的重构

随着生态危机的蔓延和加剧，一些生态学马克思主义者在生态价值观方面转而为人类中心主义价值观辩护，并对生态学马克思主义所坚持的人类中心主义价值观的特质展开论述。例如，格伦德曼在《马克思主义和生态学》一书中为人类中心主义价值观辩

---

① 罗宾·埃克斯利. 社会主义和生态中心主义：走向一种新的融合[A]. 特德·本顿. 生态马克思主义[C]. 曹荣湘，李继龙，译. 北京：社会科学文献出版社，2013：250.

护。一方面,他认为因为生态问题根源于人类无法有效地控制自然,所以只能立足于人类中心主义的价值立场解释生态问题,像"生态中心论"那样解释生态问题必然会产生诸多矛盾和悖论。他以如何理解"生态危机"这一词为例指出,在生态中心主义的话语体系中,所谓生态危机无非是自然处于一种病态中,所谓解决生态危机就是要使自然回到其原始状态,这样就形成两种相互矛盾的结果,即从生态危机中看到生态复苏,从生态危机中看到生态崩溃。因此,"生态中心主义的方式是前后矛盾的,除非采取神秘主义的立场。因为他们纯粹是从自然的立场来界定生态问题。它关于自然的设想和人类行为都应该从适应自然法则开始,但是,自然和生态平衡的界定显然是一种人类行为,需要联系人的需要、快乐和愿望来界定生态平衡"。[①]另一方面,强调人类只能在改造和利用自然中谋求生存,认为"控制自然"并不一定导致生态问题,恰恰相反,生态问题正是人类无法有效地控制自然引起的。因此,即便马克思是一个主张控制自然的人类中心论者,也不妨碍他保护生态环境,因为他所说的"控制自然"是以尊重和服从自然规律、尊重生态规律为前提的。佩珀在批判生态中心论,为人类中心主义价值观辩护的同时,进一步论述了生态学马克思主义所坚持的人类中心主义价值观的内涵与特质。佩珀批评生态中心论所坚持的"自然价值论"和"自然权利论"难以成立,指出生态中心论对于"自然价值论"不仅缺乏统一的内涵规定,而且是建立在神秘的体验基础上而不是严密的科学论证基础上,因而导致了对它的种种争论。"存在着对自然内在价值理论的各种异议,它的理论与含义、它的归诸直觉而不是理论论证、它的不可能性(我们不知道自然是否赋予本身以价值,我们作为人类只能以一种人类中心主义的立场谈

---

① 特德•本顿主编.生态马克思主义[M].曹荣湘,李继龙,译.北京:社会科学文献出版社,2013:250.

论自然)以及它试图建立一个自然—社会的二元论的趋势。"①也就是说,人类社会只能从人的需要、利益和愿望出发来看待自然及其价值,所谓"自然价值论"是难以成立的。同样地,如果没有人类的权利,谈论自然的权利也没有意义,把自然的权利置于人类的权利之上来解决生态问题,本质上是一种反人类主义的做法。

面对"生态中心论"的挑战,生态学马克思主义在为"人类中心论"辩护的同时,试图重构生态价值观。例如,佩珀一方面坚持为人类中心主义辩护,另一方面对人类中心主义价值观的内涵做出了重新规定。佩珀强调之所以要为人类中心主义进行辩护,是因为马克思主义始终认为应当立足于社会关系来看待自然,离开了人的需要,也无所谓自然的需要,而且当人类与自然的需要发生矛盾时,人类的需要总是高于自然的需要。正是基于这种认识,佩珀进一步阐发了生态学马克思主义同现代"人类中心论"所主张的人类中心主义价值观的不同及其内涵。佩珀指出,现代人类中心主义是建立在资本和追求个人短期利益的基础上的,生态学马克思主义所主张的人类中心主义则是建立在破除资本主义社会之后的生态社会主义社会基础上的,是真正以集体的长期利益、以维系可持续发展为目的的;生态学马克思主义所谓的"人类中心主义"不仅包括人类的物质利益,而且包括人类的精神利益。其"人类中心主义"不以资本追求利润为基础,而是坚持"以人为本",且这种"以人为本"是指以满足穷人的基本生活需要为本。这种新型的人类中心主义价值观要求实现经济发展、技术进步与运用同人的自由全面发展、同人类与生态的共同和谐发展相一致。"对经济的发展,生态学的态度是适度,而不是更多。应该以人为本,尤其是穷人,而不是以生产甚至环境为本,应该强调满足基本需要和长期保

---

① 戴维·佩珀,生态社会主义:从深生态学到社会正义[M].刘颖,译.济南:山东大学出版社,2005:7.

障的重要性。这是我们与资本主义生产方式的更高的不道德进行斗争所要坚持的基本道义。"①由此表明，生态学马克思主义所说的人类中心主义价值观不是建立在个人和资本基础上，而是建立在满足人们基本生活需要和人类真正的整体利益与长远利益基础上，与"浅绿"思潮所主张的服从个人和资本利益的现代人类中心主义价值观存在着本质的区别。

　　生态中心主义价值观的生态学马克思主义代表如科威尔、本顿及其阵营的理论家埃克斯利，也在生态学马克思主义发展中不断赋予其生态中心主义价值观与"深绿"思潮相区别的独特内涵。具体而言，本顿阵营中的理论家埃克斯利把生态学马克思主义划分为正统的生态学马克思主义和人道主义的马克思主义两种类型，并批评他们都是秉承人类中心主义的价值立场。埃克斯利认为，正统的生态学马克思主义是以"成熟"的马克思的思想为基础的，这种"成熟"的马克思思想的核心是把环境问题和社会问题归结为资本主义的生产关系的不正义，解决的方案是在变革资本主义生产关系的基础上，发展更好地控制自然的技术，并使这种技术惠及所有的人，而不是拥有特权的资产阶级。正统的生态学马克思主义保护生态环境的理由只在于它具有满足人的需要的工具价值，强调那种非人世界给予其自身的理由具有价值和权利是毫无意义的。埃克斯利批评这种观点存在缺陷和问题。第一，对"人类中心主义"这个术语的用法存在混乱，把"人类中心主义"的本来含义，即"不属于我们人类的物种，我们是与它们是有差别的，也无法保证与它们打交道"同"我们所看到的一切必然都是人看到的"混淆起来，犯了"人类中心主义谬论"的错误。第二，误解了生态中心主义的内涵。因为生态中心主义并不是强调非人世界独立于人类

_____

　　① 约翰·贝拉米·福斯特.生态危机与资本主义[M].耿建新，宋兴无，译.上海：上海译文出版社，2006：42.

价值和行动,因而要求独立评价非人世界,而是认为人类世界与非人世界存在着内在的联系,因此应该允许人类世界和非人类世界按照自己的方式展开自己,并要求人类谨慎地使用自己的自由。人类中心主义者却将"生态主义视为给人类发展施加了不必要的约束,人类发展在他们看来取决于能够提高我们的控制和操纵'自然的奥秘'的能力的科学和技术的进步"。① 而这也正是马克思所持的观点。在马克思那里,他把环境问题仅仅归结为资本主义生产关系,而不是生产力,看不到生产力发展和科学技术进步对环境的破坏。因此,人类中心主义的生态学马克思主义同马克思一样,把保护环境的理由建立在保护人的利益的基础上,缺乏真正意义上的生态意识。第三,正统生态学马克思主义同马克思一样,把人类的自由和解放、环境问题的解决寄托在工人阶级身上,而没有关注包括生态主义、女权主义等在内的那些当代新社会运动的力量。对于人道主义的生态学马克思主义,埃克斯利指出,尽管人道主义的生态学马克思主义把"支配自然"理解为与自然和解,多了一些生态意味,但最终又回到了通过相关个人的力量全面支配自然的立场。

　　生态中心主义的生态学马克思主义强调,因为人类生活和文化的繁荣与基于低物质、低能量的人类生活方式十分相容,非人类的生命的繁荣也需要这样一种人类的生活方式。对此,非人类中心主义的生态学马克思主义不仅应关注人类的解放,而且也应关注包括人类在内的整个生物圈的"大写的解放"。对于生态中心主义价值观的内涵与特质,科威尔在《自然的敌人:资本主义的终结还是世界的毁灭》一书中做了系统的阐发。科威尔把生态系统看作相互联系和相互作用的整体,认为包括人类在内的所有生命都

---

① 罗宾·埃克斯利. 社会主义和生态中心主义:走向一种新的融合[A]. 特德·李顿. 生态马克思主义[C]. 曹荣湘、李继龙,译. 北京:社会科学文献出版社,2013:253.

是自然生态系统进化的产物,都依赖自然生态系统的稳定生存和发展,他们和生态系统存在着相互联系相互影响的关系。也就是说,所有生命在依赖地球生态系统生存和发展的同时,也用自己的天性影响着生态系统。人类作为目前地球生态系统进化的顶点,对于维护地球生态系统的稳定负有重要的责任,而当前的生态危机与人类实践活动密切相关,这就意味着在考察人类对生态系统的影响时,必须考虑人性的因素。"在任何情况下,人性的概念在探讨生态危机时都是必须考虑进去的,人性的缺乏就是危机本身的标志。如果缺乏这种认识,人类将和自然脱离,而真正的生态学观点则会被简单的环保主义所代替。"①科威尔由此强调,人性与其他物种的本性相比,除了都是血肉之躯,还有如下的特殊性:人类语言、追求认同等主观性的精神需求、在社会交往中实现进化、通过人类实践来改变自然和创造社会秩序等。他特别强调人的精神需求的重要性,认为如果人类缺乏精神需求,就不可避免地陷入生态危机中。资本主义社会的问题正在于让人们只追求物质生活和商品,缺乏真正的精神生活追求,因此,解决生态问题不仅意味着要展开对人性的整体性培育,更重要的是要实现资本主义社会制度的转型与变革。

在科威尔看来,生态系统具有整体性和完整性的特征,所谓生态危机就是生态系统整体性、完整性的瓦解,体现为生态系统组成的各要素之间有机联系的断裂,这种断裂主要是由于在生态系统中引入了破坏性成分,如资本引入金钱效应导致生产者和生产资料的分离。生态危机使生态系统组成要素成为各种碎片,生态危机的解决就是要修复生态要素之间的有机联系。从人类与自然的关系看,经历了从和谐相处到尖锐对立的发展进程,生态与人类历

---

① 乔尔·科威尔.自然的敌人:资本主义的终结还是世界的毁灭?[M].杨燕飞,冯春涌,译.北京:中国人民大学出版社,2015:87.

史具有同源性。人类就其本性来讲,是自然的一部分。在资本主义条件下,人类成了自然的敌人,核心根源在于人类的实践活动违背了自然和生态的本性。只要人类按照生态的本性而生活,被破坏的生态关系就能够得到修复,人类与生态二者就能实现共同进化。科威尔所谓按照生态的本性而生活,就是强调要树立"生态中心主义"的价值观。所谓按照生态的本性而生活,就是要承认并遵循事物的"内在价值"。"内在价值"原本是西方生态中心主义者提出的,是同主观价值论相对立的价值概念,包括自然具有不依赖于人类主观需要的客观价值、自然物的固有属性和离开评价者的客观价值这三重含义。科威尔在赞同生态中心主义关于"内在价值论"的同时,进一步把"内在价值"归结为"事物的本性"和一个"反政治经济学"的概念。所谓"事物的本性",在科威尔的含义是:"价值表现为一种寻求、拥有、把握或实现某种渴望的意愿,当它属于一个事物的本性我们也可以称之为事物的'本质'的时候,它就成为内在的了:不是被创造出来的,而是本身就存在的。"①科威尔的这种理解相当于生态中心论的内在价值论所讲的事物的固有属性的含义。所谓"反政治经济学"是科威尔立足于资本主义制度和生产方式是生态与自然的敌人这一立场提出的。他赞同马克思的说法,即生产是人类生命的自我复制,但是他认为资本主义商品生产颠倒了使用价值与交换价值的关系,使生产成为资本积累的手段,而不是满足人们对使用价值的追求,内在价值就是要反对资本主义商品生产,回归对使用价值的追求,以避免生态危机。可以看出,科威尔所秉承的"内在价值论"虽然与生态中心主义的"内在价值论"有一致的地方,但是他所秉承的反资本主义制度和生产方式的价值立场是生态中心论所不具有的。科威尔所谓的"内在价值"

---

① 乔尔·科威尔.资本主义与生态危机:生态社会主义的视野[J].国外理论动态,2014(10).

不仅是指事物的固有性质、事物的本性,而且"内在价值"同使用价值相结合被赋予了批判资本主义社会的功能。因为科威尔把内在价值看作自然的本性,而自然既不能买卖,也不能被制成商品,使用价值则注重使自然有效地转换并服务人类。但在资本主义制度和生产方式下,自然被当作商品,不是为了满足人们的使用价值,而是为了实现交换价值获得利润,这不仅违背了自然的本性,而且最终必然破坏生态系统的完整性和整体性。因此,科威尔反复强调,只有建立内在价值和使用价值的同盟,才能抑制资本主义制度对生态的破坏行为,最终维护生态系统的完整性和整体性。

可以看出,生态学马克思主义对生态价值观的重构是建立在对"深绿"和"浅绿"思潮所主张的"生态中心主义价值观"和"人类中心主义价值观"的回应的基础上的。虽然在生态学马克思主义内部,存在着秉承人类中心主义价值观和生态中心主义价值观两种类型,但他们所说的人类中心主义价值观或生态中心主义价值观,始终是与对资本主义制度和生产方式的批判联系在一起的,与"深绿"和"浅绿"生态思潮脱离制度维度,抽象谈论生态价值观的变革来探索生态危机的根源及其解决之道是存在着本质的区别的。同样,高质量发展也会遭遇"人类中心主义"与"生态中心主义"等价值观的挑战。若要摆脱这种挑战和避免价值观方面的纠缠,则需要在正确把握价值关系的基础上声明价值观念和价值立场。

第三节　生态为民的高质量发展价值观

高质量发展是新时代中国特色社会主义经济社会发展的新阶段新要求,需要坚持经济社会高质量发展与生态环境保护的价值统一。而马克思主义正是经济社会发展为了谁、依靠谁、造福谁与生态环境保护、生态文明建设为了谁、依靠谁、造福谁的统一论者。

因此,高质量发展的价值观本质应是生态与为民相统一的价值观。

一、经典马克思主义的生态价值观

在《1844 年经济学哲学手稿》中,马克思提出过一个著名的论断:"对于没有音乐感的耳朵来说,最美的音乐也毫无意义,不是对象。"[1]有没有意义、有什么意义,属于价值范畴。从哲学的视角看,价值就是主体与客体之间的意义关系。人是在需要的推动下从事实践活动,把身外的事物变成自己活动的对象,变成自己的价值客体的,价值关系就生成于人对自然的改造过程中。同时,人对自然的改造总是在一定的社会关系中进行的,并受到社会关系的制约。这就是说,有了人、人的活动和社会关系,才产生了自然界原本不具有的价值现象,才形成了物与人之间的价值关系。也就是说,价值关系离不开人的存在,也随着人的存在方式的改变而有所不同。因此,马克思主义的价值观以价值关系的实然性为基础,指认好与坏、善与恶、值得与不值得的基本尺度和原则,在经济社会发展中坚持为了谁、依靠谁、造福谁的统一,坚持价值观念随自然史与人类史的协同演进而变化的规律。例如,在阶级对立的社会,马克思主义维护穷人拥有到公共林地中捡拾树枝的天然权利[2],维护无产阶级和劳动人民的生态环境权益,明确了不应该以生产甚至自然为中心,而应该以人尤其是以穷人为中心的政治立场和价值取向[3]。"在敌对的利益关系被消灭以后,主体的竞争,即主体在资本与资本,劳动与劳动等等上的竞赛,就会被建立在以人为本的基础上"[4],建立在对劳动人民主体性的确认的基础上。

① 马克思恩格斯文集:第一卷[M].北京:人民出版社,2009:191.
② 马克思恩格斯全集:第一卷[M].北京:人民出版社,1995:248.
③ 约翰·贝拉米·福斯特.生态危机与资本主义[M].耿建新,宋兴无,译.上海:上海译文出版社,2006:42.
④ 马克思恩格斯全集:第一卷[M].北京:人民出版社,1961:614.

因此,生态价值观不是脱离了人和经济社会发展的价值观,它是人与自然、人与社会的关系发展到一定阶段,人们关于自然的价值观念发生变化的产物,是关于自然有没有价值、有什么样的价值、为什么会有价值、与价值为谁所有、为谁保有、为谁造福这一相互关联问题的看法。其核心是破解生态环境问题、推进环境保护、促进绿色发展,回答可持续发展和生态文明建设是为了谁、依靠谁、造福谁的问题。

二、生态惠民、生态为民的生态价值观

当代中国马克思主义秉持马克思主义的哲学立场和价值取向,反复强调良好的生态环境是最公平的公共产品,提出"良好生态环境是最普惠的民生福祉","环境就是民生,青山就是美丽,蓝天也是幸福"的生态价值观,指出"发展经济是为了民生,保护生态环境同样也是为了民生"。因此,"要坚持生态惠民、生态利民、生态为民"的价值立场;强调既要坚持以经济建设为中心不动摇,又要大力推进和提升生态文明建设,"既要创造更多的物质财富和精神财富以满足人民日益增长的美好生活需要,也要提供更多优质生态产品以满足人民日益增长的优美生态环境需要"。[①] 要切实维护人民群众的生态环境权益。

"坚持以人民为中心"和"良好生态环境是最普惠的民生福祉"的生态价值观,创造性地发展了马克思主义的生态价值观,反映了21世纪社会主义经济社会发展与环境保护、生态文明建设的内在价值要求。同时,解开了被生态中心主义自然价值论遮掩的绿色资本主义、生态帝国主义的价值逻辑,为社会主义生态文明建构非对立的环境正义指明了方向。正如习近平总书记所指出的:"环境

就是民生,青山就是美丽,蓝天也是幸福,绿水青山就是金山银山。"[①]"生态环境是关系党的使命宗旨的重大政治问题,也是关系民生的重大社会问题。广大人民群众热切期盼加快提高生态环境质量。我们要积极回应人民群众所想、所盼、所急,大力推进生态文明建设,提供更多优质生态产品,不断满足人民群众日益增长的优美生态环境需要。"[②]

三、"以人民为中心"的价值立场

生态惠民、生态为民的生态价值观为高质量发展坚持依靠人民和"以人民为中心"奠定了价值论基础。历史是群众创造的,社会主义是人民创造的,高质量发展只有依靠人民才能厚植生态基础,谱写绿色赞歌。在历史唯物主义的视野中,人民群众作为社会历史的主体既是创造自然史和人类史的主体,也是推进可持续发展、绿色发展、高质量发展等的主体。高质量发展在本质上是为了满足人民群众对更美好生活、更优良生态环境的需要。在我国,人民群众在党的领导下自觉地创造了一系列保护生态环境的可歌可泣的事迹。如右玉、库布齐、八步沙、塞罕坝、余村等绿色典范。党和国家也始终坚持群众路线。1973 年,我国将"全面规划、合理布局、综合利用、化害为利、依靠群众、大家动手、保护环境、造福人民"确定为我国环境保护的方针,始终把解决损害群众健康的、人民群众反映强烈的突出环境问题作为重点,"要集中优势兵力,动员各方力量,群策群力,群防群治,一个战役一个战役打,打一场污染防治攻坚的人民战争"。[③] 强调"每个人都是生态环境的保护

---

① 习近平. 在省部级主要领导干部学习贯彻党的十八届五中全会精神专题研讨班上的讲话[M]. 北京:人民出版社,2016:19.

② 习近平. 推动我国生态文明建设迈上新台阶[J]. 求是,2019(3):4-19.

③ 习近平. 推动我国生态文明建设迈上新台阶[EB/OL]. [2019-01-31]. http://www.qstheory.cn/dukan/qs/2019-01/31/c_1124054331.htm.

者、建设者、受益者"，指出"生态文明是人民群众共同参与共同建设共同享有的事业，要把建设美丽中国转化为全体人民自觉行动"；要求"开展全民绿色行动，动员全社会都以实际行动减少能源资源消耗和污染排放，为生态环境保护作出贡献"。① 这种全民行动的生态群众观与高质量发展的生态价值观内在一致，是把生态文明建设置于更加突出的地位，融入经济建设、政治建设、文化建设中，这是高质量发展所不可或缺的。因为生态危机正如马克思所指出的："一切现实的危机的最终原因始终是：群众贫穷和群众的消费受到限制，而与此相对立，资本主义生产却竭力发展生产力，好像只有社会的绝对的消费能力才是生产力发展的界限。"② 生态危机的因果律决定了破解危机的解决方案必须以群众为基础、以群众为依靠、以群众为目的，才能根除危机恶性循环的内在逻辑。

---

① 习近平.习近平谈治国理政：第三卷[M].北京：外文出版社,2020；362-363.
② 马克思恩格斯选集：第二卷[M].北京：人民出版社,2012；586.

第三章　高质量发展的生态发展观

顺应绿色时代潮流和人民生态意愿。随着全球性问题扩展和新科技革命生态化趋势的发展，绿色化已成为时代潮流和人民意愿。面对这一潮流和意愿，中国共产党一方面勇立时代潮头，积极引导经济全球化进程向着更加包容普惠的方向发展，引导世界经济朝着绿色、低碳、循环的方向发展，用以绿色化和绿色发展为主要规定的生态文明超越了以绿色增长和绿色经济为主要规定的绿色新政；另一方面按照以人民为中心的发展思想，及时抓住了我国社会主要矛盾的转化带来的生态影响和社会影响。习近平总书记指出："广大人民群众热切期盼加快提高生态环境质量。我们要积极回应人民群众所想、所盼、所急，大力推进生态文明建设，提供更多优质生态产品，不断满足人民群众日益增长的优美生态环境需要。"[①]

推动高质量发展是"十四五"时期经济社会发展的主题，这是根据我国发展阶段、发展环境、发展条件的变化做出的科学判断，是经济社会发展方方面面都要贯彻的总要求，也是所有地区发展要长期贯彻和坚持的要求。"生态环境持续改善，生态安全屏障更加牢固，城乡人居环境明显改善"[②]，是"十四五"时期经济社会发

---

① 习近平在全国生态环境保护大会上强调坚决打好污染防治攻坚战推动生态文明建设迈上新台阶[N].人民日报，2018－05－20(1).

② 中共中央宣传部中华人民共和国生态环境部.习近平生态文明思想学习纲要[M].北京：学习出版社，人民出版社，2022：27.

展主要目标的重要内容。

因此,生态文明建设和高质量发展都是回应主要矛盾变化、以中国式现代化实现民族复兴的中国梦的现实需要。如何在生态环境保护和生态文明建设中贯彻落实、充分体现高质量发展的要求,是当前和今后相当长时间内的一个重要课题。对此,以转变观念为前提,阐明和确立高质量发展的生态发展观,是确保高质量发展与生态环境保护、生态文明建设的统筹协调和同向同行的认识论前提。

第一节　经典马克思主义的生态发展观

经典马克思主义的生态发展观就理论渊源而言,源于对西方传统生态自然观、德国古典哲学生态自然观、英国古典经济生态发展思想,以及其他生态思想如李比希新陈代谢理论、海克尔的生态学思想、达尔文的生物进化论等的批判与吸收。其形成和发展以辩证唯物主义和历史唯物主义为基础,是合规律与合目的相统一的生态发展观。主要内容包含以下几方面。

一、自然是人存在发展的基础

马克思恩格斯的生态发展观以承认自然的先在性和客观实在性为前提,自然是人生存发展的基础,"自然界是人的无机的身体"[①],而人则是自然发展到一定阶段的产物。马克思恩格斯在生态发展观中引入了达尔文的生物进化论的观点,即人是由类人猿进化而来的。恩格斯也从生物学角度对人类的来源进行了进一步说明,"从最原先的动物中,演化发展出了各种纲、目、科、属、种的

---

① 　卡尔·马克思.1844年经济学哲学手稿[M].北京:人民出版社,2000:57.

动物,然后有些动物慢慢进化有了自己的神经系统,这就是脊椎动物,而从它们的身上自然界有了自我意识,这就是人"①。此外,马克思恩格斯又从历史角度出发,指出人是由自然长期进化而来的,是自然发展到一定阶段的产物,是随着周边生活环境一起发展起来的②,同时,历史也是人通过实践活动作用于自然界而产生的。马克思恩格斯肯定了自然的优先性,以时间为尺度对比人类存在与自然存在,表示"整个人类世界以及他自己的直观能力,甚至他本身的存在也会很快就没有了"的时候,"自然界的优先地位仍保持着"。③ 一方面,人是具有自然力、有生命力的,能动的自然存在物;另一方面,人同动物植物一样,是自然的、被约束的自然存在物。人具有思维、情感与认识,能够通过实践作用于自然,同时,人也是被自然所约束的,自然决定了人类的客观存在方式,人的实践活动只能够改变事物的具体形态,却无法创造物质本身,更无法决定事物的规律。自然是人的实践活动得以展开的前提,实践不是抽象的而是具体的,是与自然环境结合在一起的,离开自然环境,实践便无法获取物质生活资料,人也无法同自然进行正常合理的物质循环与能量变换。

自然不仅是"人的直接的生活资料",为人类提供生存必备的阳光、空气、水等,而且是"人的生命活动的材料、对象和工具",为人类劳动提供土地、树木等物质生产资料,使人类实现财富的获得与积累。没有自然界的存在,人们的一切都将不能被创造,"自然界一方面在这样的意义上给劳动提供生活资料,即没有劳动加工的对象,劳动就不能存在,另一方面,也在更狭隘的意义上提供生活资料,即维持工人本身的肉体生存的手段"④。除去为人类提供

---

① 弗里德里希·恩格斯. 自然辩证法[M]. 北京:人民出版社,1971:18.
② 马克思恩格斯选集:第三卷[M]. 北京:人民出版社,1995:374 - 375.
③ 马克思恩格斯选集:第一卷[M]. 北京:人民出版社,1995:77.
④ 卡尔·马克思. 1844 年经济学哲学手稿[M]. 北京:人民出版社,2000:53.

物质资料外,自然也为人们的精神活动提供了不可或缺的东西,脱离自然人将无法生存。"人的精神的无机界,是人必须事先进行加工以便享用和消化的精神食粮。"①在进行实践活动的同时,人们不得不处理人与人之间的关系,而人与人的关系也是以自然为桥梁的。马克思指出,自然界是"人与人联系的纽带"②,整个人类社会都存在于自然之中,脱离自然,人类社会将无法独立存在。因此,自然是人类社会存在的前提与必备条件,而人类所进行的生产生活实践,也是要在社会关系中进行的。因此,人在实践活动中应尊重自然、保护环境。尊重自然就是尊重生命,保护环境就是保护自己生存的家园。

二、人与自然和谐发展

人与自然的和谐发展是马克思主义基于对自然规律的认识而阐明的科学发展思想,是马克思主义生态发展观的核心内容。

马克思指出:"自然规律是根本不能取消的。"③人类看到在不同的历史条件下发生变化的,只是规律的表现形式。人类在生产生活中往往只看到眼前利益,忽略了长远利益而违背客观规律,这也是人与自然对立的根本原因。当人类无视甚至违背自然规律,便会招致大自然的报复与惩罚。恩格斯注意到了自然对人类的报复:"人类的过度耕种导致土地贫瘠、森林荒芜、土壤不能产生其最初的产品,并且也导致气候恶化。气温升高、气候干燥,已经不适合人类的生存。归根结底都是人们违背自然界生态平衡规律,一味攻击自然、掠夺自然的不当活动造成的结果。"通过揭示美索不达米亚平原、希腊及小亚细亚等地区居民乱砍滥伐,超出自然承载

---

① 马克思.1844 年经济学哲学手稿[M].北京:人民出版社,2000:56.
② 马克思.1844 年经济学哲学手稿[M].北京:人民出版社,2000:83.
③ 马克思恩格斯选集:第四卷[M].北京:人民出版社,1972:368.

能力，导致土地变为荒漠的现象，恩格斯论证了自然对人类过度破坏环境行为的报复，也给人类以警示，超出自然的承载范围、带来环境失衡的破坏行为，最终也会危及人类的生存与发展。

因此，在改造自然的过程中，尊重自然规律，充分考虑环境承载能力，在自然能够承受的范围内及不影响未来人类发展的前提下进行改造和创造，才能实现人与自然的和谐发展。当然，人类也将在认识自然和改造自然的进程中逐步认清违背自然的后果，进而逐渐转向尊重自然、遵循自然，按自然规律谋划发展。

三、资本主义生产方式有碍人与自然和谐关系的建立

马克思主义生态发展观一方面充分肯定资本主义发展对生产力的巨大推动，充分肯定资本主义生产方式产生和发展的历史必然性，以及对世界历史的影响。另一方面也对资本主义生产方式对人与自然的双重压迫和伤害进行了哲学、政治经济学的生态化批判。资本主义生产方式在推进经济社会发展的同时也造成了对自然环境的破坏。在"资本逻辑"的主导下，资本主义生产以获取经济利益为主要目的，忽视生产与发展对人、自然及子孙后代的负面影响。资本主义不合理的生产方式，使人们产生生产越多越好，消费越多越好的观念，导致有限的自然资源无法承载无限扩张的生产与无限增长的消费，最终引发环境污染、生态失衡问题。

在工业化和城市化的进程中，大规模工厂的兴建、人口的大量增加与城市化流动、农药杀虫剂的普遍使用等，造成了贫富差距扩大、人与自然的新陈代谢断裂、土壤肥力下降和生态环境的持续破坏等。马克思指出，工业发展对森林造成的损伤是不可扭转的，"文明和产业的整个发展，对森林的破坏从来就起很大的作用，对比之下，它所起的相反的作用，即对森林的护养和生产所起的作用

则微乎其微"。① 同样,对工人和农民的伤害与压迫也不断加重。马克思说:"资本主义生产使它汇集在各大中心的城市人口越来越占优势,这样一来,它一方面聚集着社会的历史动力,另一方面又破坏着人和土地之间的物质变换,也就是使人以衣食形式消费掉的土地的组成部分不能回到土地,从而破坏土地持久肥力的永恒的自然条件。这样,它同时就破坏了城市工人的身体健康和农村工人的精神生活","资本主义生产发展了社会生产过程的技术和结合,只是由于它们同时破坏了一切财富的源泉——土地和工人"。②

因此,现代生态环境问题的总根源是唯利是图的"资本逻辑"主宰了涉及社会、人和自然的一切关系领域,进而导致以高新技术为先导的剩余价值的生产和再生产取代了以人力和自然力为主导的社会再生产,使生产、劳动和消费等发生了异化,高投入—高消费—高污染的恶性发展模式逐渐形成,环境问题最终演化为当代生态危机。

四、物质变换的持续是人与社会永续发展的前提

就人类社会与自然进行物质变换的角度,马克思深刻揭示了资本主义生产对人与自然之间物质流、能量流和信息流从良性循环到"持久"破坏的生态后果。

资本主义社会前,人类对大自然造成的破坏是局部性的,人类与自然之间的物质变换总体是正常的,自然界能够通过自身的调节机制来使生态系统维持在有序状态。进入资本主义社会机器大工业生产时期,资本家为追求利润与剩余价值,无限度地开发利用自然资源,使得工业生产与农业生产超出了自然的承受范围。农

① 马克思恩格斯文集:第六卷[M].北京:人民出版社,2009:272.
② 马克思恩格斯全集:第二十三卷[M]北京:人民出版社,1972:552-553.

业产品与其他自然资源共同向工业生产提供原材料,而工业生产
规模的无限扩大,导致对农产品与其他自然资源的需求不断扩大,
超出了自然能够供给的范围。为满足工业发展的需要,资本家想
方设法提高农业生产率,通过使用化肥、农药等高刺激的化学工业
产品,破坏土地的正常良性循环,造成土地的污染。同时,人口的
增加、消费需求的不断上涨,使得人们生产生活与消费排泄废弃物
的数量也不断增加,加之人们没有形成人与自然和谐发展的意识,
导致大量废弃物与固体垃圾不经处理便排入河流,工厂的废气排
放到大气中,超出了自然能够承受的范围,带来了河流、空气及土
地的污染。因此,在资本主义生产方式下,人与自然之间进行着的
物质变换遭遇严重破坏。马克思恩格斯指出,资本主义不合理的
生产方式在推动社会与历史发展的同时,也"破坏着人和土地之间
的物质变换"。①

只有在新的社会制度下,"联合起来的生产者,将合理地调节
他们和自然之间的物质变换,把它置于他们的共同控制之下,而不
让它作为盲目的力量来统治自己"。②

五、生态发展的主要路径在于生产方式的转变和制度变革

要改变资本主义恶性发展的生态环境趋势就必须反对旧有的
生产方式、社会制度,改变支撑这种生产方式和制度的思想、理论,
建立新的制度保障体系和思想理论,包括伦理道德理论。因为资
本家多选择将环境成本外部化,他们相信金钱万能。个人利己和
阶级利己是其伦理思想的主流;资本主义征服自然的历史与征服
世界、建立殖民统治的历史逻辑是一致的。因此,破解生态环境问
题的主要路径有两条。

---

① 马克思恩格斯全集:第二十三卷[M].北京:人民出版社,1972:552.
② 马克思恩格斯全集:第二十五卷[M].北京:人民出版社,1974:926-927.

一是转变生产方式，变革社会制度。因为"到目前为止存在过的一切生产方式，都只在于取得劳动的最近的、最直接的有益效果"①。同时，资本主义制度是人与自然关系紧张和人类出现重大环境问题的社会根源，解决人与自然的矛盾，必须对资本主义政治制度实施根本变革。正如恩格斯所指出的："要实行这种调节，单是依靠认识是不够的。这还需要对我们现有的生产方式，以及和这种生产方式连在一起的我们今天的整个社会制度实行完全的变革。"②

二是要转变人的观念，变革人与人、人与自然相互对立的关系。人的观念产生于人同自然界的关系，以及人们之间的社会关系。③ 认识生产活动间接的、长远的社会影响，这是前提。首先要"认清我们的生产活动的间接的、比较远的社会影响，因而我们就有可能也去支配和调节这种影响"。其次要充分认识人之贵、人之优、人之强不过就在于人能够认识和正确运用自然规律。"我们对自然界的整个统治，是在于我们比其他一切动物强，能够认识和正确运用自然规律。"④换言之，正确地认识规律、熟练地运用规律来创造人类的历史才是解决问题的根本所在，生产方式、制度变革也要以此为前提。值得注意的是，人正确地认识和运用自然规律及社会规律，特别是熟练地运用这两大规律，是个漫长而复杂的历史过程，并有赖于人在自然化和社会化进程中的实践活动，有赖于人身心的全面协调发展。

六、终极目标是"双和""双解"

马克思主义的历史观认为："历史可以从两方面来考察，可以

---

① 马克思恩格斯选集：第三卷[M].北京：人民出版社，1972：519.
② 马克思恩格斯选集：第三卷[M].北京：人民出版社，1972：519.
③ 德意志意识形态[M].北京：人民出版社，1961：19.
④ 马克思恩格斯选集：第三卷[M].北京：人民出版社，1976：518.

把它划分为自然史和人类史。但这两方面是密切相联的;只要有人存在,自然史和人类史就彼此相互制约。"①因此,破解生态环境问题,谋求生态化发展的终极追求是"自然主义—人道主义—共产主义"的全面统一。具体内容体现在以下两方面。

一方面,要把"以人为本"作为资本运行、社会劳动及合理竞赛的价值原则。马克思恩格斯认为,"任何人类历史的第一个前提无疑是有生命的个人的存在。因此第一个需要确定的具体事实就是这些个人的肉体组织,以及受肉体组织制约的他们与自然界的关系……任何历史记载都应当从这些自然基础以及它们在历史进程中由于人们的活动而发生的变更出发"。②

特别是在敌对利益关系被消灭后,要建立主体和平共处、和平竞争、和平发展的制度体系,以确保"以人为本"的实现。"在这种情况下,主体的竞争,即资本对资本、劳动对劳动的竞争等等,被归结为以人的本性为基础并且到目前为止只有傅立叶作过差强人意的说明的竞赛。"③因此,未来理想的社会不是简单地消灭阶级,而是消灭敌对的利益关系,资本、劳动和合理的竞赛将仍然存在。但方式应该是奥林匹克式的以遵循规则为前提的有序竞争、交流和运作。

另一方面,以社会和谐为枢要,谋求人与自然的和谐。马克思和恩格斯通过对人与自然相互关系的历史考察,提出了历史唯物主义者的使命。他们说:"对实践的唯物主义者,即共产主义者来说,全部问题都在于使现存世界革命化,实际地反对和改变事物的现状……特别是人与自然界的和谐。"④为了实现这一价值追求,马克思恩格斯在一百多年前就为无产阶级制定了变革纲领,指导

---

① 德意志意识形态[M].北京:人民出版社,1961:10.
② 德意志意识形态[M].北京:人民出版社,1961:13-14.
③ 马克思恩格斯文集:第一卷[M].北京:人民出版社,2009:76.
④ 德意志意识形态[M].北京:人民出版社,1961:38.

了工人革命运动、民族解放运动和社会主义运动的革命实践,应该说已经取得了伟大成就。但到目前为止,社会的、人文的、自然的矛盾仍然普遍存在,并更加尖锐和严重。"人同本身的和解""人同自然的和解"一个都未实现,其矛盾随着全球化的扩展而在全球范围内蔓延。这是为什么呢?

问题也许在于我们虽然注意到了"两种和解是密切相联的"①,却忽视了社会的和谐发展才是枢要和前提。恩格斯指出:"仅仅认识是不够的。这还需要对我们迄今存在过的生产方式以及和这种生产方式在一起的我们今天整个社会制度的完全的变革。迄今存在的一切生产方式,都是只从取得劳动的最近的、最直接的有益效果出发的。那些只是在比较晚的时候才显现出来的、通过逐渐地重复和积累才变成有效的进一步的结果,是一直被忽视的。"②马克思说:"只有按照统一的总计划协调地安排自己的生产力的那种社会,才能允许工业按照最适合于它自己的发展和其他生产要素的保持或发展的原则分布于全国。"③只有在新的社会制度下,"联合起来的生产者,将合理地调节他们和自然之间的物质变换,把它置于他们的共同控制之下,而不让它作为盲目的力量来统治自己"。④

因此,马克思在一百多年前就预言实现人与自然和谐的社会形态是共产主义。"这种共产主义,作为完成了的自然主义,等于人道主义,而作为完成了的人道主义,等于自然主义,它是人和自然界之间、人和人之间矛盾的真正解决,是存在和本质、对象化和自我确证、自由和必然、个体和类之间的斗争的真正解决。它是历

---

　　① 余谋昌.马克思和恩格斯的环境哲学思想[M].山东大学学报(哲学社会科学版),2005(6):87.

　　② 弗里德里希·恩格斯.自然辩证法[M].北京:人民出版社,1984:306-307.

　　③ 马克思恩格斯全集:第二十卷[M].北京:人民出版社,1971:320.

　　④ 马克思恩格斯全集:第二十五卷[M].北京:人民出版社,1974:926-927.

史之谜的解答,而且知道自己就是这种解答。"①马克思特别强调在社会中实现"人和自然的统一",人道主义和自然主义的统一。"因为只有在社会中,自然界对人说来才是人与人联系的纽带,才是他为别人的存在和别人为他的存在,才是人的现实的生活要素;只有在社会中,自然界才是人自己的人的存在的基础。只有在社会中,人的自然的存在对他说来才是他的人的存在,而自然界对他说来才成为人。因此,社会是人同自然界的完成了的本质的统一,是自然界的真正复活,是人的实现了的自然主义和自然界的实现了的人道主义。"②

总之,马克思恩格斯关于解决生态环境问题、谋求遵循规律的生态发展的终极追求是"自然主义—人道主义—共产主义"有机统一的和谐世界。只有在这样的世界中,人们才"第一次成为自然界的自觉和真正的主人,因为他们已经成为自身的社会结合的主人了……只是从这时起,人们才完全自觉地自己创造自己的历史;只是从这时起,由人们使之起作用的社会原因才大部分并且越来越多地达到他们所预期的结果。这是人类从必然王国进入自由王国的飞跃"。③ 从心而论,人真正成为调控自己欲望的主人;从生态而论,人是遵循人的规律和生态规律、调控人与自然关系的主人;从社会而论,人是遵循社会规律和人文规律、调控社会关系的主人。人在这样的"三维化"世界中都能自觉做到随心所欲而不逾矩,这个"矩"是规律、规则和规范。④ 因此,高质量的生态发展观在终极意义上是与马克思主义生态发展观相统一的,基于新时代中国特色社会主义建设的基本国情的发展观,人与自然和谐发展

---

① 马克思恩格斯全集:第四十二卷[M].北京:人民出版社,1979:120.
② 马克思恩格斯全集:第四十二卷[M].北京:人民出版社,1979:122.
③ 马克思恩格斯选集:第三卷[M].北京:人民出版社,1995:758.
④ 曹顺仙.马克思恩格斯生态哲学思想的"三维化"诠释:以马克思恩格斯生态环境问题理论为例[J].中国特色社会主义研究.2015(6)86.

是其应有之义。

第二节　生态学马克思主义的生态发展观

　　环境与发展问题是所有生态理论无法绕开的话题，也是当代西方绿色思潮研究的热点问题。由于"经典"马克思主义的"经济决定论"式的解读，许多西方学者指责马克思是"经济决定论"者，认为马克思的生产力发展理论必然造成生态环境的破坏。在生态学马克思主义理论家看来，上述观点的失误在于，西方绿色理论脱离社会结构和社会制度，抽象地谈论生产力发展与生态之间的关系。生态学马克思主义理论家通过重新阐释历史唯物主义生产力发展理论，围绕生产力发展与人类解放战略、生产力发展与生态危机的关系这两个方面展开论述，揭示了生产力发展与人的解放和自然的解放之间的内在联系。

一、对历史唯物主义的生产力发展理论的生态辩护

　　西方绿色理论家把历史唯物主义归结为"经济决定论"，认为这必然导致生态危机，对于以上观点，生态学马克思主义理论家给予了积极的回应。他们通过阐发马克思唯物主义的非决定论特质，从哲学意义上重新解释生产力发展概念，对历史唯物主义的生产力发展理论做出了有力的辩护。

　　首先，在生态学马克思主义看来，"马克思主义就其本质来说，并不是决定论的"①。福斯特在《马克思的生态学》一书中从唯物主义发展史的发展脉络对马克思唯物主义哲学的非决定论性质做

---

　　① 本·阿格尔.西方马克思主义概论[M].慎之,等译.北京:中国人民大学出版社,1991:417.

出阐释，认为在哲学史上，唯物主义一直存在着决定论和非决定论两种传统。决定论的最早代表人物是德谟克利特，非决定论的最早代表人物是伊壁鸠鲁，福斯特强调，马克思的唯物主义主要受伊壁鸠鲁而不是德谟克利特的影响，这决定了马克思的唯物主义哲学特质。伊壁鸠鲁的唯物主义哲学具有两个突出的特点：一是强调自然的进化论，反对神学目的论；二是强调偶然性和人的自由，并把人的自由建立在自然的存在基础之上，使自然服务于人。前者使马克思始终把反对神学目的论作为唯物主义哲学的核心，避免陷入唯心主义的错误；后者使马克思看到了人的自由和能动性方面，人类可以通过自由和能动性的发挥摆脱物质世界的局限性，并赋予了自然以感性和经验的内容，从而超越机械论和决定论。正是在伊壁鸠鲁的影响下，马克思的唯物主义哲学超越了近代机械唯物主义哲学，具有反机械决定论的特质。在此基础上，生态学马克思主义进一步指出，马克思唯物主义哲学非决定论的特质决定了马克思的社会历史观不是决定论的而是辩证的。在社会历史发展进程中，处在基础地位的生产力决定着生产关系，而生产关系又决定意识形态上层建筑，这并不表明，不存在一种独立意识或政治文化的空间。相反，生产力、生产关系和上层建筑在一个由这种广义的物质原则支配的互相影响的体系中相互联系。无论生产力还是生产关系都不是狭隘的经济概念，尽管它们所有的组成因素都围绕生产组织起来，但并不意味着，经济动因是支配所有其他方面的因素。"现实生活的生产和再生产"或许是历史的一个最终决定因素，但绝非唯一的因素。因此，生态学马克思主义者佩珀强调："偶尔用来标记马克思主义历史哲学的粗俗经济主义并不是与它的历史唯物主义中心内在一致的。因为，历史唯物主义有着一个辩证的要素,它包含了许多内容。"①

　　其次,马克思的生产力发展同生态环境的破坏没有必然联系。休斯在《生态与历史唯物主义》一书中通过考察生产力发展的革命性效应指出,在马克思那里,生产力是用来解释占主导地位的生产关系的,然而,马克思的兴趣点并不在于解释个别的社会形态,而是解释一种社会形态如何转变为另一种社会形态。生产力的发展能较好地解释这种转变。休斯强调,在马克思的理论中,发展生产力是为社会的革命性转变创造条件,这就是生产力发展的"革命性效应"。为了更好地考察生产力的发展如何产生它的革命性效应,我们可以辨别出这个效应的两个方面,即破坏效应和促动效应。所谓破坏效应就是指,生产力发展到一定程度可以破坏一个旧的社会形式的生存;所谓促动效应是指,生产力达到一定的发展程度才有可能创造一个新的社会形式。休斯对两种效应与生态环境破坏的关系做了具体分析。在他看来,就生产力发展的破坏效应而言,当生产力发展到某个阶段,同现存的生产关系发生矛盾,并破坏现存的生产关系,生产力的发展受到生产关系的限制,矛盾由此而生,矛盾运动的结果就是社会形态的改变,这是马克思理解的历史进程的核心。休斯认为,从生产力的发展角度,可以把桎梏理解为"绝对停滞"和"相对发展桎梏";从生产力的应用角度,把桎梏理解为对其应用高度发达的生产力的能力的限制,"应用桎梏"和"发展桎梏"应该被当作一个定性的概念。资本主义的生产力应用的问题在于它是以错误的方式或者为错误的目的发展和使用生产力。也就是说,在资本主义私有制下,生产力只获得了片面的发展,对大多数人来说成了破坏的力量。但是,这是否说明生产力的破坏效应使得马克思支持具有生态破坏性的发展形式?休斯对此

---

　　① 戴维·佩珀.生态社会主义:从深生态学到社会正义[M]刘颖,译.济南:山东大学出版社,2005:108.

持否定态度。因为,其一,马克思通过批评资本主义制度下"片面的"或者"破坏性的"生产力发展方式,提醒人们有必要在增加福利的技术和降低福利的技术之间进行区分。马克思认同人们对不受限制的生产力发展和应用有浓厚兴趣,因而有理由去推翻使生产力受到限制的资本主义而偏爱生产力不受限制的共产主义,但是,这种共产主义并不支持人们发展或使用具有生态破坏性的生产技术,在共产主义社会中,人们关注的是自己的福利,以及更普遍的人类福利。其二,对马克思来说,生产力的发展是必要的,因为它为推翻资本主义创造条件。但是,资本主义制度下的发展只关注利润的获得而忽视人类福利,这势必引起生态方面的问题。休斯认为,对桎梏的充分阐述表明马克思主义并不赞同把具有生态破坏性的生产力的发展作为实现桎梏的步骤。因为,我们允许生产技术发展,但不能允许以减轻生态影响所需的方式发展的生产关系,一旦这种受到限制的发展方式的不利影响给予足够理由废除那些生产方式,桎梏由此产生。破坏效应表明,为这种具有生态破坏性的发展提供空间的资本主义社会已经作为一种桎梏在发挥作用了。就生产力发展的促动效应而言,无论是生产力的发展桎梏还是应用桎梏都不是颠覆现存生产关系的充分理由,除非有一个比现行的生产关系更好并且可行的替代生产关系。生产力的发展所带来的影响使得新的生产关系切实可行,这就是休斯所称的"促动效应"。休斯认为,马克思、恩格斯所说的共产主义要求消除贫穷和绝对贫困,这就需要通过生产力的巨大增长实现产出的增加,但是没有足够证据证明马克思支持产出的无限增长,一旦产出可以满足一个共产主义社会的需要就应稳定产出。这极大地有利于限制生产力发展的生态后果,并且这些不良的生态后果有可能通过生产技术中的生态效能的提高而抵消。在共产主义社会,考虑到生态后果会威胁人类需要的满足,生产技术"生态效能"方面的增加不仅是生产力发展的核心,而且是实现共产主义的一个条件。

　　最后，生态学马克思主义理论家对"生产力发展"概念进行了重新解读。格伦德曼在《马克思主义和生态学》一书中认为"生产力发展"概念应该包含双重意义：（1）表示不断增加的对自然的控制；（2）表示以不断减少的努力或者不断增加的丰富实现财富（物质财富）的生产。第一层含义意味着人类得到不断增强的对自然的控制，在这个意义上，个体发展成为普遍人类，他们不断地加强对周围环境的控制，并且能够按照他们的需要和兴趣塑造一个物质世界，从而对自然越来越具有主宰地位。格伦德曼将"生产力增长"的第一层含义称为"广义"的或者"哲学"意义的历史唯物主义。第二层含义主要是经济方面，在这个意义上，增长能够以经济效率标准被衡量，考虑生产率或者资本收入，较高的生产率意味着用较少的投入获得相同的产出，或者用相同的投入获得更多的产出。格伦德曼把它称为"狭义"的或者"经济"意义的历史唯物主义。格伦德曼认为，"生产力增长"的两重含义在马克思那里是联系在一起的，人的尊严需要从饥饿中解放出来，如同将它从一个敌对的，以一种异化的力量作用于人类的自然中解放出来一样。因此，格伦德曼强调马克思拒绝两种可能性的选择。第一种选择是去接受一种资本主义现代文明。马克思批判了资本主义政治经济学家认为资本主义市场经济将最大化经济效益以及人类的福利和幸福的观点，他认为资本主义是一种非理性的提高效率的形式，它降低了人类的幸福和利益，它只能为一个真正的人类社会创造物质前提。第二种选择是退回前工业文明的状态，在这种状态中，人类的福利不能在物质水平上得到保证。一些工业化的批判者提出，生产力的发展本质上与自然繁荣是不相容的，因此他们要求"减少生产"，甚至退回"丛林生活"，马克思多次嘲笑各种形式的自然崇拜和伤感主义。

　　总之，生态学马克思主义针对西方绿色理论家对马克思生产力发展理论的诘难,明确提出马克思不是"经济决定论"者,马克思的生产力发展理论与生态危机没有必然的联系。他们通过对"生产力发展"概念的重新诠释,较好地为马克思的生产力发展理论做出了辩护。不仅如此,生态学马克思主义进一步提出,生产力的发展是满足人类需要和实现人类解放战略的必要条件,对生产力发展与需要的满足之间的关系进行了详细的论述。

二、对生产力发展与人类需要关系的生态阐释

生态学马克思主义指出,只有不断发展生产力,变革产生异化需要的社会制度,才能走出生态危机的困境,真正实现人类的解放战略。

第一,生产力发展与满足人的自我实现需要的关系,表面上看,共产主义所说的生产力发展、人类需要的满足与自然资源的保护之间,似乎存在着一定的对抗性。对此休斯指出,"按需分配"的共产主义社会是建立在生态上适度可行的生产力发展的基础之上的,他考察了马克思需要理论的内容,并指认自我实现的需要是马克思理解人类需要的核心。在马克思看来,人的需要无论从深度还是广度上都超越了动物的需要,资本主义社会的问题正在于把人的需要降低到动物需要的水平。马克思把实现人的全面发展的需要作为其需要理论的核心内容,并坚信人的需要是动态的和持续增长的。休斯通过考察马克思在早期和后期著作中对人的自我实现需要的解释,进一步揭示出生产力发展是满足人的自我实现需要的必要条件。在早期著作中,马克思把人的自我实现需要理解为人的本质力量的发挥,而人的本质力量的发挥离不开自由的或非异化的生产活动,在这种自由自觉的生产活动中,人的本质力量得以体现,人的自我实现需要得以满足。在后期著作中,马克思高度地赞扬了由资本主义生产力发展所推动的需要的增长,并把这种需要的增长与资本主义的历史进步性联系在一起。由此可

见，马克思欣然接受了生产力发展所带来的新的需要的发展。休斯强调，尽管马克思承认资本主义的确引起了"需要、才能、享用、生产力等"的发展，但是他也揭示和批判道，资本主义社会是以扭曲的和异化的形式做到这一切的。马克思并不认为人的需要的满足仅仅是在生产活动中完成，它也可以在劳动过程之外的自由时间内实现。生产力的发展减少了必要劳动时间，创造了越来越多的自由时间，从自由时间上讲，生产力的发展"增加使个人得到充分发展的时间"。休斯进一步强调，自我实现的需要可以通过生态良性的方式得到满足。在休斯看来，马克思坚信需要的增长主要是指自我实现的需要，而不论是在生产过程之中还是之外，这种需要的满足并不必然以资源消耗的扩大及随之而来的生态问题的恶化为条件。相反，自我实现的完成将取决于这些问题的最小化，甚至可能是通过旨在带来那种最小化的活动来完成。马克思坚信人类需要的满足，以及扩大了的人类需要的满足，并不必然增加人类活动的生态影响。

第二，异化需要与生态危机的关系。生态学马克思主义者认为，从生产和需要的关系来看，不论是需要的种类和数量，还是满足需要的方式和手段，均在很大程度上取决于当时具体的社会生产状况，资本主义社会把对商品的无止境消费和占有简单地等同于需要的满足及人生的幸福和意义，其结果是需要的异化和生态危机的产生。生态学马克思主义理论家从"需要理论"出发，揭示出资本主义条件下异化需要和生态危机的必然联系。本·阿格尔曾经指出，新的危机趋势可以产生一系列新的需求，而这些新的需求又可以为激进的社会和政治变革提供动力，因而对于理解社会变革运动背后、在解决严重制度危机过程中产生的基本原理来说，需要理论是必不可少的。①

　　莱斯是最早也是最系统地论述异化需要与生态危机关系的生态学马克思主义者。他在《满足的极限》一书中从需要理论切入，区分了"需要"和"想要"两个概念，激烈批判了"将需要的满足完全导向对商品消费"的需要观对人本身、人类社会和自然所造成的种种危害。莱斯指出，从资本主义生产方中产生并不断被制度化的无限增长的生产方式和高消费的生活方式，通过经济高压和意识形态灌输等途径不断被转为理想追求。"在这种市场经济已经存在或正在形成的社会里，首要的信条是经济应该持续增长，以便为消费者提供更多的商品种类；首要关注的是为达到这一目标的充足的能源和物质资源的数量支持"②，导致需要和需要满足的异化，以及自然资源、能源的大量消耗。异化需要使商品消费日趋符号化。人们越来越对商品的符号象征性感兴趣，而较少关注商品的物质性。莱斯指出，这种只关注商品的符号象征性特征而忽视商品的物质性特征的消费本质上是一种异化消费，它会带来日渐严重的生态危机。一方面，为了生产满足异化消费需要的商品，必须依赖于科学技术的创新和广泛使用，而科学技术的运用所带来的不确定性和风险性，以及可能会对人类和生态环境造成的危害，人们对此缺乏清晰的认识，可能会导致危害未来的人类和其他非人类存在物。在资本主义条件下，对物质的无止境追求，导致对技术的非理性运用以满足对增长的无限追求，同样也会带来日渐严重的生态危机。另一方面，人们为了满足自己的物质欲望大肆消费，在消费过程中势必形成大量的废弃物，这些废弃物超过了自然环境所能承载的限度，造成严重的环境污染。而现代西方国家主

---

　　① 本·阿格尔：西方马克思主义概论[M]. 慎之，等译. 北京：中国人民大学出版社，1991：487.

　　② LEISS W. The limits to satisfaction, kingston and montreal[M]. McGill-Queen's University Press. 1988：7.

要关注的问题是如何实现商品的稳定增长，对废弃物缺乏有效管理，而部分跨国公司把工业生产转移到那些缺乏严格环境管理制度的国家，以转嫁污染，这些情况实际上都会对生态环境造成严重的损害。基于以上认识，莱斯强调，必须建立一种新的需要理论，揭示出需要的本质，以及人类克服异化消费和生态危机的良方，以此摧毁现代西方社会把需要的满足等同于对商品的占有和消费的消费主义文化价值观，批判建立在消费主义价值观基础之上的异化消费，厘清需要、商品和消费之间的关系，才能真正找到克服异化消费和生态危机的良方。

　　第三，生产力发展与人类解放战略的关系。生态学马克思主义理论家认为，追求人类的解放是马克思历史唯物主义的一个重要方面，这也是马克思同那些资本主义经济学家相区别的地方。马克思对未来社会的描述是与解放概念结合在一起的，未来的共产主义社会是一个解放了人的欲望，能够实现人的所有潜能和自由全面发展的、真正的人的社会，它是一个开放的和动态的过程。马克思所设想的人类解放战略不仅仅包括人类自身的解放，而且包括自然的解放。生态学马克思主义指出，无论是人类自身的解放还是自然的解放都是建立在生产力充分发展基础之上的。

　　生态学马克思主义理论家指出，马克思所追求的人类自身解放是以生产力的解放为前提的，因为高度发展的生产力是人类自身解放的物质基础。马克思一方面高度赞扬资本主义促进了生产力的飞速发展，使社会和人从自然的束缚中解放出来；另一方面，马克思批判了资本主义在生产力发展过程中，对人类的"奴役影响"。奴役作用可以用很多方式表述，它们可能采取公开的或者隐秘的压迫形式，也可能采取异化的形式，而马克思认为异化的形式是资本主义系统中普遍存在的形式。人们在资本主义条件下被某种必须实现的外在目的控制着，这种外在目的的实现被视为一种社会义务。为了克服资本主义制度对人的异化，马克思提出利用生产力发展来反抗资本主义制度,通过集体的有意识的社会控制,把人从过度生产中解放出来,让人从机器中解脱出来,使人成为一个自由全面的人而不是机器的附属物。因此,马克思认为,发展和解放生产力的目的是把工人从资本主义制度下作为机器附属物的异化处境中解放出来。不仅如此,马克思所追求的自然的解放也是建立在生产力发展基础之上。在莱斯看来,自然的解放强调人类应当与自然和谐共存,他反对把自然的解放理解为建立在拒绝现代文明基础上的对自然的原始主义崇拜,也反对把它理解为对经济增长的限制,而应该把自然的解放理解为"消除浪费性的生产和对环境的破坏"①。佩珀则批判了深生态学克服异化的观点。佩珀指出,深生态学家要求人类"与环境和谐地生活",承认自然规律的力量并试图不去改变自然,从而以"轻松地在地球上生活"来坚持人类的自然性,因而要求"我们尊敬自然并保护它,以承认我们和自然的'单一性'"。佩珀认为,这种对自然的"尊敬"事实上只会导致自然的神秘化,因而是不可取的,毕竟"生产和工业本身将不会拒绝"。佩珀强调,要克服自然的异化,非但不能限制生产力的发展,反而应该把对自然异化的克服建立在生产力发展所带来的物质基础之上,因为"生产是我们与自然关系的中心"②,消除污染和环境退化的自由需要一种物质富裕的基础。同样,一种生态意识的发展也是如此。通过生产资料共同所有制的重新占有,以及对人类与自然关系的集体控制,实现对自然异化的克服。

可以看出,生态学马克思主义理论家是立足于生产和需要的关系,提出生产力的发展保障了人类需要的满足,以及扩大了的人类需要的满足,但是人类需要的满足与扩大了的人类需要的满足

---

① 威廉·莱斯. 自然的控制[M]. 岳长龄,李建华,译. 重庆:重庆出版社,1993: 152.

② 戴维·佩珀. 生态社会主义:从深生态学到社会正义[M]. 刘颖,译. 济南:山东大学出版社,2005:355.

并不必然导致生态危机的产生。只有产生于资本主义条件下的异化需要，以及建立在异化需要基础上的异化消费，才会破坏生态环境，造成人与自然的不和谐。生态学马克思主义强调，只有通过发展生产力，变革资本主义制度，用生态社会主义取代资本主义，才能彻底消除异化需要，摆脱生态危机，满足人类全面发展的需要和实现人类解放战略。

三、对历史唯物主义生产力理论的生态化重构

西方绿色理论家诘难马克思是"生产主义者"，对此，生态学马克思主义一方面肯定生产力发展是构建未来生态社会主义社会所必需的，另一方面指出应该对那种只注重经济增长而无益于生态的生产力发展模式进行变革，因而提出重构生产力发展模式的理论主张。

第一，实行稳态经济发展模式。莱斯在《满足的极限》一书中提出"建立稳态发展模式"，这里所说的"稳态经济发展模式"，不是西方生态主义者所说的追求经济或人口零增长，排斥技术和生产，而是指经济增长应当建立遵循生态理性，避免当前高生产、高消费的所谓现代理想生活方式，实现人和自然和谐发展的模式。"稳态经济发展模式"一方面可以控制目前无限增长的经济发展速度，将生产规模和经济发展的速度稳定下来，只有这样，才能保护生态环境，使人与自然建立一种和谐的关系；另一方面要求必须重新评价人的物质需求，改变资本主义条件下表达需要和满足需要的方式。建立在高度集约市场布局下的满足人类需要的方式同生态系统之间的矛盾，要求人们对需要的合理性及满足需要的方式进行重新反思和评估，"人的满足最终在于生产活动而不是在于消费活

动"。① 因此,稳态经济发展模式并不会明显地取消消费,而只是希望尽量用能源消耗少、物质资源需求小的方法来满足人们的需要。

第二,用生态理性取代经济理性。生态学马克思主义者高兹明确反对零增长的"稳态经济",他提出:"零增长或负增长只能意味着停滞、失业和贫富之间的差距的扩大。"②他通过分析经济理性与资本主义生产方式、生态理性与社会主义生产方式的内在联系,提出了用生态理性取代经济理性的社会生产力发展模式。高兹认为,经济理性的出现是与资本主义的诞生相伴而生的。在前资本主义社会中,人们在劳动和生产中所遵循的原则是"够了就行",经济理性在那个时代根本不适用。在资本主义社会,当人们学会了计算和核算,即人们的生产不是为了自己的消费而是为了市场交换之时,经济理性就开始起作用了。在经济理性的指导下,生产主要是为了交换,为了获得更多的利润,生产必然是越多越好。在经济理性的驱使下,人们抛弃了"够了就行"的原则,开始崇尚"越多越好"的原则。在高兹看来,资本主义的经济理性其实就是资本主义的生产方式,它是一种以追逐利润为生产动机的理性,虽然这种生产方式对于资本家来说,无疑能够最大限度地增加利润、增强竞争力,但对于生态环境而言,必然是致命的,它表现为资源有限性与利润无限性之间的矛盾,自然承受能力的有限性与社会生产的无限性之间的矛盾,因而经济理性与生态保护是相冲突的,利润动机与生态环境之间的矛盾在资本主义条件下是无法克服的。高兹由此强调,"保护生态环境的最佳选择是先进的社会主义",社会主义制度之所以为生态保护提供可能性,关键是因为社

---

① 本·阿格尔. 西方马克思主义概论[M]. 慎之,等译. 北京:中国人民大学出版社,1991:475.

② André Gorz. Ecology As Politics[M]. South End Press. 1980:7.

会主义不以利润作为生产的动机,社会主义的生产是一种花费少量的劳动、资本和自然资源的生产,它旨在为人们提供耐用的、具有高使用价值的东西来满足人们的物质需要,社会主义生产方式是与生态理性联系在一起的。

第三,可持续发展模式。生态学马克思主义理论家萨拉·萨卡佩珀和奥康纳也反对限制经济增长的发展模式,他们认为经济应该保持适度的增长,才能消除贫困并最终实现生态的保护,因此未来生态社会主义社会应该追求理性的和生态的可持续发展模式,由此他们展开了对资本主义和苏联模式的社会主义的批判。在他们看来,资本主义的可持续发展只能是一种幻想。这是因为,资本主义的最大特点是,它的增长动力不仅是贪婪的资本家总是希望拥有更多财富,而且资本主义条件下残酷的市场竞争也迫使他们不得不通过努力积累、投资来获得更多的利润。因此,他们为了赢得市场竞争力,不得不投入更多的资本,寻找并开发出更大的市场,而这与生态可持续之间是存在内在矛盾的。"可持续的、生态健康"的资本主义发展是一个矛盾修辞。从本质上讲,资本主义的经济增长是依靠在生产过程中对自然的剥削和对人类的剥削来实现的利润的增长,为了实现利润的增长,可以全然不顾生态后果。生态学马克思主义理论家也指认苏联的社会主义经济发展模式是不可持续的,但是社会主义国家的生态问题本质上与资本主义的情况不同,社会主义国家的生态问题更多是政治问题而非经济问题。苏联模式的社会主义经济体制对环境具有双重影响:社会主义国家的国有制、中央计划,以及充分就业和工作保障体制对环境的影响既有积极方面,也有消极方面。通过以上论述,生态学马克思主义理论家认为只有在生态社会主义社会中可持续发展才真正成为可能。生态社会主义社会所追求的增长是理性的,是真正为了每个人的平等利益的有计划的发展,这种社会主义的发展可以是有益于生态的、可持续的。这是因为,第一,生态社会主义的生产目的是满足人的基本需要,并在此基础上创造出多种多样的满足人的需要的形式,这明显有别于资本主义追逐利润的生产目的,实现了"生产的正义性"。第二,资本主义社会的生产是以资本追求利润为目标的无限扩大生产,它只注重资本的短期收益而加大对自然资源的疯狂掠夺,根本无视地球生态系统的承载能力,可以说资本主义的经济增长是一种非理性的反生态的增长。生态社会主义的增长则是有计划的、理性的发展,它按照生态理性行事,因而是有益于生态的,能够实现人与自然的共同发展。第三,生态社会主义的发展和需要的满足都要受到自然的限制。生态社会主义的发展建立在对每个人的物质需要的合理限制这一准则的基础之上,人们在自然可承受的范围内发展生产力、满足需要。在生态社会主义发展过程中,人们持续地把他们的需要发展到更加复杂的水平,而不违反这一准则。

第三节　高质量发展的绿色发展观

高质量发展的绿色发展观是马克思主义生态发展观中国化时代化的结晶。在黄河流域生态保护和高质量发展座谈会上,习近平总书记明确提出:"要坚持山水林田湖草综合治理、系统治理、源头治理、统筹推进各项工作,加强协同配合,推动黄河流域高质量发展。"[①]因此,高质量发展的绿色发展观包含新发展理念、"绿水青山就是金山银山"、绿色低碳循环发展的道路、经济社会的全面绿色转型,以及绿色生产方式和生活方式的构建等思想观念。

---

① 习近平.习近平谈治国理政:第三卷[M].北京:外文出版社,2020:377.

一、贯彻新发展理念

"理念是行动的先导，一定的发展实践都是由一定的发展理念来引领的。发展理论是否对头，从根本上决定着发展成效乃至成败。"①绿色发展作为新发展理念的组成部分，是党的十八大以来依据对经济形势的科学判断而对发展理念和思路做出及时调整的理论成果。2015 年 10 月，在党的十八届五中全会上，以习近平同志为核心的党中央针对当代中国发展难题，提出创新、协调、绿色、开放、共享的新发展理念。其中，"创新发展注重的是解决发展动力问题，协调发展注重解决发展不平衡问题，绿色发展注重的是解决人与自然和谐问题，开放发展注重的是解决内外联动问题，共享发展注重的是解决社会公平正义问题。强调坚持新发展理念是关系我国发展全局的一场深刻变革。"②

深入贯彻新发展理念是高质量发展迈入新时代新征程的思想保障，准确认识和把握新发展理念则是深入贯彻新发展理念的基础。新发展理念是一个系统的理论体系，回答了关于发展的目的、动力、方式、路径等一系列理论和实践问题，阐明了我们党关于发展的政治立场、价值导向、发展模式、发展道路等重大政治问题。因此，需要从为人民谋幸福、为民族谋复兴这一根本宗旨认识和把握新发展理念，需要从我国经济社会发展不平衡不充分的问题出发认识和把握新发展理念，需要从社会主要矛盾变化和国际力量对比深刻调整而可能带来内外风险空前上升的角度认识和把握新发展理念，以不同的战略发展举措有效处理各类涉及国家安全的问题。

新发展理念是习近平新时代中国特色社会主义思想的题中之

① 习近平.习近平谈治国理政:第四卷[M].北京:外文出版社,2022:167.
② 习近平.习近平谈治国理政:第四卷[M].北京:外文出版社,2022:169.

义,其确立及其系统展开,标志着马克思主义生态发展观中国化时代化的跃升,是全面贯彻高质量发展总要求首先必须坚持的思想理念。

二、坚持绿水青山就是金山银山

在黄河流域生态保护和高质量发展座谈会上,习近平总书记提出:"要坚持绿水青山就是金山银山的理念,坚持生态优先、绿色发展。"①

"绿水青山就是金山银山"的提出是中国化马克思主义绿色生产力观和经济观进一步发展的理论成果②,包含"保护生态环境就是保护自然价值和增值自然资本"等观点③,形成了绿色发展观的三重意涵。一是在理念层面要坚持绿色发展。"坚持绿色发展,就是要坚持节约资源和保护环境的基本国策,形成人与自然和谐发展现代化建设新格局,为全球生态安全作出新贡献。"④二是经济社会发展层面要坚持改善环境就是发展生产力。"要正确处理经济发展同生态环境保护的关系,牢固树立保护环境就是保护生产力,改善生态环境就是发展生产力的理念。"⑤三是在发展保障层面要讲投入和建设。习近平总书记指出:"人与自然是相互依存、相互联系的整体,对自然界不能只讲索取不讲投入,只讲利用不讲建设。

————————

　　① 习近平.习近平谈治国理政:第三卷[M].北京:外文出版社,2020:377.
　　② 黄志斌,高慧林.习近平生态文明思想:中国化马克思主义绿色发展观的理论集成[J].社会主义研究,2022(3):60.
　　③ 十九大以来重要文献选编:上[G].北京:中央文献出版社,2019:450.
　　④ 中共中央文献研究室.习近平关于社会主义生态文明建设论述摘编[M].北京:中央文献出版社,2017:29.
　　⑤ 中共中央文献研究室.习近平关于社会主义生态文明建设论述摘编[M].北京:中央文献出版社,2017:20.

保护自然环境就是保护人类，建设生态文明就是造福人类。"①

　　进入新时代，人民群众对美好生活和优美生态环境的需要日益普遍、愈发强烈。如果说在"求温饱"的境遇下，绿水青山和金山银山因条件的限制而难以两者兼顾，我们优先选择金山银山还情有可原，那么在"求生态"的高质量发展时代，当两者难以兼顾的特殊情况发生时，从长远发展考虑，我们"宁要绿水青山，不要金山银山"②。更为根本的是，绿水青山与金山银山是辩证统一的。绿水青山的葆有，意味着生态系统中生产者、消费者、分解者之间的循环不已，自然生产力的绵延不竭和自然价值的生生不息，它进入人的物质生活和精神世界、感性生活和理性世界，便成为利人、惠人的自然财富和生态财富。就此而言，保护生态环境就是保护自然生产力。"绿色生态是最大财富、最大优势、最大品牌。"③着力绿色科技创新，实行生产过程和结果的绿色化，就能在创造社会财富和经济财富的同时葆有绿水青山，从而使社会财富和经济财富得到持续创造。这种绿水青山向金山银山的持续转化，彰显出绿水青山就是金山银山的内在机理，说明保护生态环境既是对自然生产力的保护，也是对社会生产力的保护。

　　因此，"绿水青山就是金山银山"的绿色发展观阐明了自然生产力与社会生产力的平等地位，以及两者之间的内在关联和持续机理，破解了经济建设与环境保护的"两难"悖论和实践偏误，展现了我们党对生态规律、经济规律和社会规律的创新认知与卓越实践，标志着马克思主义生产力观和经济发展观的新飞跃，为当代中

---

　　①　中共中央宣传部.习近平总书记系列重要讲话读本[M].北京:学习出版社、人民出版社,2016:231.

　　②　中共中央文献研究室.习近平关于社会主义生态文明建设论述摘编[M].北京:中央文献出版社,2017:21.

　　③　中共中央文献研究室.习近平关于社会主义生态文明建设论述摘编[M].北京:中央文献出版社,2017:33.

国生态文明建设和高质量发展确定了原则、指明了方向。

三、走绿色低碳循环发展的道路

建设生态文明、推行绿色发展是遵循人类文明发展规律的内在要求,具有历史的必然性。习近平总书记以其深邃的历史思维指出:"人类经历了原始文明、农业文明、工业文明,生态文明是工业文明发展到一定阶段的产物,是实现人与自然和谐发展的新要求。"[①]

建设生态文明、实行绿色发展"事关中华民族永续发展和'两个一百年'奋斗目标的实现"[②],关涉"人民福祉""民族未来","功在当代、利在千秋"。因此,党的十八大报告不仅提出了建设美丽中国,实现中华民族永续发展的"五位一体"总布局,而且在战略举措中明确指出要着力推进绿色发展、循环发展、低碳发展,形成节约资源和保护环境的空间格局、产业结构、生产方式、生活方式,从源头上扭转生态环境恶化趋势,为人民创造良好生产生活环境,为全球生态安全做出贡献。在全面促进资源节约中要支持节能低碳产业和新能源、可再生能源发展,确保国家能源安全。党的十九大报告把推进绿色发展放在加快生态文明体制改革、建设美丽中国的首位。提出要加快建立绿色生产和消费的法律制度与政策导向,建立健全绿色低碳循环发展的经济体系。构建市场导向的绿色技术创新体系,发展绿色金融,壮大节能环保产业、清洁生产产业、清洁能源产业。推进能源生产和消费革命,构建清洁低碳、安全高效的能源体系。推进资源全面节约和循环利用,实施国家节水行动,降低能耗、物耗,实现生产系统和生活系统循环链接。党的十九届六中全会的决议进一步强调,要更加自觉地推进绿色发

---

① 习近平.推动我国生态文明建设迈上新台阶[J].求是,2019(3).

② 中共中央文献研究室.习近平关于社会主义生态文明建设论述摘编[M].中央文献出版社,2017:9.

展、循环发展、低碳发展，坚持走生产发展、生活富裕、生态良好的文明发展道路。

因此，坚持绿色低碳循环发展，走"三生"共赢的文明发展道路，是新时代生态环境保护发展历史性、转折性、全局性变化的重要前提，是中国从参与到贡献、引领世界绿色发展潮流的基本保障，是高质量发展必须坚持的绿色发展道路。

四、推进经济社会的全面绿色转型

生态自然是一个系统整体，人类社会发展面临的最基本关系是人与自然的关系，两者的和谐共生是人类永续发展的基础条件。在马克思主义经典作家那里，不仅生态自然是一个相互作用、有机关联的整体，而且人与自然也是一个相互作用、有机关联的整体。"我们所接触到的整个自然界构成一个体系，即各种物体相联系的总体"[①]，"主体是人，客体是自然"[②]，二者相辅相成，通过交互作用，形成永恒的依存关系。生态环境问题的根本解决事关自然、人、社会及其相互关系的全面协调可持续发展。这就要求我们致力于绿色低碳循环发展的经济体系的构建及其对落后高碳产能的替代，从源头上大幅降低资源消耗和污染物排放，绿化社会生产力的发展；在生态环境建设上，"坚持保护优先、自然恢复为主，深入实施山水林田湖草一体化生态保护和修复"[③]。

生态环境问题的解决是一项复杂的系统工程，犹如逆水行舟，不进则退，容易反复。我国"生态文明建设正处于压力叠加、负重前行的关键期，已进入提供更多优质生态产品以满足人民日益增长的优美生态环境需要的攻坚期，也到了有条件有能力解决生态

① 马克思恩格斯文集：第九卷[M].北京：人民出版社，2009：514.
② 马克思恩格斯选集：第二卷[M].北京：人民出版社，1972：88.
③ 中共中央宣传部.习近平新时代中国特色社会主义思想三十讲[M].北京：学习出版社，2018：248.

环境突出问题的窗口期"。① 为求经济高质量发展，跨越污染防治和环境治理这道关口势在必行、行则可成。绿色发展是构建高质量现代化经济体系的必然要求，是解决污染问题的根本之策。②

五、推动形成绿色生产方式和生活方式是发展观的一场深刻革命

推动形成绿色生产方式和生活方式是发展观的一场深刻革命。这是坚持和贯彻新发展理念，正确处理经济发展和生态环境保护的关系的需要。党的十八大坚持把生态文明建设作为统筹推进"五位一体"总体布局和协调推进"四个全面"战略布局的重要内容，把推动形成绿色发展方式和生活方式融入经济建设、政治建设、文化建设、社会建设各方面和全面建成小康社会全过程，坚定不移走生产、生活、生态"三生"共赢的文明发展道路，开创了生态环境保护建设的新局面。2017 年 5 月 26 日，习近平在主持中共中央政治局第四十一次集体学习时指出："推动形成绿色发展方式和生活方式是发展观的一场深刻革命。"③

构建绿色生产方式，重在绵延自然生产力的生机；构建绿色生活方式，重在倡导简约适度、绿色低碳，优化消费者需求，倒逼生产方式的绿色转型，从而将生产系统、生活系统、生态系统链接为超循环系统。

针对各类环境污染呈高发态势的"民生之患、民心之痛"④，党的十九大报告在强调生态文明建设是"五位一体"总体布局中重要一位的同时，进一步将坚持人与自然和谐共生确定为新时代十四

① 习近平. 推动我国生态文明建设迈上新台阶[J]. 求是，2019(3).
② 习近平. 推动我国生态文明建设迈上新台阶[J]. 求是，2019(3).
③ 习近平. 论坚持人与自然和谐共生[M]. 北京：中央文献出版社，2022：167.
④ 中共中央文献研究室. 习近平关于社会主义生态文明建设论述摘编[M]. 北京：中央文献出版社，2017：11.

条基本方略中的一条,指明中国要建设"人与自然和谐共生的现代化"①,不断满足人民日益增长的美好生活和优美生态环境需要。这内在地要求我们更加自觉地推动绿色发展,"像对待生命一样对待生态环境"②,遵循生态系统的本性及其内在规律,谋划生产系统和生活系统的循环链接,按照保护优先、自然恢复为主的绿色思路,实行污染防治、自然保护、生态修复,运用统筹山水林田湖草系统治理的系统思维,见缝插绿、治山理水、显山露水,让自然生态美景永驻人间,"还自然以宁静、和谐、美丽"③,让人民群众"望得见山、看得见水、记得住乡愁"④。

纠正"拼资源投入、拼物质消耗、拼透支未来""不计成本、不顾环保、不讲质量"等错误观念和错误行为,又要坚决抵制"经济增长不可避免带来环境污染""可以先污染后治理"等错误认识。⑤

绿色发展观是对马克思主义生态发展观的守正创新。在马克思恩格斯那里,以绿水青山为代表的自然是人类创造财富的源泉⑥⑦,是社会生产力不可或缺的组成部分,是劳动创造价值的基础,并在劳动创造价值的过程中实现价值转移,成为产业链、价值链建构的必要条件。"没有自然界,没有感性的外部世界,工人就什么也不能创造。"⑧然而,在利益敌对的发展阶段,自然在经济社会发展中的价值和作用被严重忽略或外部化。正如马克思所指出,"到目前为止的一切生产方式,都仅仅以取得劳动的最近的、最

---

①　习近平.习近平谈治国理政:第三卷[M].北京:外文出版社,2020:39.

②　习近平.习近平谈治国理政:第三卷[M].北京:外文出版社,2020:19.

③　习近平.习近平谈治国理政:第三卷[M].北京:外文出版社,2020:40.

④　中共中央文献研究室.习近平关于社会主义生态文明建设论述摘编[M].北京:中央文献出版社,2017:49.

⑤　王丛霞.推动生态环境保护高质量发展[N].经济日报 2021-07-07(11).

⑥　马克思恩格斯文集:第三卷[M].北京:人民出版社,2009:428.

⑦　马克思恩格斯文集:第九卷[M].北京:人民出版社,2009:550.

⑧　马克思.1844年经济学哲学手稿[M].北京:人民出版社,1985:49.

直接的效益为目的"。[①]

　　绿色发展观坚持以民族复兴的中国梦的实现为目标,坚持以人民为中心的价值取向,要求把绿色发展、高质量发展与满足人民对更加美好的生活、更加优美的环境的需要紧密结合起来。以高质量发展提升优美生态环境供给的能力和水平,以绿色低碳循环发展体现高质量发展要求。在高质量发展中为人民提供清新的空气、清洁的水源、宜人的气候,就是在满足人民的美好生活需要,在为实现人的全面发展奠定基础,在为中华民族的永续发展拓展空间。生态需要是更广泛的需要,高质量发展是更好生活的需要。

---

① 　马克思恩格斯选集:第三卷[M].北京:人民出版社,2012:1000.

第四章　高质量发展的生态思维

　　思维方式既是高质量发展研究的重要内容,又规约着高质量发展的逻辑起点和终点。那么,高质量发展的思维方式是以支撑西方生态哲学大厦的生态整体主义思维为基础,还是在吸收和借鉴的前提下,提出能够从根本上促进高质量发展的、具有合规律和合目的性的生态思维,为高质量发展奠定新的方法论基础? 这是本章要阐述和解决的重点问题。

第一节　生态中心主义的生态整体思维

　　主客二分、心物分离的哲学难题、主流哲学对理念论的执着以及对马克思主义实践哲学的排斥等使传统西方哲学失去了作为生态哲学或环境伦理学创建的时代机遇,出现了生态学初创于传统西哲之域而生态哲学或环境伦理学则开创于美国的局面。笛卡尔自己也曾说身心二元如何统一的问题其实并非一个形而上学的问题,而是一个科学的问题,只有期待科学事业的巨大进步才有望解决。马克思主义哲学则认为二者统一的唯一途径是实践。因为这些思想和哲学迷思"不是一个理论的问题,而是一个实践的问题"[①]。只有在实践中而不是在心灵中,才能确立认识论的真实基

---

　　① 马克思恩格斯文集:第一卷[M].北京:人民出版社,2009:503-504.

础,才能验证主体性认识能力及其认识成果的科学性。因此,凡是把哲学论争引到神秘主义邪路上去的奇谈怪论,都只能在对实践的合理性理解中得到真正解决,舍此并无他途。①

19世纪末到20世纪晚期,一方面,科学的发展特别是生物学、地球学、博物学、生态学的非规则、非几何性关系,使原本在数、理、化中非常有效的研究方法受到了挑战。非普遍、非必然、非永恒以及不受时间限制的复杂关系成为现代科学研究的对象。到20世纪晚期,地理学、生物学和生态学中的哲学问题成为当代哲学研究的对象。因此,现代科学的发展改变了西方传统哲学偏好的科学模式,也改变了西方传统哲学本身。新的科学模式和哲学思考鼓励人们对存在的感知和对环境的关怀。无论是有生命的还是无生命的客体事实上都是存在的、有价值的。另一方面,社会实践和生活实践改造着世界,也改变着人的认识,以及人与自然、社会的关系。找到客观地研究自然、人和社会的方法成为哲学家、科学家共同关心的问题。逻辑实证主义、事实判断与价值评判相结合或推移等方法论应运而生。

以罗尔斯顿为代表的"生态中心主义"生态哲学,基于"颠覆性"的生态科学的发展和事实与价值推移等方法论而形成了生态整体主义思维和理论。正如罗尔斯顿自己所认为的:"将价值理论重新确立起来的前提是诸如进化论、生物化学或生物学等涉及自然史之丰富性学科所提供的思维范式的转变。"②"当生态学成为关于人类的生态学时,就把人类安置于他们的Oikos——他们的

---

① 朱荣英.笛卡尔哲学难题的种种求解方案及现代启示[J].天中学刊,2015(2):50.

② ROLSTON H. Philosophy gone wild:essays in environmental ethics[M]. New York:Buffalo:Prometheus Books. 1986:98.

'家'的逻辑之中。"①这意味着在罗尔斯顿的心中,生态学赋予了自然人类家园的意义。罗尔斯顿认为:"作为生态系统的自然并非不好的意义上的'荒野',也不是'堕落'的,更不是没有价值的。相反,她是一个呈现着美丽、完整与稳定的生命共同体。"②"一个人如果对地球生命共同体——这个我们生活和行动于其中的、支持着我们生存的生命之源——没有一种关心的话,就不能算作一个真正爱智慧的哲学家。"③罗尔斯顿正是基于生态整体主义的生命共同体理论来展开"爱智慧"的哲学研究,完成了对生态哲学和环境伦理学的理论建构。

一、生态整体论思维

"生态中心主义"主张以生态整体论取代长期以来在西方占主导地位的机械论。主客二分的机械论把宇宙自然看作可以任人分割的机器,是上帝已上紧了发条的大钟。"世界是一部钟表机器,行星在其轨道上永不休止地运转,所有系统在平衡中按决定论而运行,这一切都服从于外部观察者能够发现的普适定律。"④这个世界只能是简单的、可逆的、精确的、确定的、静态的世界,没有目的、生命和精神。一切都可以严格预言,一切运动都可以还原为机械运动。这种观念在带给工业时代辉煌的同时,也给这个时代留下了巨大的阴影。人们只把地球看作一种"资源",割裂了人与自然界血肉相依的有机联系,结果在毁灭自然价值的同时,也使自己

---

①　霍尔姆斯·罗尔斯顿.哲学走向荒野[M].刘耳,叶平,译.长春:吉林人民出版社,2000:81.

②　霍尔姆斯·罗尔斯顿.哲学走向荒野[M].刘耳,叶平,译.长春:吉林人民出版社,2000:中文版序10.

③　霍尔姆斯·罗尔斯顿.哲学走向荒野[M].刘耳,叶平,译.长春:吉林人民出版社,2000:中文版序10.

④　伊·普里戈金,伊·斯唐热.从混沌到有序:人与自然的新对话[M].曾庆宏,沈小峰,译.上海:上海译文出版社,1987:前言8.

的生存遭受了极大的伤害。

生态整体论对世界的认知摆脱和超越了机械论的认知模式。它依据生态科学对生命与无机世界之间联系的认识,把世界看成"人—社会—自然"构成的复合生态系统,是具有内在关联的活的生态。任何一种社会思维方式,都是由关于对象世界的认知结构、价值结构、思维方法三个方面有机构成的。系统整体观作为现代生态思维形成的关于对象世界的认知结构模式,是对客观世界的一种总体观点与把握方式。它把生物与环境之间的复杂联系看成一个生态系统,从整体的角度出发,着眼于事物之间的相互联系和相互作用,并以此作为理解和规定对象的一种思维原则。

生态整体论认为,事物整体与部分的区分只有相对意义,它们的相互作用是更基本的,而且是整体决定部分,而不是部分决定整体。即部分的性质是由整体的动力学性质决定的,它依赖于整体。部分只在整体中才获得它的意义,离开整体就会失去其存在。因而,首先是整体,它是动力学的决定部分;部分作为整体的内容,它表现整体。它们两者是互补的,不可分割的。整体主义的思维让我们认识到,把某些要素从整体中抽取并可在分离状态下认识它们的假设是错误的。"在与它们密不可分的整体相分离的状态下发展起来的论述它们的概念将不能准确地反映它们在整体中的情形。"①

二、以非线性方法取代分析还原方法

"生态中心主义"主张以事实与价值相推移的非线性方法取代分析还原论。"整体主义自然观构成了具有根本性变革意义上的自然观念的更新,而其中的关键在于它不仅采取了一种对自然的

---

① 大卫·雷·格里芬. 后现代科学[M]. 马季方,译. 北京:中央编译出版社,1998:155.

整体主义的认识，而且还提出了一种评价自然的全新视角与方法。"①

传统的机械论世界观把世界预设为一台机器，认为这台机器可以还原为它的基本构件，分析还原就成了这种思维方式下的基本方法。还原论把事物分成各细部，去找出它们是由什么组成的，把事物的整体性质归结为最低层次的基本实体的性质，用低层次的性质来代表较高层次和整体的性质。这种方法，普里戈金称之为"世界的简单性原则"，托夫勒称之为"拆零"。分析还原的方法导致我们对自然界的认识分离成越来越小的片段，"我们对自然的各部分着了迷，却忘了看一看整体"。② 分析还原法以为这些分离成分之间的联系其实没什么要紧。

然而，错综复杂的人与环境关系问题，以及生物与非生物环境的复杂性、多样性、不确定性关系，使这种分析还原法显得力不从心。以现代生态科学为基础的生态哲学认为，无序、不稳定、多样性、不平衡、非线性关系及暂时性是生态系统演化最基本的现象，因此，认识和评判事物应该更加注重事物不断生成、不断展开、不断转变的事实，将对事物的合理价值评判与事实相结合。因为"生态系统是一个由多种成分组成的完整的整体，在其中，样式与存在、过程与实在、个体与环境、事实与价值密不可分地交织在一起"。③

事实与价值相交织的方法论和分析还原论相比有这样几个新特点：一是以生态整体论为基础，强调生物与生物、生物与非生物、

① 王国聘. 哲学从文化走向生态世界的历史转向：罗尔斯顿对自然观的一种后现代诠释[J]. 科学技术哲学研究，2000(5)：2.

② 阿尔·戈尔. 濒临失衡的地球[M]. 陈嘉映，译. 北京：中央编译出版社，1997：13-14.

③ 霍尔姆斯·罗尔斯顿. 环境伦理学[M]. 杨通进，译. 北京：中国科学出版社，2000：297.

部分与整体之间的相互联系、相互作用和相互依赖,注重非线性的网络因果关系;二是以生态系统论为基础,以系统整体的完整、稳定和动态平衡为依据,合理评判事物存在及其演化的价值关系;三是以非线性的生态思维逻辑,使研究范式从追求推理的解析性、严谨性、确定性和完美性转向整体性、灵活性、模糊性、不确定性、多样性和模型化;四是研究的最终目的不是寻求系统的某种最终发现或解决问题的最优方案,而是着眼于探索自然、人、社会合理发展的途径。

因此,"传统的理由是说价值就在于利益(实为人类利益)的满足。但现在,这个定义看来只是出自偏见与短视的一个规定"①。罗尔斯顿把价值当作事物的某种属性来理解,明确提出:"我们要扩大价值的意义,将其定义为任何能对一个生态系统有利的事物,是任何能使生态系统更丰富、更美、更多样化、更和谐、更复杂的事物。"②由此,自然界、自然系统、自然物不仅有了统一性即价值,而且有了客观存在的工具价值、内在价值和系统价值;人和自然的关系也有了统一的基础,即在共同体内,人和自然既具有相互依存的工具价值,又具有各自独立的内在价值;工具价值表现为相互之间的利用性,内在价值则表现为对共同体的协调功能,即人和自然都具有协调整个共同体,使之朝着和谐的方面运行的能力。在人与自然之间,自然的价值更根本、更基础。因为"如果我们相信自然除了为我们所用就没有什么价值,我们就很容易将自己的意志强加于自然。没有什么能阻挡我们征服的欲望,也没有什么能要求

---

① 霍尔姆斯·罗尔斯顿. 哲学走向荒野[M]. 刘耳,叶平,译. 长春:吉林人民出版社,2000:233.
② 霍尔姆斯·罗尔斯顿. 哲学走向荒野[M]. 刘耳,叶平,译. 长春:吉林人民出版社,2000:231.

我们的关注超越人类利益"①。

三、事实与价值相推移

由自然作为价值之源推导出人对自然的权利和义务,这是罗尔斯顿环境伦理学的逻辑。罗尔斯顿认为,尊重自然的内在价值作为一种部分的伦理之源,"它不是要取代还在发挥正常功能的社会与人际伦理准则,而是要将一个一度被视为无内在价值,只是对人类如何便利而加以管理的领域引入伦理思考的范围"②。

罗尔斯顿以《哲学走向荒野》《自然界的价值》《环境伦理学:自然界的价值和对自然界的义务》等著作,建构起了以"荒野"自然观、自然价值论为基础的环境伦理学,形成了一种独特的"自然价值论生态伦理学"体系。③ 其主要观点如下。(1)"荒野"是一切价值之源,也是人类的价值之源。"荒野"自然界作为生态系统是一个自动组织、自动调节的生态系统,人类没有创造荒野,但荒野创造了人类。"荒野"作为一切价值之源不仅创造了自然价值,而且创造了具有内在价值和具有价值评判能力的人类。因此,自然界的价值是属自然的,自然"荒野"首先是价值之源,其次它才是一种资源。自然界不仅具有以人为尺度的价值,即非工具主义的内在价值,这些工具价值和内在价值相互交织在一起,使自然本身也具有"自在价值"——一种超越了工具价值和内在价值的系统价值。自然系统价值散布在整个自然系统之中,是某种充满创造性的过程,工具价值和内在价值都是它的产物。总之,不仅应当使"哲学走向荒野",而且应当使"价值走向荒野",人也走向荒野而成为一

①　霍尔姆斯·罗尔斯顿.哲学走向荒野[M].刘耳,叶平,译.长春:吉林人民出版社,2000:197.

②　霍尔姆斯·罗尔斯顿.哲学走向荒野[M].刘耳,叶平,译.长春:吉林人民出版社,2000:29.

③　傅华.西方生态伦理学研究概况(下)[J].北京行政学院学报,2001(4):87.

个具有城市、郊区、荒野"三向度的人",因为"只有那些同时投入郊区和荒野怀抱中的人才是三向度的人。只有当一个人学会了尊重荒野自然的完整性时,他才能真正全面地了解成为一个有道德的人究竟意味着什么"。①

(2)大自然的价值主要基于自然系统的创造性,价值具有属自然性。"自然系统的创造性是价值之母,大自然的所有创造物,只有在它们是自然创造性的实现意义上,才是有价值的。"②"价值是这样一种东西,它能够创造出有利于有机体的差异,使生态系统丰富起来,变得更加美丽、多样化、和谐、复杂。"③因此,创造性是罗尔斯顿自然价值论的重要内容,他认为这种创造性在生态系统上有明显的表现。自然系统的创造性赋予它的创造物以价值,自然的造物在拥有价值之后又相应具备创造性,要求创造出系统的丰富与和谐。通过价值转移,自然系统与自然创造物之间也实现了创造性的传递,自然系统—创造性—创造物—价值—创造物—创造性—价值—自然系统,进而使自然价值成为"终极存在"。正如罗尔斯顿在《哲学走向荒野》的序言部分所说:"这个可贵的世界,这个人类能够评价的世界,不是没有价值的;正相反,是它产生了价值——在我们所能想象到的事物中,没有什么比它更接近终极存在。"④关于自然和自然价值是否能成为"终极存在",这是人类面对严峻的生态环境问题必须进行反复深思的问题,是关系人类史与自然史能否辩证统一地持续演进的一个重大基础理论课

---

① 霍尔姆斯·罗尔斯顿. 环境伦理学[M]. 杨通进,译. 北京:中国社会科学出版社,2000:55.

② 霍尔姆斯·罗尔斯顿. 环境伦理学[M]. 杨通进,译. 北京:中国社会科学出版社,2000:10.

③ 霍尔姆斯·罗尔斯顿. 环境伦理学[M]. 杨通进,译. 北京:中国社会科学出版社,2000:10.

④ 霍尔姆斯·罗尔斯顿. 哲学走向荒野[M]. 刘耳,叶平,译. 长春:吉林人民出版社,2000:序9.

题。对此,罗尔斯顿与马克思的选择是相同的,都认同自然价值在未来社会中的终极存在。这对正确解决当代生态危机,以及形成高质量发展的价值观,具有重要参考价值和现实意义。

(3)基于"荒野"自然观和自然价值论的伦理学应该遵循自然规律,尊重自然创造及其价值,并将这种"遵循大自然"作为道德义务。罗尔斯顿强调,环境伦理学是"一种恰当地遵循大自然的伦理",因为"自然最有智慧"。[①] 人的卓越能力不应成为人傲慢统治其他事物的理由,因为从生态学的角度出发,世界上并无绝对的中心,每一物体都为系统中的要素,只有在整体中才能发挥作用。同样,人没有理由掠夺自然,人类考虑问题的基点只能是人类整体的利益。因此,他认为,人类要把遵循自然当作自己的道德义务,也要把生态规律转化为道德义务。人的自我完善特别重要,而要达到人的自我完善,就要培养人的利他精神,使人在地球上"既作为生态系统的一个'公民'又作为其'国王'……对生态系统进行治理"。[②] 总之,一方面,为了所有生命和非生命存在物的利益,必须遵循自然规律,把遵循自然规律作为我们人类的道德义务。这就是生态伦理学的主题。[③] 另一方面,从生物学意义,主张"一种具有生物学意识的健全的伦理"应当更看重物种和生态系统,而不是个体。即强调物种和生态系统具有道德优生性。这是罗尔斯顿生态哲学思想的一个鲜明特点。

四、多层级的生态价值模型

罗尔斯顿的价值模型由宇宙自然系统、地壳自然系统、地球自

---

① 霍尔姆斯·罗尔斯顿.环境伦理学[M].杨通进,译.北京:中国社会科学出版社,2000:43.

② 霍尔姆斯·罗尔斯顿.哲学走向荒野[M].刘耳,叶平,译.长春:吉林人民出版社,2000:11.

③ 宋夏.论罗尔斯顿的"生态整体论"[J].科学技术与辩证法,2002(2):19.

然系统、有机自然系统、动物自然系统、人类自然系统以及人类文化系统等七个层级的生态价值构成。他认为,越处于顶层的,价值就越丰富;有些价值确实要依赖于主体性,但所有的价值都是在地球系统和生态系统的金字塔中产生的;自在价值总是转变为共同价值;价值弥漫在系统中,我们根本不可能只把个体视为价值的聚集地;主要存在层面的价值之间的关系复杂而丰富,不同存在层面之间的界限不是封闭的,工具价值是联系个体内在价值的纽带。①自然价值的主体包括人、自然物和自然生态系统;在不同尺度的生态系统内,生态价值是共享、互动和平衡的;价值产生于系统中,人虽然居于顶层,也最丰富,但其自在价值与其他价值主体和客体的价值共在,层级之间不封闭,而是开放的。

　　罗尔斯顿基于生态整体主义的生态哲学和环境伦理学既内在于西方哲学自身发展的逻辑,又是当代哲学回应生态环境危机,在吸收现代科研成果的基础上进行自我修正、实现创新发展的产物。因此,其并非对西方哲学传统的颠覆,而是基于西方哲学传统的重构。例如,罗尔斯顿虽然认为上帝所创的"伊甸园"已经堕落,但并不否定上帝及其未来世的永恒性,在提出并论证自然作为"终极存在"的同时并不否认上帝的终极存在。因此,在他献身于哲学、自然科学研究的同时,也终生效力于神学。特别是 20 世纪 90 年代以来关于科学、伦理与宗教的研究,使罗尔斯顿在完善和发展自己已有理论的同时,显现了在新的科学认知的基础上对上帝、世界"基质"等西方哲学传统问题的拓展性研究。譬如关于世界本原"一"与"多"的问题,很多西方哲学家和科学家都试图确立一种"第一基质"。罗尔斯顿也不例外,其"基因说"与古希腊哲学的"基质说"具有一脉相承性。众所周知,公元前 640 年出生在米利都的古

---

① 霍尔姆斯·罗尔斯顿. 环境伦理学[M]. 杨通进,译. 北京:中国社会科学出版社,2000:294-295.

希腊哲学家泰勒斯(Thales)虽无传世之作,却有万物的第一基质是水的传世思想。虽然人们未必接受泰勒斯"水是第一基质"的结论,但很多人都同意存在某种基本的物质,且由这种基本物质构成了世界的本原。如毕达哥拉斯(Pythagoras)认为是"数",赫拉克利特(Heraclitus)认为是火,而色诺芬尼(Xenophanes)提出是土。恩培多克勒(Empedocles)提出是四种元素,即土、气、火、水,乃至德谟克利特(Democritus)提出不可再分割的原子论。从古希腊的"基质说"到罗尔斯顿的"基因说"并非历史的巧合,而是西方哲学家和科学家一直沿着泰勒斯提出的"基质论"进行着探索并作为无愧于时代的最新回答的成果。

当然,这种传承与拓展并不排斥或否定创新。罗尔斯顿正是在"扬弃"中建构起了新的理论体系和研究范式。他否定了数学化的世界观,却从数学中认识到了世界是有序、和谐、对称、规律、美丽与优雅的。他学习物理学并被宇宙论所吸引,但最终选择了生物学、生命科学;他批评过利奥波德的大地伦理学,也毫不留情地批判过"动物权利论",却被奥尔多·利奥波德倡导的"大地伦理"深深打动,并认识到了作为生态系统的"荒野"自然不仅不"堕落"和没有价值,反而是一个呈现着美丽、完整与稳定的生命共同体,他提出"生态伦理是否存在",是否能作为一种在哲学上值得尊重的伦理而存在等重要理论问题。他扬弃了怀特海的神学形而上学的原则,吸收了机体哲学的有机联系的原则,并把创造性引入了自然的发生系统。他试图在激进的自然中心主义和根深蒂固的人类中心主义之间找到一个折中点,因而在他的生态价值体系中表现出一种调和,他把对人与自然关系的处理寄希望于人了解自然的伟力,爱自然的神奇,甚至寄希望于人类的明智和智慧。①

---

① 李承宗. 马克思与罗尔斯顿生态价值观之比较[J]. 北京大学学报(哲学社会科学版). 2008(3):28.

因此,罗尔斯顿通过早期多学科的学习、思考、体验和实践,不仅确立了自然主义的信念,而且奠定了20世纪80年代以来贯通科学理性与道德理性,进行理论创新的认识论和方法论基础。他以100多篇论文,以《基因、人类起源与上帝》(1999)、《保护自然价值》(1994)、《环境伦理学》(1988)、《科学与宗教:一项重要的调查》(1987)、《哲学走向荒野》(1986)、《生物学、伦理学与生命起源》(编辑)等多部专著,创立国际环境伦理学最权威的专业期刊《环境伦理学》以及致力于环境伦理学教育等突出贡献成为"现代环境伦理学之父"。其科研工作不仅是积累性的,更是创造性的。他创造性地提出了"系统价值"概念,建构了工具价值、内在价值、系统价值开放互动的金字塔式生态价值模型,从而建立起一种人本主义序列和自然主义序列相结合的"二维化"价值评价模型,在生态整体主义的基础上建立起了一种生态整体论的环境伦理思想。他的生态哲学思想开创了一种新的哲学范式,突破了传统的事实与价值截然两分的观念,以"根源"式而非"资源"的研究,在自然"层创进化论"的基础上推导出价值、道德,将道德哲学与自然哲学、自然科学紧密结合,建构了生态整体主义的世界观和自然价值论。他将生态哲学理论融入环境政策、商业事务和个人生活,提出了作为自然人、文化人"诗意地栖居于地球"的道德责任和道德理想,使现实主义和浪漫主义的传统有机整合并服务于生态环境可持续改善。因此,罗尔斯顿的理论虽然存在局限,对价值内涵的界定也比较模糊,指出的解决途径也未必能破解当代人类遭遇的生态环境问题,但其思想影响是世界性的。"它们的主要功能是激发伦理语言的活力,是扩展我们的思维空间,是点燃道德想象力的火把;是提出问题,而非解决问题。"[①]

---

① 徐嵩龄.环境伦理学进展:评论与阐释[M].北京:社会科学文献出版社,1999:57.

　　纵观西方哲学的发展,从前苏格拉底时代到后现代经历了多个发展时代,产生了众多哲学流派和思想代表,形成了丰富而伟大的哲学成就。其研究中心也呈现出由希腊向德国、美国的转移倾向。正是这样的哲学流变包含着许多值得我们更深层次地认识和借鉴的哲学精髓,包含着我们实现生态哲学、环境伦理学等本土化建构的精神资源。

　　值得注意的是以下两点。(1)西方哲学无论是侧重于形而上还是形而下的研究,似乎都倾向于一种以"一"与"多"、"变"与"不变"为基本问题的生成论传统,隐含一种封闭的循环思维。从赫拉克利特的世界本原论到康芒纳的《封闭的循环》,再到罗尔斯顿将"自我"安置于"自然场"中的生态评价,都带有生成→传递→循环的特征,虽然这并不意味着循环是同层次的,却隐含着一定的边界。(2)追求某种物质的或精神的永恒性,但很难超越"神"的主宰。从古代到后现代,西方哲学研究的重点经历了从本体论、认识论到实践论的转变。古代以本体论探讨为主,近代认识论成为重点,现代转向存在与思维、理论与实践的论争。在哲学论争中,科学仍然探求着世界的"基质",上帝仍然支配着人们的灵魂,科学的尽头是走向哲学还是宗教仍然困扰着人们的思想。因此,高质量发展的生态哲学研究需要更宽广的视域和更切合规律与目的的思维。

第二节　中国传统"集大成"式的创新思维

　　基于中国传统哲学发展的史实,所谓"集大成"式的生态哲学创新思维是以"天人合一"哲学的整体思维为基础、"通古今之变"的"易变"思维为内核的开放性、复合性、创新性思维方式。其内涵一般包括两个方面:一是对古今前人和他人重大理论成果的广泛吸纳与借鉴,即集众人之大成;二是在博采众长的基础上取得了世人公认的重大理论成就,为理论和实践的创新发展做出了古人所谓立德、立功、立言的不朽贡献,即集众人之大成而有大成者。两者之间,前者是基础,后者是目的,彼此有机联系、不可割裂。

一、古代"集大成"式创新思维的典范

中国古代的《易经》就是一部集大成的经典之作。《周易·系辞下》说八卦是伏羲所作,八卦演变为六十四卦则由周文王完成。司马迁在《史记·周本纪》中做了这样的记述:"西伯(即周文王)盖即位五十年。其囚羑里,盖益《易》之八卦为六十四卦。"①著名易学家潘雨廷先生根据《汉书·艺文志》的记载,将《易经》的发展分为三个时期,即上古易、中古易和下古易,认为《易经》涉及从伏羲至刘向、刘歆编定"七略"期间数千年乃至上万年的思想成就。②与此相伴,《易经》也实现了三阶段的创新发展,成为中国哲学的经典,也是今天对中国古代生态哲学进行根源性研究不可忽视的经典。

《易经》之后,众所周知的传统伦理创新代表有董仲舒、朱熹、王阳明等,其理论创新的思维都是"集大成"式的。

董仲舒(公元前179—公元前104年)作为汉代著名的经学大师,一生致力于以《春秋公羊传》为依据的经学研究,同时,又将周代以来的宗教式天道观、阴阳、五行学说相结合,在吸收法家、道家、阴阳家等诸子百家思想的基础上,构建了新的儒学体系和伦理道德学说。

第一,在宇宙本体论方面,董仲舒基于传统的天道观、阴阳说、

---

① 司马迁. 史记:上[M]. 天津:天津古籍出版社,1995:91.
② 潘雨廷. 易学史丛论[M]. 上海:上海古籍出版社,2007:1-34.

"三才"说等，正式提出"天人合一"的概念，确立了其神学伦理体系的哲学基础。在《春秋繁露》的《深察名号》《人副天数》《阴阳位》等篇章中，董仲舒反复地论述"天人合一"的观念，明确提出："天人之际，合而为一。同而通理，动而相益，顺而相受，谓之德道。"①他借鉴了天、地、人"三才"论，却不只是把天地作为万物之本，而是把天、地、人三者共同作为万物之本，并且赋予三者以"三位一体"的崭新关系。万物生长"何为本？曰：天、地、人，万物之本也。天生之，地养之，人成之……三者相为手足，合以成体，不可一无也"②。在万物生长的过程中，三者协同共生便会带来自然之赏，三者失调将遭受自然之罚。董仲舒说："三者皆亡，则民如麋鹿，各从其欲，家自为俗，父不能使子，君不能使臣，虽有城郭，名曰'虚邑'，如此者，其君枕块而僵，莫之危而自危，莫之丧而自亡，是谓'自然之罚'。自然之罚至，襄袭石室，分障险阻，犹不能逃之也。"③

第二，以"天人合一"的宇宙本体论为基础，提出了"道之大原出于天，天不变，道亦不变"（《举贤良对策》）的道德哲学观念，以"屈民而伸君，曲君而伸天"为原则，提出并论证了"伸天曲君""伸君曲民"的纲常伦理。一方面，以阴阳论天道，认为"天道之大者在阴阳"④，要君和民都尊天、畏天，说天是"百神之大君也，事天不备，虽百神犹无益也"。⑤ 不仅第一次将天地万物列入伦理关怀中，而且早在"天人三策"中就为天立了"仁爱"德治之心，说"天心之仁爱人君而欲止其乱也。自非大亡道之世者，天尽欲扶持而全安之"。⑥ 即"天心"仁爱，天对人君、人世都是仁慈的，而且

① 董仲舒撰，凌曙注.春秋繁露：卷十[M].北京：中华书局，1975：359.
② 董仲舒撰，凌曙注.春秋繁露：卷六[M].北京：中华书局，1975：209.
③ 董仲舒著，陈蒲清校注.春秋繁露：天人三策[M].长沙：岳麓书社，1997：102.
④ 班固撰，颜师古注.汉书：卷五十六[M].北京：中华书局，1999：1904.
⑤ 董仲舒撰，凌曙注.春秋繁露：卷十四[M].北京：中华书局，1975：502.
⑥ 班固撰，颜师古注.汉书：卷五十六[M].北京：中华书局，1999：1901.

这种仁爱并不局限于人。"天,仁也。天覆育万物,既化而生之,有养而成之,事功无已,终而复始,凡举归之以奉人。察于天之意,无穷极之仁也。人之受命于天地,取仁于天而仁也。"①"仁之法,在爱人。"②

另一方面,又通过"君权天授"说、"尊君"说,维护君主的至尊地位,尊天则必须尊君。这样,就回答了汉武帝关于王权的合法性问题,可以满足统治者神化君主和"尊君"的需要,维护和强化君主神圣不可侵犯的至尊地位。董仲舒说:"古之造文者,三画而连其中谓之王。三画者,天地与人也,而连其中者通其道也,取天地与人之中以为贯而参通之,非王者孰能当是。"③他在《王道通三》中明确指出:"天地人主一也!"因此,董仲舒天人合一的实质是"天王合一",他认为"天子受命于天",所以天下要"受命于天子"。④ 所谓天子随天,民随君。这是不能变的天经地义之道。所以,只有"王者法天意",才能做到"任德不任刑","以成民之性为任"。为此,董仲舒创立了等级化的"性三品"说,以确立君主的道德领袖地位,通过"三纲五常"构建起刚性的、单向度的伦理道德秩序,为实现德治教化奠定了新的理论基础。

第三,在人性论方面,董仲舒在集先秦人性论大成的基础上,首创"性三品"说,完成以"三纲五常"为核心的伦理体系的构建。在先秦时,孔子只言性相近,但并无明确内涵;告子以生训性,并不以善恶说性;孟子以生训性,提出了性善论,人生来就具有仁义礼智的善端;荀子则以初生之性为恶的性恶论被论说。其共同点是以生训性、性无品级差异。显现了春秋战国时期既开放又包容的百花齐放、百家争鸣的文化特性。然而,从秦汉开始,中国社会急

① 董仲舒撰,凌曙注.春秋繁露:卷十一[M].北京:中华书局,1975:402.
② 董仲舒撰,凌曙注.春秋繁露:卷八[M].北京:中华书局,1975:307.
③ 董仲舒撰,凌曙注.春秋繁露:卷十一[M].北京:中华书局,1975:401.
④ 董仲舒撰,凌曙注.春秋繁露:卷七[M].北京:中华书局,1975:229.

剧专制化、等级化，伦理转型成为社会发展的内在需要。对此，董
仲舒从神学宇宙论的高度论证道德纲常的起源，综合先秦儒学"人
性论"诸说，提出了"性二重"和"性三品"说，认为"善恶之性受命于
天"，即人的道德性本源来自天，天道有阴阳，阳气代表"仁"，阴气
代表"贪"，各人先天所禀阴阳二气不同，因而人性善恶也有所差
异。虽然在总体上人性有善有恶，但善恶因人而异。有人天生就
是善的，有人天生就是恶的，有人则有善有恶。于是，董仲舒在调
和不同人性论的基础上，将人性区分为"圣人之性""中民之性""半
筲之性"。"圣人"所禀之气是纯阳的，其德性也是纯善的，因而才
能担负起"继善成性"的道德教化使命；"中民"所禀之气有阴有阳，
贪仁皆俱，因而是可以教化的；"斗筲之民"则既阴且贪，不可教也。
董仲舒的人性论有等差，有排斥，迎合了专制等级社会的道德需
要，因而具有一定的理论局限性，然而"在人性论上区分圣人、中
民、斗筲的不同是董仲舒的首创"。[①] 同时，形成了以阴阳论性的
人性论大特点，这也是先秦人性论所没有的新内容。

　　第四，在人与自然相交往的生态伦理思想方面，董仲舒第一次
提出了"鸟兽昆虫莫不爱"的生态伦理观念，并把泛爱群生确定为
君王的政治责任，继承又超越了孔子"仁者，爱人"、孟子"仁民爱
物"的思想，相较于道家"善利万物"道德观则更突出人的道德主体
性，与后现代"敬畏生命"的生态哲学思想相比则更富现实性，并且
提出时间要早约两千年。特别是作为"天子"的君王，其道德责任
的践行事关国泰民安，因此，不仅要像天一样爱利天下，"故王者爱
及四夷，霸者爱及诸侯，安者爱及封内，危者受及旁侧，亡者爱及独
身"[②]，而且更要做到"鸟兽昆虫莫不爱"。董仲舒在《春秋繁露·
离合根》中强调，君王要"泛爱群生，不以喜怒赏罚，所以为仁也"，

---

① 黄开国.董仲舒的人性论是性朴论吗? [J].哲学研究,2014(5):36.
② 董仲舒撰,凌曙注.春秋繁露:卷八[M].北京:中华书局,1975:309-310.

要根据灾异及时反省、知变和更化,以协调人与人、人与自然的关系。否则,就会遭"自然之罚",甚至有"国家之失"即失去国家政权的危险。

总之,董仲舒一方面集先秦诸子百家特别是儒家、阴阳家、道家、法家等思想的大成,在新的历史条件下复兴了被扼杀达百余年之久的儒家文化,融会贯通了中国古典文化中各家各派的思想,把它们整合为一个崭新的思想体系,成为一代宗师。刘向称他"为群儒道",班固称他"为儒者宗"(《汉书·董仲舒传》)。另一方面,其世界观和哲学体系完全是一种以"天"为中心的神学唯心主义。这不仅与荀子的唯物主义相对立,也与孟子的唯心主义相区别。其思想是在战国神秘化了的阴阳五行学说的基础上建立起来的,是对先秦诸子否定殷周天道观思潮的反动。董仲舒的政治思想渊源多来自荀子,兼有一些法家的思想,却摒弃了他们的国家起源论和社会进化思想,而代之以君权"天"授说和"天不变,道亦不变"的形而上学思想。董仲舒伦理思想既源于先秦孔孟和荀子,又与他们的基本思想相对立。他使"仁""礼"都从属于"天",建立了以"天"为出发点的道德论,并否认"圣人与凡人同"的共同人性,提出了"性三品"。在伦理纲常方面又综合了"仁义"中心说与"礼义"中心说,把个人伦理和社会伦理结合起来,构成了"三纲五常",使君君、臣臣、父父、子子之间的伦理关系变成了一种不可逆的单向度关系,强化了政权、族权、神权、夫权的统治。其推明孔孟之道不过是为其神学理论服务的。

"集大成"式的理论创新在汉唐之后又成就了程朱理学和陆王心学。主要从事中国哲学史及西方哲学史研究的白寿彝在 1929 年发表的《朱熹的哲学》一文中,较为系统地诠释了朱熹"宇宙论""论性""论仁"和"论修养"的理论思想,认为:"朱熹在中国哲学史上是数一数二的。在有宋一代，他是一个集大成的人。"①

二、"集大成"式创新思维的特点及趋势

"集大成"式的创新思维历经千年积淀，呈现以下几方面特点。一是关于存在的思维是整体性的。自然、人和社会是一个生命共同体和道德共同体。天、地、人"三才"共同生养和创造世间万物；守天时，尽地利，讲人和，这既是"三才"之道，也是人与自然和谐永续之道；对世间万物的公平正义源于天、成于人，天公平，地公平，人也该讲公平；天地既仁爱人类，也像水一样善利万物，因此，人也应该"继善成性"，在人与人之间秉持"和而不同""仇必和而解"的人伦道德，在人与万物之间则应该做到"物我一体""鸟兽虫鱼莫不爱"。

二是基于"易变"的"集大成"式的理论创新。两千多年来，中国先贤以阴阳论变化，认为变是绝对的，主张"变则通，通则久"，善于变通是成就中华文明永续发展的重要文化因素。然而，影响"变通"成败的关键因素之一是"集大成"式的理论创新。例如，汉唐的强盛、宋明的发展、春秋战国"轴心时代"的形成，以及"五四"新文化以来社会的转型发展等，都离不开"集大成"式的理论创新。因为一个国家经济、政治、文化的发展总是不平衡的，生态环境、人文环境、国际环境也因时而变。"集大成"式的理论创新包含着对思想文化发展的不平衡规律的尊重，包含着对思想多元化和文化多样性的包容互鉴，包含着对"易变"的主动适应和对理论生命力的正确把握。因此，其创新难度非同一般，一旦成功也必名垂千世。正如《易传·系辞上》所载："富有之谓大业，日新之谓盛德。"

三是主导中国传统伦理的本原论是唯心的，价值观是弱人类

---

① 黄子通. 朱熹的哲学[J]. 燕京学报. 1927(2)：283.

中心主义的,人生观是有无相生、有生有死、死而复生。死即生称生生,死成神称永生,死后投胎转世称再生,死便下十八层地狱称永世不得超生,是恶生。就本原论、价值论和人生观的贯通性而言,根据能量守恒和生物进化论,作为自然人,死亡意味着回归自然,应参与新的自然进化或生成过程,不再以人的方式而是以物质的方式,回归自然界。这就是人作为自然人的终极。作为精神的人,人以其精神创造物即文物或文化的方式影响世界。作为精神的人因其物质创造和精神创造而获得不同于作为自然人的文化终极即永生或永垂不朽。如精神领袖、思想先贤、宗教信仰等。人作为类的存在是文化的创造者、消费者和传承者,没有人类,精神不可能永恒、永生。不过,人生一世弹指一挥,大善者精神可长久,大恶者可长久影响人类选择。因为人类需要精神,也生产不同的精神。自然无所谓人有没有精神,但人没有自然就无法创造自身所需要的物质和精神产品。

四是以"易变"为本的整体思维和"集大成"式伦理创新的方法论是丰富多样的。有整体的、辩证的、意象的、引申的、观察的,也有体悟和实验的。《有机马克思主义》还认为中国传统哲学包含着过程思维。该著作中说:"非常值得注意的是,中国传统哲学蕴含着丰富的过程思维,这种过程思维不仅出现在儒家和道家思想中,甚至出现在中国哲学传统最古老的文本《易经》中。"①

总之,"阴阳""易变""生生""集大成"式的哲学思想让国人对人与自然、人与人、人与社会等关系的理解不同于西方。"生生"的主体是人与自然而非上帝。因此,现在有人说让中国信基督或过分夸大宗教对人类文明的贡献是不合适的。中华文明的永续不是靠基督引领的。在近现代,真正指导中华民族走向独立的正是无

---

① 菲利普·克莱顿,贾斯廷·赫泽凯尔.有机马克思主义:资本主义和生态灾难的一种替代选择[M].孟献丽,于桂凤,张丽霞,译.北京:人民出版社,2015:14.

神论的马克思主义理论。

在近现代,孙中山、毛泽东等在继续和发展"集大成"式的创新思维的同时,融会贯通中西文化思想,推进了传统创新思维的近现代化。孙中山在借鉴西方近现代资产阶级思想文化的基础上,从近代中国社会的实际出发,提出了指导中国进行旧民主主义革命、发展资本主义的民族、民权和民生的"三民主义";毛泽东将马克思主义基本原理与中国革命的具体实际相结合,同中华优秀传统文化相结合,在汲取了集体智慧的基础上,创立了毛泽东思想。

随着科学技术的进步和经济社会的全球发展,"集大成"式的创新思维一方面仍然有益于由点到线再到面的实践探索的理论总结,另一方面也日益遭遇科学的理论思维的挑战,马克思主义的理论思维和辩证法成为主导现当代中国新民主主义革命和中国特色社会主义建设的思维和方法;以马克思主义理论为基础的系统观念则指导着新时代中国马克思主义理论创新和实践探索的推进。[①]

第三节　高质量发展的系统创新思维

为了克服因神化自然(如"天"论)、神化人或人的创造物(如上帝)而引发的诸种危机,采用马克思主义的生态思维方法是高质量发展的必然选择。因为高质量发展涉及自然、人、社会及其相互关系的动态演变,涉及新时代人与自然、人与人、人与社会、人与自我,以及人与世界的关系,需要形而上与形而下相统一的生态系统

---

① 习近平.高举中国特色社会主义伟大旗帜　为全面建设社会主义现代化国家而奋斗:在中国共产党第二十次全国代表大会上的报告[M].北京:人民出版社,2022:20.

思维。马克思主义强调理论思维和辩证法,强调基于自然科学、社会科学和人文科学的与时俱进的理论思维,以及自然、人、社会"非此即彼"与"亦此亦彼"辩证统一的思维方法。这为自然、人、社会在动态相互作用的进程中实现高质量发展提供了思想指导。

一、自然—人—社会"三位一体"生态辩证思维

在马克思主义生态哲学视域下,自然、人、社会是"三位一体"。自然、人、社会及其相互关系是生态哲学的逻辑起点。自然、人和社会三者"分着说",分别形成了自然科学、人文科学和社会科学;三者"合着说"则形成了今天诸多的交叉学科,如社会生态学、过程哲学、工程伦理学、生态经济学、环境政治学、环境伦理学等。但无论是"分着说"还是"合着说",孤立地认识和体悟自然、人与社会三者的关系都可能陷入片面的"深刻",提出的策略也难免偏颇之处。因为无论是在根源处还是在本质上,三者都是"三位一体"并在相互联系和制约的矛盾运动中协同进化的。

"三位一体"的思维强调自然、人、社会及其相互关系都是进化的,进化是有方向和规律的。三者的进化是由低级到高级、由简单到复杂的循环往复的过程;有"六大规律"内在地规约和引领着发展方向——自然进化规律、人进化规律和社会进化规律,以及自然、人和社会相互之间协同共进的"间性规律",即人与自然间关系演进的规律、人与社会间关系演进的规律、自然与社会间关系演进的规律。"六大规律"相互联系,相互影响,每一事物或关系的变化规律都包含因与果、量变与质变、对立统一等规律。(参见下图。)[①]

　　[①] 参见曹顺仙.马克思恩格斯生态哲学思想的"三维化"诠释:以马克思恩格斯生态环境问题理论为例[J].中国特色社会主义研究,2015(6):86.

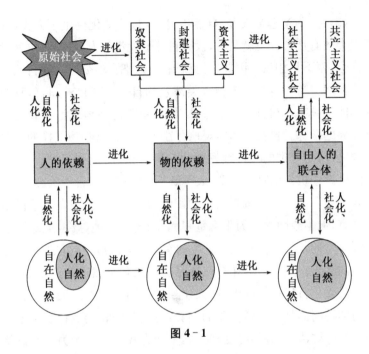

图 4-1

从上图可以看出：(1) 现实世界的整体性是由自然、人和社会及其彼此关系共同构成的。不能孤立地认识和评价人与自然的关系(一是不符合事实,二是会迷失方向),或者说仅在人与自然的关系领域寻求解决生态环境问题的办法是不可取的。因为这种整体性是通过物质流、能量流、信息流在自然、人和社会三者之间进行不间断的交流、交锋和交融的复杂过程逐渐实现的。换句话说,整体性取决于三者的高度相关性。就自然的角度而言,运动和静止是绝对的,人的死活、社会的兴衰是相对的。例如,人死了其实是以新的方式存在着。不过,这不是灵魂不灭而是能量守恒。社会发展的动力内在于人的物质和精神需求,只要人类存在,社会就不会停止发展,但社会发展的快慢、好坏取决于特定的时空与历史阶段社会再生产、人的再生产和自然再生产等三种生产力的水平及统筹协调程度,而非仅仅强调一种生产力或两种生产力。

（2）在生成论意义上，自然本自在，自然造化创生了人类，有了人类才有社会。也就是说，没有自然也就没有人，没有人也就没有社会，而不是相反。因此，马克思恩格斯把自然分为自在自然和人化自然。自在自然是未被人类涉及的自然。就目前而言，我们既不能割裂宇宙与自然界的整体关系，更不能将地球生物圈视为自然界的全部。自在自然客观地存在于人类进行物质变换的实践范围之外，是人类的可持续发展的希望所在。它不会因为人化自然的生态危机而消亡。因此，人类既不能陶醉于对自然的胜利，也不要过分夸大生态危机对自然的影响，地球也许会因人为危机招致损害，但不会因为人为生态危机而灭亡，人亡地球在，地球没了宇宙自然还在。人化自然是人类的实践活动改造过的自然。人化自然内含于自然界。自在自然既是支撑人化自然进化的基础，又是制约人化自然拓展的因素；人化自然则随着人的发展和社会生产力的提高而具有不断扩张的趋势，但其扩张和变更将发生于自在自然的域值中，并始终受到自然生产力和社会生产力相互制衡的内在张力的约束。因此，自从有了人，自然、人和社会的历史就紧密联系在了一起，彼此之间对立统一，互为因果，有量变也有质变，有肯定也有否定。工业化阶段也是如此。

（3）自然、人和社会都是进化的，其进化基础是自然的生产和再生产能力——自然力、人的生产和再生产能力——人力、社会的生产和再生产能力——社会生产力。它们共同维系人类可持续发展所必需的物质生产、精神生产和人的生产。自然、人和社会进化的动力是人与自然、人与人、人与社会、人与自我的矛盾运动；人和社会在矛盾中进步，自然在矛盾中进化。就进化的矛盾运动而言，生态危机、经济危机（其实称社会危机更合适，它可以表现为经济危机、政治危机或文化危机等，且其中每一种危机也可以有多种表现形式）、人的危机是矛盾激化的结果。今天所谓生态危机在成因上主要是人为危机。因此，人、社会是矛盾的主要方面和主要根源,并不是以非人类中心主义的理论为指导就能破解的。同样,从联系的角度看,人类中心主义也是极端。自然的人化和社会化与人、社会的自然化伴随着人类历史的始终。但"三化"不是同步的,水平也不一致,且各有自身规律。

(4)人既是自然的又是社会的,人的发展包含着自然化和社会化的对立统一。第一,人是自然的,人改造、征服自然的同时也意味着改造和征服自己;第二,人是社会的,社会发展是有规律的,人的发展也是有规律的,但并不同步和一致;第三,人的发展是有阶段性的,每个阶段都包含着自然化和社会化的对立统一,且这种对立统一的方式、内容、方法、途径和性质也是不同的。例如,马克思恩格斯关于人的发展的"三阶段论"即人的依赖阶段、物的依赖阶段和自由人的联合体阶段。在这三个阶段中,人与自然之间始终伴随着人的自然化和自然被人化和社会化的进程。因而,人的全面发展应该是在人与自然双向互动的进程中实现的。人与自然关系的现代化也应当是这种双向进程的现代化,而不是"敬畏自然"或"统治自然"的问题。第四,人的进化并不意味着可以脱离自然和社会而获得自由,而是自觉地在自然和社会的约束中享有自由。因此,自由人的联合体是从心所欲而不逾矩的自觉的自由体。

(5)社会的自然化和人性化不以人的意志为转移,但并不意味着社会能自觉地自然化和人性化,这取决于人类社会知、情、意、行的程度和水平。虽然人和社会的自然化从人和社会产生的那一天起就开始了,但自然、人和社会之间双向互动的自然化、人化与社会化的动力是人与自然、人与人、人与社会的矛盾运动。因此,回应这种矛盾运动的策略因人而异、因社会而异。绿色资本主义、生态社会主义、绿色经济、生态经济、循环经济、低碳经济、环境政治、环境哲学、环境伦理学等虽然不无偏颇之处,但都是对这一矛盾的自觉回应。值得互参共鉴。

简言之,社会的现代化水平归根到底取决于其自然化、人性化、社会化的整体发展水平。高质量发展不能割裂自然、人和社会三者"三位一体"的内在关系。就自然而言,需要重新认识和伸张遵循规律而自然权利或自然价值的科学主义;就人类而言,需要强调以人为本、遵循人性发展规律的人文主义,而不是陷于人类中心主义或非人类中心主义的价值论争而不可自拔;就社会维度而言,未来社会则是更加应该遵循社会发展规律和趋势的、自觉调节人与自然、人与人等关系的和谐社会。"三位一体"的思维有利于克服神学唯心主义和机械论自然观割裂自然、人和社会诸种联系的缺陷,有利于避免顾此失彼或相互僭越的极端变革以及自以为是的创新泡沫。因此,高质量发展的生态哲学思维是"三向度"的,它坚持自然、人和社会"三维化"的一体性考察与研究。运用辩证思维,找准症结,重点突破,整体推进,着力解决牵住生态全局"牛鼻子"问题。

二、方方面面高质量发展的系统创新思维

高质量发展以人与自然是生命共同体为本体论,是实现人与自然和谐共生的中国式现代化的总要求。其目标任务既要满足人民群众追求更好生活的需要,又要满足人民群众追求更好生态环境的需要。因此,其方法是生态的、系统的、亦此亦彼的。"我们追求人与自然的和谐,经济与社会的和谐,通俗地讲,就是既要绿水青山,又要金山银山。"[①]其内含的方法论,一是承认和肯定山水林田湖草沙是生命共同体,"生态是统一的自然系统,是相互依存、紧密联系的有机链条。人的命脉在田,田的命脉在水,水的命脉在山,山的命脉在土,土的命脉在林和草,这个生命共同体是人类生存发展的物质基础"[②]。二是从系统和全局的角度寻求治理之道。

---

① 习近平.之江新语[M].杭州:浙江人民出版社,2007:153.
② 习近平.习近平谈治国理政:第三卷[M].北京:外文出版社,2020:363.

坚持统筹兼顾、整体施策、多措并举，全方位、全地域、全过程开展生态文明建设。如长江、黄河等流域的统筹治理和整体施策，东南西北中全方位的生态文明建设，全国 31 个省、自治区、直辖市（不含港、澳、台地区）国土绿化、生态优先的全地域全过程绿色发展和高质量提升等。三是反对头疼医头、脚疼医脚式的机械治理方法，认为这是影响生态环境治理成效的重要方法论根源，倡导以生态辩证思维引导人们"算大账、算长远账、算整体账、算综合账"①，避免因小失大、顾此失彼而最终对生态环境造成系统性与长期性破坏。

因此，高质量发展的生态方法论认为自然界是一种系统性存在的过程，自然系统是一个由各种客观存在的物体相互联系的总体。这里的物体包括所有的物质存在等思想的发展②，是在"将自然看作具有自身辩证'规律'特征的内在关系系统"③的基础上进一步揭示了人与自然、人与社会之间共生共荣的生命力所在，以生态的、系统的、整体的、辩证的思维，综合创新了马克思主义哲学的生态方法论，使自然、人、社会的物质流、能量流、信息流、精神流在生命共同体中循环生息，确保人与自然和谐共生的现代化的实现。

另一方面，提升了马克思主义生态方法论境界，赋予经济社会发展和 21 世纪马克思主义生态哲学坚持物质文明与精神文明相协调的方法论意义。因此，十九大以来，党和国家关于高质量发展论断由侧重经济高质量逐渐转向了经济社会方方面面发展的高质量，转向全国各地区都要实现高质量。在纵向和横向等不同维度拓展了高质量发展的内涵，使高质量发展不仅纵向上成为到 2050 年以中国式现代化实现中华民族伟大复兴和"2060"实现"碳达峰""碳中和"的总要求，而且在空间和领域方面转向了全覆盖。这意

---

① 习近平. 论坚持人与自然和谐共生[M]. 北京：中央文献出版社，2022：87.

② 马克思恩格斯文集：第九卷[M]. 北京：人民出版社，2009：514.

③ FOSTER J. B. CLARKB, YORK R. The ecological rift: capitalism's war on the earth[M]. New York: Monthly Review Press, 2010: 237.

味着高质量发展既需要关于自然、人、社会"三位一体"的理论思维、辩证思维,还需要确保使命任务实现与落实的系统思维、战略思维、底线思维、历史思维和创新思维,形成综合系统的方法论体系。

运用对立统一、相辅相成的辩证思维方法,通过解放思想、实事求是、把握矛盾,坚持把顶层设计和基层经验相统一、国家战略和地域特色相统一、整体方向和分类要求相统一,做好高质量发展的多领域各方面发展。

运用统筹兼顾、全面系统、综合施策的系统思维方法,通过全方位谋划、全地域统筹、全过程管控,坚持综合发展、系统发展、协同发展、开放发展、绿色发展,落实高质量发展的整体性要求。

运用高瞻远瞩、统揽全局、把握方向的战略思维方法,通过准确判断、科学谋划、主动作为,坚持从整体上把握高质量发展的趋势,坚持服务于建成美丽中国和美好世界建设的目标,形成了事关全局的高质量发展方案。

运用坚守底线、防范风险、化危为机的底线思维方法,通过划定高质量的量增底线,防范市场风险、金融风险、生态风险,确保粮食安全、生命安全和政治意识形态安全等,坚持问题意识、风险意识、忧患意识,形成有效的禁止性和引导性制度安排。

运用以史为鉴、知古鉴今的历史思维,通过认识高质量发展的规律、把握高质量发展的方向、提升高质量发展的能力,坚持历史逻辑与现实需要相结合、历史逻辑与理论逻辑相结合,运用历史智慧、把握历史经验,以更好地深化高质量发展。

运用超越陈规、开拓进取的创新思维方式,通过求新求变、创新发展,创造性地建成了立足现实、内涵丰富、科学有效的高质量发展保障体系。

当然,最重要的还是守正创新,在实践中坚持和发展马克思主义的思维方式。在认识论维度,马克思主义的思维方式是实践思维方式,是整体主义思维方式与科学主义思想方式的耦合。整体主义思维方式源于自然的系统性、复杂性等"本来如此",科学主义思维方式是自然科学的发生学"母体",是自然科学发生与发展的逻辑,源于对象性活动的"应该如此"。马克思对资本的成功考察即《资本论》就是这两种思维方式综合运用的结晶。马克思主义思维方式是"科学"的辩证思维,是"本来如此"与"应该如此"的有机统一。

在方法论维度,马克思主义的思维方式决定了其方法论是实践的方法论。是从实际出发求"是"的科学的实践的方法论,是对自然坚持认识与改造相统一的方法论,是源于人与自然的本质关系,确证满足人的需要与尊重保护自然内在统一的方法论;是维护人的需要的代内和代际的持续满足与确保自然支撑力承载力可持续的辩证统一的方法论,是利用科学技术促进人与自然、社会的全面协调可持续的发展,超越人类中心主义与非人类中心主义对立的价值立场的方法论。

在辩证法的维度,马克思主义生态哲学的辩证法是实践的生态辩证法。实践的辩证法既不像非人类中心主义那样只强调自然的客观辩证法,也不像人类中心主义那样只强调人的主观辩证法,它是主观辩证法与客观辩证法的辩证统一,是"否定性的辩证法"。以否定自身的方式来肯定自身,在承认"非此即彼"的同时也承认"亦此亦彼",这是实践辩证法的核心和灵魂。实践的辩证法指明了生态哲学从"分殊"走向"统一"的必要性,这就是构建"以实践主体为本"的生态哲学。因为"人类"与"非人类"互为主体,统一于两者交往的实践,"人类"必须与"非人类"交往才能确证自己的本质,实现人类个体、群体和整体的发展;"非人类"也只有在与"人类"的实践交往中彰显其存在和发展的价值意义。"以实践主体为本"的生态哲学是"以人为本""以人民为中心"的科学发展、绿色发展和高质量发展的生态哲学。

　　总之,高质量发展在思维方法方面要吸收和综合"像山一样地思考"①"像水一样思考"②的思维,坚持辩证唯物的生态系统思维、战略思维、底线思维、历史思维、创新思维等。以历史思维为根、辩证思维为基、生态系统思维为本,战略、底线、创新思维为体,构建高质量发展的方法论体系。

　　综上,依据 2016 年 5 月 17 日习近平总书记在哲学社会科学工作座谈会上发表的重要讲话精神,以"不忘本来、吸收外来、面向未来"为基本态度和理论建构逻辑,阐明高质量发展的生态哲学基础。不忘本来,就必须始终坚持以马克思主义作为高质量发展的理论指导,阐明经典马克思主义的生态哲学思想是高质量发展生态哲学基础肇始和源头,更是我们在解决高质量发展所遭遇的人与自然、人与人、人与社会、人与世界及其相互关系问题,实现人与自然和谐共生、人与社会共同富裕的高质量发展的理论基础和方法论指导。

　　吸收外来,就要坚持传统文化的创造性转化、创新性发展与沿袭借鉴一切外来优秀文化的辩证统一。在生态哲学思想方面,中华优秀传统文化具有丰富的生态哲学思想资源,同时也需要学习借鉴外来的优秀思想理论资源,其中,特别值得学习生态学马克思主义的生态哲学思想。习近平总书记强调,学习研究国外马克思主义,对于推进马克思主义中国化、建立 21 世纪中国马克思主义有借鉴意义。国外生态学马克思主义的生态哲学思想不仅对于 21 世纪中国马克思主义生态哲学、生态文明理论的建构和发展具有重要借鉴意义,而且对我们推进"五位一体"总体布局的实施和高质量发展的现代化进程具有重要启示。当然,照搬照抄马克思主义思想将会有违中国实际。

① 奥尔多·利奥波德.沙乡年鉴[M].侯文蕙,译.长春:吉林人民出版社,1997.
② 曹顺仙.水伦理的生态哲学基础研究[M].北京:人民出版社,2018.

面向外来,要求我们根据时代发展变化,运用马克思主义生态哲学的世界观、方法论,发现新矛盾,解决新问题。当代中国马克思主义生态哲学和 21 世纪中国马克思主义生态哲学的思想理念就是继承经典马克思主义生态哲学理论,借鉴生态学马克思主义生态哲学理念,基于当代世情和国情的变化,为解决中国经济社会发展面临的经济、政治、文化、社会、生态等领域的新问题而提出的新理论,具有鲜明的面向未来、创新引领的倾向和特征。

由此,高质量发展的生态哲学基础围绕高质量发展面临的复合问题域,重点陈述马克思主义生态哲学、21 世纪中国马克思主义生态哲学、中国传统生态哲学和生态学马克思主义生态哲学的核心要义,指证生态哲学视域中高质量发展必须和应该拥有生态哲学思想观念,以及由此支撑的策略路径,提出具有生态哲学特点的高质量发展"江苏方案"。

"坚持以马克思主义为指导,是当代中国哲学社会科学区别于其他哲学社会科学的根本标志。"[①]马克思主义生态哲学作为缘起于生态环境问题以马克思主义作为理论资源建构的专门化哲学,需要回答以何种马克思主义哲学样态作为"元理论"或者应当秉持何种马克思主义哲学观。马克思主义作为不断发展的理论学说,在不同的时代结合不同的实践,形成了法兰克福学派批判的马克思主义、现象学的马克思主义、存在主义的马克思主义、苏联马克思主义、后马克思主义等不同谱系的马克思主义哲学形态。仅以生态环境问题为研究对象的就至少有生态学马克思主义、有机马克思主义,以及马克思主义生态哲学等三种理论形态。然而,这三种生态的马克思主义哲学所秉持的马克思主义哲学观是截然不同的。在广义的西方马克思主义语境下生成和壮大的生态学马克思

---

① 习近平在哲学社会科学工作座谈会上的讲话[N].人民日报,2016 - 5 - 18 (01).

主义是在继承和深化经典西方马克思主义的马克思主义哲学观的基础上所建立的[①];有机马克思主义作为经过怀特海过程哲学改良过的马克思主义秉持的是一种后现代建构主义意义上的马克思主义哲学观;而马克思主义生态哲学如上文所述则带有鲜明的中国马克思主义哲学的实践唯物主义范式特征。

在本体论的维度,马克思主义生态哲学主张。(1)人是"自然的存在物""社会的存在物""有意识的存在物""类存在物",是以劳动或实践为中介实现生存和发展的存在物。(2)自然既是具有先在性、客观性和异在性的存在,又具有可被感觉、感知、认识和改造的"人本学"特征;既具有非人类中心主义所谓的系统性、自组织性等,又具有人类中心主义所谓的可分解性和可还原性等。(3)劳动或实践是人的本质力量的实现与确证,是自然、人、社会之间关系的中介,它不仅塑造"自然的社会性",而且塑造"人的自然""社会的自然",不仅决定了人、社会与自然的对立,更决定了人、社会与自然"和谐共生"。(4)马克思主义关于人、自然及其关系的理论既克服了非人类中心主义以自然统摄人的"客观自然主义",又克服了人类中心主义以人统摄自然的"科学唯物主义"。(5)人与自然相互依存的关系,决定了坚持人与自然是生命共同体、构建人类命运共同体的必要性,劳动和实践作为人自我解放的本质力量的实现和确证,坚持绿色低碳循环的道路,坚持可持续发展、绿色发展、高质量发展是与"以人为本""以人民为中心"内在一致的。

就价值论维度而言,马克思主义生态哲学认为:(1)自然是人类"须臾不可缺少的对象",具有对象性价值的"最高普遍性",由此决定了人给自然以"道德顾客"的应然性。(2)自然虽然没有凝结"无差别的人类劳动",却具有"虚幻的价格形式";自然的对象性价

---

① 王雨辰.论生态学马克思主义的马克思主义哲学观[J].北京大学学报(哲学社会科学版),2020,57(5):26-35.

值不只缘起于自然的系统性和自组织性等,更缘起于对象性活动,以及人与自然的对象性关系。(3)自然力是生产力的"自然基础",是"超额利润的源泉",是"绝对知识"的"原型",是人激发美感、灵感和完善人格的力量,就此而言,自然的对象性价值就是非人类中心主义所谓的"内在价值"。(4)自然的对象性价值在很大程度上取决于人的本质力量实现的需要,对象性劳动是衡量自然价值及价值大小的"内在尺度",就此而言,自然的对象性价值就是人类中心主义所谓的"工具价值"。①

就历史维度而言,马克思主义的历史观决定了马克思主义生态哲学是主张历史解释原则的。即人的活动的历史性决定了人是历史的人、自然是历史的自然。人的历史、自然的历史统一于人类实践活动,统一于人类实践活动的历史过程;人与人、人与自然之间的和谐是辩证统一的,统一于人通过实践谋求自由解放的全过程,因此,人通过实践争取自由解放的过程也是消灭人与人、人与自然对立的过程,是维护对立对抗的社会消亡的过程。换言之,实现人与自然之间关系的和谐、人与人之间社会关系的和谐是人通过实践实现自由解放的同一过程的两个方面,其路径选择可以不同,但终极目标和方向是一致的,只能是人和自然的自由解放。正是在这一意义上,资本主义必然灭亡,社会主义必然胜利,共产主义作为完成人和自然界之间、人和人之间的矛盾的真正解决的终极,才是可实现的终极,而非历史唯心主义的乌托邦。

马克思主义生态哲学与一般生态哲学有同有异。"同"在于它的核心主旨、研究对象和构成要素,"异"在于其特殊的自然观、价值观、方法论和历史观。这是全面贯彻高质量发展总要求必须厘清的。

---

① 孙道进.马克思主义环境哲学研究[M].北京:人民出版社,2008.8.

第五章 江苏"六个高质量发展" 的成效和经验

在生态哲学视域下,自 2017 年至 2020 年,江苏高质量发展率先把握了经济、社会、文化、生态和改革开放之间的整体性与系统性,提出了"六个高质量"方案,坚持以人民为中心、生态惠民、生态为民的价值观,在本质内涵的把握上具有突破性。在新发展理念的指引下,高质量发展取得了历史性、全局性成就。

第一节 江苏高质量发展的本质内涵和时代条件

一、江苏"六个高质量发展"的本质内涵

1. 经济高质量发展的基本内涵

经济高质量发展是党和国家基于新时代中国和世界经济发展规律,所呈现出的阶段性特征及我国经济发展所处关口而做出的一个重大判断,是我国经济领域的一场革命,其影响的深刻性、广泛性前所未有,将从根本上决定未来中国的经济面貌,影响实现美丽中国、美丽清洁世界的经济政治格局。

经济高质量发展的基本内涵首次阐明于 2017 年党的十九大报告。该报告明确指出:"我国经济已由高速增长阶段转向高质量发展阶段,正处在转变发展方式、优化经济结构、转换增长动力的

攻关期。"这是党的十九大基于我国经济发展的阶段性变化和演进规律趋势所做的一个重大判断,包含着三个基本内涵。一是经济发展方式的变革。涉及以供给侧结构性改革为主线的资源要素组织配置方式、投入产出的质量效益、经济与生态的关系等内容。二是经济结构优化转型。涉及产业结构、供需结构、城乡结构、区域结构等方面。三是动力转换。涉及传统动能优化提升、新动能培育和创新驱动等。经济高质量发展涵盖资源配置、生产供给、需求消费、投入产出、收入分配、经济循环可持续等多个层面。其主要含义如下。

(1) 核心要义是通过转变发展方式、优化经济结构、转换增长动力实现经济质量的提升和经济效益的提高。[1]

(2) 是对改革开放以来我国经济发展规律的正确认识和把握。即已由高速增长转向高质量发展阶段。

(3) 指明了转向高质量发展的重点领域。即发展方式、经济结构和增长动力。

(4) 从历时性与共时性的角度,阐明了"转向高质量发展阶段"与"转变发展方式、优化经济结构、转换增长动力的攻关期"的辩证统一,以及发展方式转变、经济结构优化、增长动力转换的方向,通过转变发展方式、优化经济结构、转换增长动力实现经济质量的提升和经济效益的提高,进而使我国经济实现质的飞跃。

经济高质量发展内含着质量变革、效益变革和动力变革的"三大变革";内含着深化改革、促进发展方式转型升级,建构以新动力为支撑的高质、高效的新经济体系的革命性要求。必须以创新、协调、绿色、开放、共享的新经济体系满足人民日益增长的"好生活""好生态"需要,为增进人民福祉和实现民族复兴奠定全面、协调、

---

① 夏锦文,吴先满,吕永刚,等. 江苏经济高质量发展"拐点":内涵、态势及对策[J]. 现代经济探讨. 2018(5):1.

可持续的经济基础。与此相应,"实现更高质量、更有效率、更加公平、更可持续的发展"成为新时代解放和发展社会生产力的新方向,体现着新时代中国特色社会主义的本质要求;提高就业质量和人民收入水平,"实现更高质量和更充分就业"成为新时代解决民生问题的国家方略。

因此,党的十九大报告和中央经济工作会议关于经济高质量发展的重大论断与重要论述为江苏提出并制定高质量发展战略奠定了决策依据。

2. 江苏高质量发展的本质内涵

就全国不同地区或省市而言,经济高质量发展的具体内涵既有共性也有特色差异。把握好经济高质量发展的基本内涵是准确界定自身高质量发展内涵的前提,提出并指证因地制宜的特色内涵则是精准施策、走出符合自身特点的高质量发展之路的基础。

江苏高质量发展的内涵是由2017年12月江苏省十三届三次全委会正式提出并在决议中明确界定的。它包含经济发展高质量、改革开放高质量、城乡建设高质量、文化建设高质量、生态环境高质量、人民生活高质量,即"六个高质量发展"。其中经济发展高质量居于首位,这既体现着对党和国家关于我国经济高质量发展这一重要论断的必要遵循,也表征着江苏作为经济发达省份必须始终坚持以经济发展为中心。只有把经济发展高质量作为重中之重,才能为改革开放高质量、城乡建设高质量、文化建设高质量、生态环境高质量、人民生活高质量夯实深厚的基础。与此同时,改革开放高质量既体现着高质量时代对改革开放的新要求,又为其余五个高质量发展提供发展动力,而城乡建设高质量、文化建设高质量、生态环境高质量则是江苏高质量发展的特色内涵和攻关期的重点领域,人民生活高质量是江苏高质量发展的价值目标,体现着对我国经济高质量发展价值取向的认同。

"六个高质量发展"一方面是对我国经济高质量发展这一重大

论断和党的十九大精神、中央经济工作会议精神的具体化。我国经济高质量发展这一重大论断不是孤立的。它是习近平新时代中国特色社会主义思想的有机组织部分，是以创新、协调、绿色、开放、共享为发展理念的。由此规约着我国经济高质量发展的必然是以创新驱动为动力、以创新引领发展的高质量发展；是注重解决发展不平衡、不充分问题，谋求城乡建设、区域发展整体协调的高质量发展；是注重解决人与自然和谐问题，坚持节约环保、推进绿色低碳循环的美丽中国建设的高质量发展；是注重解决社会公平正义问题，坚持"以人民为中心"的价值取向的高质量发展。另一方面是基于江苏省情的特色化。江苏作为我国东部发达省份，其经济高质量发展不仅体现在科技创新战略支撑的强化，更体现在创新型省份的建设；不仅体现在新动能的推进，更体现在基于新动能的中高端产业体系的建构；不仅体现在实体经济的提质增效，还体现在加快从"江苏制造"转向"江苏智造"的步伐，使"江苏智造"成为江苏高质量发展的一张新名片。在动力转换方面，围绕改革开放高质量发展，重点把握推进治理体系和治理能力现代化的目标取向，在国家顶层设计的框架内，蹄疾步稳推进各项改革；在国家全面开放新格局中，充分发挥"一带一路"交汇点作用，进一步拓展开放空间。围绕发展方式的转变，江苏重点推进城乡建设高质量发展，把城市群作为城镇化发展的主体形态，全面增强城镇竞争实力；把注入新动能作为乡村振兴的重要突破口，全面增强农村发展活力；把建立综合交通体系作为重要支撑，全面增强城乡基础设施保障能力。重点推进文化建设高质量发展，牢牢掌握意识形态工作领导权，增强文化引领力；大力弘扬社会主义核心价值观，增强文化凝聚力；提高文化事业产业发展水平，增强文化软实力。生态环境高质量发展，以天蓝地绿水清为目标，下决心解决环境保护的突出问题；以绿色低碳循环为目标，全面推动形成绿色发展方式；以宁静和谐美丽为目标，大力推进生态系统保护修复。以人民生活高质量发展为价值追求,着力解决结构性的民生问题,着力实施普惠性的民生工程,着力办好扶助性的民生实事,着力满足多样性的民生需求。

因此,江苏高质量发展的基本内涵在本质上是以习近平新时代中国特色社会主义思想为指导,以党的十九大报告和中央经济工作会议精神为依据,以发展方式转变、经济结构优化、增长动力转化为主要内容的新时代中国特色社会主义新经济体系建构和新发展方式形成的思想观念和战略选择。江苏高质量发展具有科学性、时代性和系统性特征,反映了江苏经济社会发展的规律和趋势,体现着人民需要的时代性变化,是具体化、特色化的高质量发展观念和发展追求。随着高质量发展实践的推进,高质量发展的内涵和外延不断丰富和拓展,在 2020 年党的十九届五中全会上,高质量发展明确为对我国经济社会发展方方面面的总要求,成为所有地区必须长期贯彻的总要求。这既印证了江苏高质量发展观的前瞻性,也意味着江苏高质量发展的思想和策略仍需进行创新性的拓展,为开创高质量的"强富美高"发展新局做出长期而卓绝的努力。

二、江苏"六个高质量发展"内涵生成的时代背景

江苏高质量发展内涵的生成首先是基于国际国内的环境变化。就国际环境变化而言,江苏高质量发展内涵的生成与世界正经历百年未有之大变局密切相关。一方面,经过第一次世界大战和第二次世界大战建立起来的少数先发国家主导世界的经济政治秩序遭遇前所未有的挑战,新兴市场国家和发展中国家群体性崛起,和平与发展仍然是时代主题,经济全球化不可逆转。同时,单边主义、贸易保护主义和民粹主义势头汹涌,相互交织,不断生成各种异动和危局。另一方面,世界经济发展的周期性和不平衡性正推动着当今世界新一轮科技革命和产业变革,"正在重构全球创新版图、重塑全球经济结构"。例如,美国的"创新者的国家"战略、

欧盟委员会的"地平线 2020 计划"、德国的《高技术战略 2020》和《保障德国制造业未来：关于实施"工业 4.0"战略的建议》等。以人工智能、量子信息、移动通信、物联网、区块链为代表的新一代信息技术加速突破应用，以合成生物学、基因编辑、脑科学、再生医学等为代表的生命科学领域孕育新的变革，融合机器人、数字化、新材料的先进制造技术正在加速推进制造业向智能化、服务化、绿色化转型，以清洁高效可持续为目标的能源技术加速发展将引发全球能源变革，空间和海洋技术正在拓展人类生存发展新疆域。"科学技术从来没有像今天这样深刻影响着国家前途命运，从来没有像今天这样深刻影响着人民生活福祉。"①因此，江苏经济社会发展必须深刻认识和把握世界经济发展的大周期，直面"技术鸿沟"和"全球公地"角逐等现实，加快动力转换，以高新科技为先导谋求更高质量、更高效益、更高水平的发展优势，以实现在新时代为民族复兴做贡献、为人民生活谋福祉的美好愿望。

就国内环境变化而言，经过改革开放 30 多年的发展，"中国特色社会主义进入了新时代，这个新时代意味着近代以来久经磨难的中华民族迎来了从站起来、富起来到强起来的伟大飞跃，迎来了实现中华民族伟大复兴的光明前景；意味着科学社会主义在 21 世纪的中国焕发出强大生机活力，在世界上高高举起了中国特色社会主义伟大旗帜；意味着中国特色社会主义道路、理论、制度、文化不断发展，拓展了发展中国家走向现代化的途径，给世界上那些既希望加快发展又希望保持自身独立性的国家和民族提供了全新选择，为解决人类问题贡献了中国智慧和中国方案"。② 与之相应，

---

① 习近平. 努力成为世界主要科学中心和创新高地[DB/OL]. [2021 - 3 - 15]. http://www.qstheory.cn/dukan/qs/2021 - 03/15/c_1127209130.htm.

② 习近平. 习近平十九大报告（全文）[DB/OL]. [2017 - 10 - 18]. http:// finance.sina.com.cn/money/bank/bank_hydt/2017 - 10 - 18/doc-ifymviyp2268296. shtml.

由高速增长转向高质量发展成为我国经济在新时代的基本特征。此外，随着中国经济总量的上升和作为世界经济第二大体的地位的确立，"大而不强"的特点日渐突出，科学创新能力、产业和产品竞争力等方面的世界差距仍然较大。要使中国在竞争激烈的全球市场中立于不败之地，不仅要进一步提升实力和竞争力，还要清醒认识到"质量"才是市场的"通行证"，安全则是高效的前提，创新才是取胜的关键和法宝。因此，高质量发展是保持经济持续健康发展的必然要求，是适应我国社会主要矛盾变化和推进中国式现代化的必然要求，是遵循经济规律，实现更高质量、更有效率、更加公平、更可持续发展的必然选择，是实现民族复兴的美丽中国梦的必由之路。

国际国内发展的环境变化要求江苏人民深刻地认识，世界百年未有之大变局和中国特色社会主义经济进入新时代赋予"强富美高"新江苏建设的时代使命、历史机遇和重大意义，深刻认识总书记根据经济社会发展规律对江苏提出的具体要求的时代特征和特色内涵，根据时代要求确立江苏高质量发展的目标定位和基本内涵，以强烈的责任感、使命感、紧迫感和担当精神、拼搏精神、务实精神，融合推进"两聚一高""强富美高"、高质量发展和"双碳"目标的实现。

三、江苏"六个高质量发展"内涵生成的现实依据

江苏高质量发展内涵生成的现实依据在于江苏经济、社会、文化、生态、改革开放及人民生活所达到的总体水平、质量和阶段性变化趋势。

1. 经济高质量发展的基础和条件

江苏高质量发展的基础良好，这主要体现在以下三个方面。

第一，经济运行综合效益良好。（1）人均 GDP 在江苏经济高质量发展中具有首位度。2017 年，江苏人均 GDP 跨入了高收入

国家水平行列。改革开放以来,江苏人均 GDP 不断提高。2017
年,江苏人均 GDP 升至 107 189 元,按美元计达 15 876 美元,相当
于美国人均 GDP 的 26.7%,在世界银行公布的 189 个国家(地
区)中,与排名第 50 的国家水平相当。这意味着江苏人均 GDP 按
世界银行标准已由低收入国家水平跨入了高收入国家水平行列。
同年,江苏实现地区生产总值 85 900.9 亿元,比上年增长 7.2%。
其中,第一产业增加值 4 076.7 亿元,增长 2.2%;第二产业增加值
38 654.8 亿元,增长 6.6%;第三产业增加值 43 169.4 亿元,增长
8.2%。江苏经济发展水平持续攀升,为经济高质量发展奠定了良
好基础(参见表 5-1)。

表 5-1 2011 年—2017 年江苏省地区生产总值和地区生产总值增长率

指标	2011	2012	2013	2014	2015	2016	2017
地区生产总/亿元	49 110.2	54 058.2	59 753.3	65 088.3	70 116.4	76 086.1	85 900.9
地区生产总值增长率/%	11	10.1	9.6	8.7	8.5	7.8	7.2

资料来源:江苏省人民政府数据开放 http://www.jiangsu.gov.cn/col/
col33688/index.html

(2)一般公共预算收入占 GDP 比重稳中有降,江苏经济发展
质效较好。一般公共预算收入占 GDP 比重是指一个地区一定时
期内一般公共预算收入占 GDP 的比例,是一个地区公共财力的重
要衡量指标。2014—2017 年,江苏连续四年的一般公共预算收入
占 GDP 比重分别为:11.11%、11.45%、10.67%、9.51%,在发展
趋势上呈现稳中有降的态势。[1] 这表明江苏公共财政收入在达到
较高水平的同时,因减税力度加大、支持"藏富于民"而有所弱化。

---

[1] 资料来源:2014—2017 年《江苏统计年鉴》和《江苏省国民经济和社会发展统
计公报》。

从推进高质量发展角度看,如果公共财政收入长期弱化,将不利于为高质量发展提供充足的公共财力支撑,对政府加大社会事业等领域的投入也会产生不利影响。同时,税收占比则反映财政收入质量。税收收入占一般公共预算收入比重是指一个地区一定时期内税收收入占一般公共预算收入的比例。2014—2017 年,江苏连续四年税收占比分别为 83.04%、82.3%、80.4%、79.4%,也呈现稳中有降态势。财政收入质量是经济发展质量效益的"晴雨表"。就一般公共预算收入占比和税收收入占比而言,江苏虽然总体占比较高,表明质效较好,但如果不扭转下滑态势,将不利于满足人民对更高质量经济发展的需要。

第二,经济结构优化调整已见成效,转型升级有所加强。服务业占比是衡量产业结构优化的重要指标。近年来,江苏不断优化经济结构,积极转变经济发展方式,在经济总量持续扩大、经济实力不断增强的同时,经济结构战略性调整也不断向纵深推进。1978 年至 2017 年,第一产业、第二产业、第三产业在产业结构中的地位发生了变化,三次产业结构出现转型。2015 年,第三产业首次超过了第二产业,2016 年,第三产业增加值占比超过了 50%,2017 年,三次产业结构比为 4.7∶45∶50.3(参见图 5-1)。

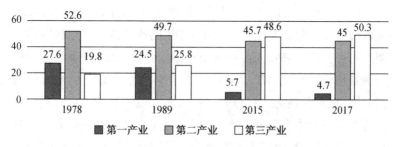

图 5-1　改革开放以来江苏三次产业占比变化

资料来源:2018 年《江苏统计年鉴》和《江苏省国民经济和社会发展统计公报》

产业结构的变化表明,一方面,江苏省以制造业为代表的第二产业在国民经济中仍占据较大比重,但呈下降态势;另一方面,第三产业逐渐占据主导地位,成为支撑经济高质量发展的主要产业和发展方向。

从产业内部结构看,第一产业中与绿色优质农产品生产相关的绿色农业、智慧农业、订单农业等现代农业加快发展。2017年底,全省高效设施农业占比18.8%,高标准农田占比59.3%,农业综合机械化水平83%,农业信息化覆盖率达到60.2%,均处于全国领先水平。[①] 第二产业中先进制造业加快发展。2017年规模以上工业中,医药制造业增加值比上年增长12.9%,专用设备制造业增加值增长15.1%,电气机械及器材制造业增加值增长11.7%,通用设备制造业增加值增长11.4%,计算机、通信和其他电子设备制造业增加值增长11.9%。代表智能制造、新型材料、新型交通运输设备和高端电子信息产品的新产品产量实现较快增长。全年工业机器人产量增长99.6%,3D打印设备增长77.8%,新能源汽车增长56.6%,服务器增长54.2%,光纤增长42.4%,智能手机增长26.4%,太阳能电池增长25.9%。这不仅为实体经济发展注入了后劲,而且为第二产业的转型升级奠定了良好基础。在第三产业投资中,科学研究和技术服务业增长20.2%,水利、环境和公共设施管理业增长18.3%,居民服务、修理和其他服务业增长17.7%,教育增长14.8%,卫生和社会工作增长19.7%。这既为产业创新驱动创造了条件,也为居民过上更好生活提供了保障。

第三,综合创新驱动水平较高。2017年,全社会研究与发展

---

① 江苏省人民政府.江苏省乡村振兴战略实施规划(2018—2022年)新闻发布会[DB/OL].[2018-11-29]. http://www.jiangsu.gov.cn/art/2018/11/29/art_46548_132.html.

(R&D)活动经费占地区生产总值比重达 2.7%(原可比口径)。全省从事科技活动人员 122 万人,其中研究与发展(R&D)人员 80 万人。全省拥有中国科学院和中国工程院院士 100 人。全省各类科学研究与技术开发机构中,政府部门属独立研究与开发机构达 450 个。全省已建国家和省级重点实验室 168 个,科技服务平台 294 个,工程技术研究中心 3 263 个,企业院士工作站 359 个,经国家认定的技术中心 110 家。

科技创新能力稳步提升。2017 年,全省科技进步贡献率达 62.0%,比上年提高 1 个百分点。全省专利申请量、授权量分别达 51.4 万件、22.7 万件,其中发明专利申请量 18.7 万件,比上年增长 15.1%;发明专利授权量 4.2 万件,增长 1.4%;PCT 专利申请量达 4590 件,增长 42.9%;万人发明专利拥有量达 22.5 件,增长 22.2%。全省企业共申请专利 36 万件。全年共签订各类技术合同 3.7 万项,技术合同成交额达 872.9 亿元,比上年增长 19.7%。省级以上众创空间达 607 家。2017 年,江苏共有 54 个项目获国家科技奖,获奖总数位列全国第一。

高新技术产业加快发展。2017 年江苏省组织实施省重大科技成果转化专项资金项目 138 项,省资助资金投入 9.7 亿元,新增总投入 93.4 亿元。全省按国家新标准认定高新技术企业累计达 1.3 万家。新认定省级高新技术产品 10 359 项,已建国家级高新技术特色产业基地 162 个。①

横向比较,江苏在全国较早实施创新驱动发展战略,研发经费占 GDP 比重、企业研发经费投入占主营业务收入比重稳中有升,区域综合创新水平处于全国前列,也为推动经济高质量发展蓄积

①　江苏省人民政府. 2017 年江苏省国民经济和社会发展统计公报[DB/OL].[2018 - 02 - 22]. http://www. jiangsu. gov. cn/art/2018/2/22/art_34151_7492227. html.

了核心动能。

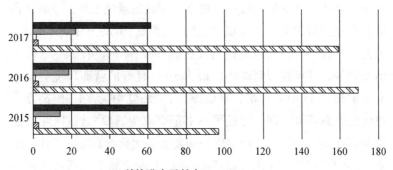

■ 科技进步贡献率/%
▨ 万人发明专利拥有量/件
□ 企业研发经费投入占主营业务收入比重/%
▨ 全社会研发投入占GDP比重/%
▨ 国家和省级重点实验室/个

图 5-2 近年来江苏科技创新成果图示

表 5-2 2015—2017 年江苏科技创新简况

年份	国家和省级重点实验室/个	全社会研发投入占 GDP 比重/%	企业研发经费投入占主营业务收入比重/%	万人发明专利拥有量/件	科技进步贡献率/%
2015	97	2.55	1.1	14.2	60
2016	170	2.61	1.1	18.5	61
2017	160	2.7	1.3	22.5	62

2. 改革开放高质量发展的基础和条件

改革开放高质量发展集中体现在营商环境、净增企业法人单位数占企业法人单位总数比重、一般贸易进出口占货物进出口总额比重、战略性新兴产业实际利用外资占实际利用外资总额比重等方面。

一是营商环境着力打造对标国际的"升级版"。营商环境是一项涉及经济社会发展和改革开放众多领域的系统工程。一般来说涉及企业经营的全要素环境,包括自然禀赋、劳动力和资本积累、人力资本、技术进步、激励机制,也包括政治体制、司法制度、社会治安等等。世界银行营商环境报告表明,良好的营商环境会使投资率增长 0.3%,GDP 增长率增加 0.36%;党中央、国务院高度重视优化营商环境工作。习近平总书记要求中国要"营造国际一流的营商环境",李克强总理多次强调要做好优化营商环境工作指出要"推进改革开放,优化营商环境,持续激发市场主体活力和社会创造力"。① 江苏省委、省政府坚决贯彻落实党中央、国务院的决策部署,把优化营商环境作为高质量发展的核心竞争力来抓,对标国际先进水平、呼应企业、群众需求,努力推动营商环境建设走在全国前列。娄勤俭书记明确提出"江苏要营造亲清政商关系,构建和谐营商环境"②。"要把建设公平公正、透明可预期的国际一流营商环境,作为对外开放的基础性、品牌性工作来抓";吴政隆省长强调要"持续深化'放管服'改革,以更彻底地'放'更有效地'管'更精准地'服',打造一流营商环境"。③

对此,江苏高质量发展的营商环境着力打造对标国际的"升级版",在新一轮行政审批制度改革中出台了一系列举措。为提高改

---

① 中国政府网. 李克强在上海考察时强调:推进改革开放 优化营商环境 持续激发市场主体活力和社会创造力[DB/OL].[2023 - 08 - 01]. http://www. gov. cn/xinwen/2021 - 11/23/content_5652910. htm.

② 江苏省发展和改革委员会. 厚植营商环境"沃土" 更好释放高质量发展的"生产力"[DB/OL].[2023 - 08 - 01]. http://fzggw. jiangsu. gov. cn/art/2019/11/15/art_75796_8815870. html.

③ 中国江苏网. 吴政隆就贯彻落实全国深化"放管服"改革会议精神强调 以更彻底"放"更有效"管"更精准"服"打造一流营商环境让群众和企业更满意[DB/OL].[2023 - 08 - 01]. https://baijiabao. baidu. com/s? id=1637356106667653829&wfr=spider&for=pc.

革成效,进一步贯彻 2016 年李克强总理在全国简政放权电视电话会议关于"放管服"的改革精神,江苏借鉴世界银行自 2003 年发布的《营商环境报告》评价方法,率先开展了营商环境评价工作。2016 年起,江苏省审改办连续两年对全省 13 个设区市、96 个县(市、区)、127 个开发区开展以"开办企业""办理不动产权证""办理施工许可证"为重点的简政放权创业创新环境评价,进行综合排名,评价结果以省政府督查通报的形式反馈给各地。通过打造对标国际的统一衡量标尺提升营商环境,同时,发挥考核评价的指挥棒作用,以评促改,充分激发了各地改革的积极性,全省各地、各部门齐心协力、合力攻坚,出台了一系列优化营商环境的举措,取得了显著成效。

　　2016 年评价启动前,江苏省开办企业平均需要 1 个月,不动产登记需要 4—6 个月,获批施工许可需要 200 多天。2017 年营商环境评价结果显示,江苏省开办企业、不动产交易登记、建设项目施工许可的审批用时平均压缩到 2.13 个、2.46 个和 29.63 个工作日,实现江苏省"3550"改革目标。2017 个案例中,1974 个达标,达标率为 97.9%。① 2017 年以来,江苏省大力推行以"网上办、集中批、联合审、区域评、代办制、不见面"为主要内容的"不见面审批(服务)"改革,先后出台了"不见面审批"改革实施方案和"不见面审批"标准化指引,召开了全省"不见面审批"现场推进会和电视电话会议,将"不见面审批(服务)"作为一个普遍的制度安排在全省推广,最大限度地方便企业和群众办事。

　　二是市场主体发展稳定。净增企业法人单位数占企业法人单位总数比重作为高质量发展的重要指标,是衡量一个地区改革激发创业状况的重要指标,是确保市场活力的重要方面。截至 2017

---

① 对标国际一流江苏版《营商环境报告》要来了[DB/OL]. [2023 - 08 - 01]. http://jsnews.jschina.com.cn/zt2019/ztgk/201901/t20190109_2161639.shtml.

年时点值,江苏省共有法人单位 235.6 万个,与 2016 年相比,增加 44.8 万个,增长 23.5%;与 1996 年第一次全国基本单位普查时期相比,增加 205.0 万个,法人单位数是 1996 年的 7.7 倍。其中,2017 年共有企业法人单位 214.8 万个,比 2016 年增加 43.1 万个,增长 25.1%;比 1996 年增加 195 万个,企业数是 1996 年的 10.8 倍,是全省各类法人单位中最具活力的中流砥柱。社团法人单位数量增长较快,从 1996 年的 3 000 多个增长到 2017 年的 3.1 万个。其他法人单位从 4.1 万个增加到 12.7 万个。呈现各类法人单位共同发展的样态。同时,法人单位产业结构趋势完善。2017 年,江苏共有第一产业法人单位 5 万个,比上年增加 1.1 万个,增长 27.9%;第二产业法人单位 70.2 万个,增加 11.3 万个,增长 19.2%,是 1996 年的 5.5 倍;第三产业法人单位 160.4 万个,增加 32.4 万个,增长 25.3%,是 1996 年的 9.1 倍。法人单位总量的三次产业构成也相应变化:一产比重从 2016 年 2% 提高到 2017 年 2.1%;二产比重从 30.9% 降低到 29.8%;三产比重从 67.1% 提高到 68.1%。三产单位数量逐渐提高,在优化产业结构、大力促进产业升级的背景下,江苏经济发展重心向第三产业平稳转移,法人单位产业分布趋向合理。①

三是对外贸易结构不断优化。在改革开放中,对外贸易结构反映着一个国家和地区在全球价值链分工中所处的位置。江苏在改革开放中持续优化对外贸易结构,为江苏改革开放高质量发展奠定了良好基础。2017 年,江苏一般贸易出口的总出口占比约为 48.4%,进一步接近 50%;国际贸易产品结构不断优化,2017 年,机电产品占全省出口总额比重为 65.8%,占全国机电产品出口比

---

① 江苏省人民政府.改革开放 40 年:单位快速增长结构持续优化[DB/OL].[2018-12-26]. http://www. jiangsu. gov. cn/art/2018/12/26/art_34153_7978831. html.

重为 18.1%;高新技术产品出口占全省出口总额比重达 37.9%,占全国高新技术产品出口比重为 20.7%。

表 5-3 2017 年江苏省货物进出口贸易主要分类情况

指标	绝对数/亿元	比上年增长/%
出口总额	24 607.2	16.9
一般贸易	11 900.6	16.0
加工贸易	10 248.9	11.8
工业制成品	23 112.6	13.9
初级产品	374.6	10.6
机电产品	16 200.5	18.1
高新技术产品	9 337.7	21.2
国有企业	2 539.1	34.2
外商投资企业	14 318.5	16.3
私营企业	7 345.4	13.6
进口总额	15 414.9	22.6
一般贸易	7 348.1	25.6
加工贸易	6 226.9	22.3
工业制成品	12 512.5	19.0
初级产品	2 031.4	31.8
机电产品	9 161.1	21.2
高新技术产品	6 426.1	23.6
国有企业	1 087.3	31.0
外商投资企业	11 189.3	21.5
私营企业	2 904.4	23.9

资料来源:2017 年《江苏省国民经济和社会发展统计公报》

四是利用外资质量有所提升。在外资利用方面,由改革开放早中期主要流向第二产业特别是制造业逐渐向不同领域不同产业拓展,第三产业利用外资总额持续提升。2017 年,江苏实际外商直接投资在第一产业 3 亿美元,占实际利用外资总额的 1.2%,与 2007 年基本持平;第二产业 140.4 亿美元,占 55.8%,比 2007 年下降 19.1 个百分点。主要行业吸收外资比重为:制造业 44.5%,建筑业 9.1%,电力、燃气及水的生产和供应业合计 2.3%,交通运输、仓储和邮政业合计 2.9%,批发和零售业合计 8.2%,房地产业 13.8%,租赁和商务服务业 8.9%。此外,金融、软件业、科研技术服务等行业引资规模与占比也有所提升。

表 5 - 4 江苏主要行业实际使用外商直接投资比重变化

年份	2012	2013	2014	2015	2016	2017
制造业	62.4%	52.4%	51.7%	46.5%	42.6%	44.5%
通信设备、计算机及其他电子设备制造业	6.9%	6.3%	7.5%	9.1%	7.0%	7.5%
电气机械及器材制造业	8.1%	6.5%	7.2%	5.7%	4.1%	4.0%
化学原料及化学制品制造业	6.4%	4.6%	5.6%	4.9%	3.8%	4.9%
交通运输设备制造业	6.4%	6.0%	5.4%	4.5%	4.0%	4.0%
通用设备制造业	9.0%	6.6%	5.4%	3.5%	4.0%	3.9%
专用设备制造业	4.9%	4.6%	3.6%	3.1%	2.2%	2.6%
金属制品业	2.9%	2.9%	2.3%	2.2%	2.8%	1.7%
医药制造业	1.3%	1.3%	1.2%	1.7%	4.4%	4.3%
食品制造业	1.1%	0.4%	0.9%	1.4%	0.8%	0.8%
塑料制造业	1.4%	1.1%	0.9%	1.3%	1.0%	1.1%
造纸及纸制品业	1.5%	1.6%	1.5%	1.2%	0.5%	0.8%
纺织业	1.6%	1.1%	1.2%	1.2%	0.6%	0.8%

（续表）

年份	2012	2013	2014	2015	2016	2017
编织服装、鞋、帽制造业	2.6%	1.4%	2.7%	1.1%	1.5%	0.8%
第三产业	31.3%	42.0%	43.5%	46.6%	46.7%	42.9%
房地产业	16.4%	20.7%	18.0%	15.6%	12.4%	13.8%
租赁和商务服务业	3.1%	4.7%	6.9%	9.3%	12.0%	8.9%
批发和零售业	4.9%	7.6%	7.6%	8.8%	10.8%	8.2%
金融业	1.2%	1.3%	3.2%	4.2%	3.0%	2.4%
交通运输、仓储和邮政业	1.9%	3.3%	3.9%	3.6%	2.7%	2.9%
科学研究、技术服务和地质勘查业	1.0%	1.8%	1.9%	2.1%	2.8%	3.4%
信息传输、计算机服务和软件业	0.8%	0.7%	0.7%	1.4%	0.9%	1.3%

资料来源：2018 年《江苏统计年鉴》

3. 城乡建设高质量发展的基础条件

大力实施江苏新型城镇化和城乡一体化发展、乡村振兴战略，城乡建设水平快速提升。2012—2017 年，江苏城镇化率从 63% 提高至 68.8%。铁路营业里程从 2 348 公里增加至 2 770.9 公里。高速公路里程从 4 371 公里增加至 4 688 公里。行政村双车道四级公路覆盖率 71%，行政村实现"村村通"等级公路。在全国率先实现除岛屿村以外的行政村 100% 通客运班车，镇村公交开通率达 72.4%，村邮站实现了所有行政村全覆盖。

在现代通信和宽带覆盖方面，2012—2017 年末，移动电话用户从 7 471.4 万户增长至 8 807 万户，计算机互联网用户从 1 400.7 万户增加至 3 106.2 万户。2017 年，农村地区宽带覆盖率达 95%。

在城乡一体建设方面，侧重基础，突出民生，坚持统筹。至

2017年,江苏城乡居民人均可支配收入比为2.28∶1,是全国城乡收入差距较小的省份之一。农村供水入户率持续提高,为在全国率先实现城乡区域供水一体化创造了条件。农村供水入户率不仅关系农村饮用水安全、关系全面打赢脱贫攻坚战,也关系全面建成小康社会和城乡建设高质量的生产生活与生态基础。江苏连续多年将农村饮水安全列为省政府为民办实事工程,并纳入省委省政府决胜高水平全面建成小康社会补短板强弱项的若干措施和专项行动方案。2016年起,全省全面落实农村饮水安全工作责任,同步推进农村和区域供水工程建设,组织实施了农村饮水安全巩固提升工程。"十三五"期间,我省共完成农村饮水安全投资80余亿元,更新改造农村供水管网7万余公里,受益人口超过1200万,农村居民饮水型氟超标问题得到彻底解决,农村小水厂全部关停并购,全面实现了规模以上水厂集中供水,区域供水入户率97%以上。[①]

在乡村振兴战略的实施中,江苏大力实施美丽乡村和特色小镇建设,富有江苏特色的新时代乡村建设取得长足进步。至2016年,江苏建制镇燃气普及率90.18%、排水管道密度11.55公里/平方公里、绿化覆盖率29.42%、绿地率22.2%,均居全国首位;人均公园绿地面积6.68平方米,居全国第2位;人均道路面积18.2平方米,居全国第3位;2017年,所有村庄完成一轮环境综合整治,农村无害化卫生户厕普及率达90.4%,1万多个村庄建有生活污水处理设施,建制镇垃圾中转站、行政村生活垃圾收集点实现全覆盖。[②]

此外,区域发展协调度增强,苏南苏中苏北区域经济在2004年经历了由"南快北慢"到"北快南慢"的转折后,在2017年协调发

① 江苏省人民政府. 江苏省乡村振兴战略实施规划(2018—2022年)[DB/OL]. [2018-11-29]. http://www.jiangsu.gov.cn/art/2018/11/29/art_46548_132.html.

② 江苏省人民政府. 江苏省乡村振兴战略实施规划(2018—2022年)[DB/OL]. [2018-11-29]. http://www.jiangsu.gov.cn/art/2018/11/29/art_46548_132.html.

展态势增强,苏南苏中和苏北占全省 GDP 的比重分别为 57％、19.9％和 23.1％;三大区域人均 GDP 差距在 2005 年达到 4.5∶1.7∶1 的峰值后不断缩小,2017 年三大区域人均 GDP 之比缩小为 2.2∶1.6∶1。

4. 文化建设高质量发展的现实依据

文化建设高质量发展的现实依据涉及社会文明程度、公共文化服务体系、文化产业发展等方面。

就社会文明程度而言,江苏高度重视公民的文明素养、道德风尚建设的整体水平。江苏省文明委制定了《构筑道德风尚建设高地行动方案(2018—2020 年)》,并从 2015 年起,建立了全省社会文明程度测评指数年度监测和发布制度。江苏省文明办组织国家统计局江苏调查总队、江苏省统计局和省文明委部分成员单位,重点围绕公共环境、公共秩序、公共服务、道德建设、文明风尚、人文关怀等内容,采取实地考察、问卷调查等方式,对全省 55 个城市进行文明城市省级年度测试,形成了社会文明程度测评指数的基础数据。调查显示,2015 年至 2017 年,江苏社会文明程度持续提升,社会文明程度测评指数 2015 年为 86.25,2016 年为 87.08,2017 年为 88.23。[①] 社会文明程度主要体现为人的文明素养。社会文明程度测评指数,反映的是一个地区公民文明素质、道德风尚建设的整体水平。发展文化事业是让人民群众增强幸福感、获得感的重要途径。党的十八大以来,江苏文化强省建设目标丰富提升为"三强三高",推动文化建设高质量走在前列。

公共文化服务体系趋向完善。江苏在全国率先建成"省有四馆、市有三馆、县有两馆、乡有一站、村有一室"五级公共文化设施网络体系。截至 2017 年底,全省拥有公共图书馆 115 个、博物馆

---

① 江苏省人民政府.江苏首次发布社会文明程度测评指数[DB/OL].[2023 - 08 - 01].http://jsnews.jschina.com.cn/jsyw/201802/t20180227_1437835.shtml.

322 个、文化馆 115 个、艺术表演团体 628 个(参见图 5‐3)。全省公共图书馆图书刊物总藏量 8 597.6 万册(件)、参观人数 374.4 万人次、书刊文献外借 5 585.7 万册次、阅览室座席 6.5 万个,分别比 2007 年增长 1.5 倍、0.6 倍、3.9 倍和 1.4 倍。群众艺术馆(文化馆)举办展览 8 884 个,组织文艺活动 65 557 场次,举办训练班 29 863 次,分别比 2007 年增长 0.6 倍、1.1 倍和 1.3 倍,人民群众对丰富多彩的文化的消费需求有了充分保障。①

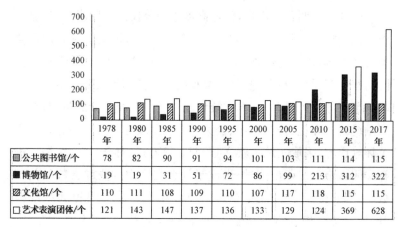

	1978年	1980年	1985年	1990年	1995年	2000年	2005年	2010年	2015年	2017年
公共图书馆/个	78	82	90	91	94	101	103	111	114	115
博物馆/个	19	19	31	51	72	86	99	213	312	322
文化馆/个	110	111	108	109	110	107	117	118	115	115
艺术表演团体/个	121	143	147	137	136	133	129	124	369	628

图 5‐3 江苏各类公共文化设施发展情况图示

文化及相关产业发展取得新突破,规模和质量持续提升。2016 年末,全省文化产业法人单位 11.7 万家,吸纳就业人员 230 万人,占全社会就业人员的比重达 4.8%;文化及相关产业实现增加值 3863.9 亿元,占 GDP 比重达 5%,比 2004 年提高 3.3 个百分点。文化及相关产业增速明显高于同期经济发展增速,发展势头及对社会经济发展的拉动作用不断增强,参见图 5‐4。

---

① 江苏省人民政府.改革开放 40 年:文教卫体篇:社会事业繁荣发展文教卫体成就卓著[DB/OL].[2018‐11‐14]. http://www.jiangsu.gov.cn/art/2018/11/14/art_34153_7880527.html.

5. 生态环境高质量发展的基础条件

（1）总体生态环境稳定。通过世纪之交以来生态省、生态市、生态县的建设和近年来的环境综合整治，江苏生态环境恶化的态势得到遏制，并逐渐向良好转化。生态遥感监测结果显示，2017年，全省生态环境状况指数为66.4，各设区市生态环境状况指数处于61.4～70.2之间，生态环境状况均处于良好状态。全省生态环境质量指数相较2006年的65.4提高了1，13个省辖市生态环境质量指数相较2006年的58.2～68.3提高了1.9～3.2，生态环境质量均处于良好状态，各省辖市之间生态环境质量差距不大。[①]

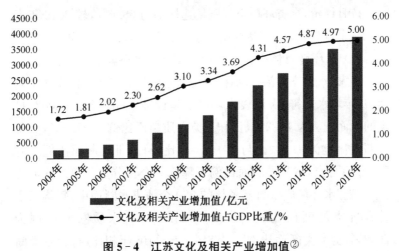

图 5 - 4　江苏文化及相关产业增加值[②]

（2）空气质量波动不稳。2017年，全省环境空气质量达标率为68％，较2016年下降2.2个百分点，主要污染物中颗粒物、二氧化硫和一氧化碳浓度同比有所下降，但臭氧和二氧化氮浓度同

———————

① 资料来源：2006和2017年江苏省生态环境状况年度报告。

② 江苏省人民政府. 改革开放40年：文教卫体篇：社会事业繁荣发展文教卫体成就卓著[DB/OL].[2018-11-14]. http://www.jiangsu.gov.cn/art/2018/11/14/art_34153_7880527.html.

比上升。PM2.5 年均浓度较 2013 年下降 32.9%,超额完成国家"大气十条"中"较 2013 年下降 20%"的目标要求。受颗粒物、臭氧及二氧化氮超标影响,13 个设区市环境空气质量均未达到二级标准。

按照《环境空气质量标准》(GB 3095—2012)二级标准进行年度评价,13 个设区市环境空气质量均未达标,超标污染物为 PM2.5、PM10、O_3 和 NO_2。其中,13 个市 PM2.5 浓度均超标;除苏州、南通市外,其余 11 个市 PM10 浓度超标;除连云港、盐城市外,其余 11 个市 O_3 浓度超标;南京、无锡、徐州、常州、苏州和镇江 6 个市 NO_2 超标。

按日评价,全省环境空气质量达标率为 68.0%,较 2016 年下降 2.2 个百分点,13 市达标率介于 48.2%—79.2%之间。

(3)水环境总体平稳。2017 年,全省水环境质量总体平稳。纳入国家《水污染防治行动计划》地表水环境质量考核的 104 个断面中,年均水质符合《地表水环境质量标准》(GB 3838—2002)Ⅲ类的断面比例为 71.2%,Ⅳ—Ⅴ类水质断面比例为 27.8%,劣Ⅴ类断面比例为 1.0%。与 2016 年相比,符合Ⅲ类断面比例上升 2.9 个百分点,劣Ⅴ类断面比例下降 0.9 个百分点。纳入江苏省"十三五"水环境质量目标考核的 380 个地表水断面中,年均水质符合Ⅲ类的断面比例为 70.3%,Ⅳ—Ⅴ类水质断面比例为 28.9%,劣Ⅴ类断面比例为 0.8%。与 2016 年相比,符合Ⅲ类断面比例上升 7.4 个百分点,劣Ⅴ类断面比例下降 3.7 个百分点。

长江、淮河江苏段水质较好,太湖连续 10 年实现"两个确保"。地表水达到或好于Ⅲ类水体比例就监测断面而言达 70%左右,且相对稳定。不过,就近岸海域水质而言,需重点防治。2017 年,全省近岸海域 31 个国省控海水水质测点中,符合或优于《海水水质标准》(GB 3097—1997)二类标准的比例为 41.9%,三类、四类和劣四类水质比例分别为 32.3%、9.7%、16.1%。与 2016 年相比,近岸海域水质有所下降,达到或优于二类海水水质测点比例下降

19.4个百分点,劣四类测点比例增加12.9个百分点。①

城镇污水集中处理率方面,江苏在2011年7月1日就正式施行了根据《中华人民共和国水污染防治法》制定的《江苏省污水集中处理设施环境保护监督管理办法》。经过多年努力,城镇污水治理已由集中处理转向水污染防治。2017年主要开展了水污染物总量减排、水污染防治行动计划、保障集中式饮用水水源地安全、继续推进新一轮太湖治理、深化重点流域水污染防治、落实国家近岸海域污染防治方案等工作,确保了全省水域水质总体平稳。

(4)土壤环境存在一定隐患和风险。2017年,根据国家要求,全省对已布设土壤监测基础点和背景点中的历史点位开展了监测,共监测758个土壤环境质量国控点位(基础点位690个、背景点位68个)。758个点位中,有684个达到《土壤环境质量标准》(GB 15618—1995)二级标准,达标率为90.2%。超标点位中,处于轻微污染、轻度污染、中度污染和重度污染的点位分别占8.5%、0.5%、0.4%和0.4%。无机超标项目主要为镍、镉、汞、铅和砷,有机超标项目主要为多环芳烃总量和滴滴涕。因此,土壤环境存在一定隐患和新增危险固废等风险。

此外,2017年全省林木覆盖率达22.9%,自然湿地保护率达48.2%。在垃圾分类处理方面,生活垃圾分类试点工作稳步推进,垃圾无害化处置能力进一步提升,新增生活垃圾无害化处理能力6 900吨/日、餐厨废弃物无害化处理能力640吨/日、建筑垃圾资源化利用能力145万吨/年。②

① 江苏省生态环境厅. 环境状况年度公报江苏省环境状况公报(2017)[DB/OL].[2018-05-04]. http://hbt.jiangsu.gov.cn/art/2018/5/4/art_1649_7629368.html.

② 江苏省生态环境厅. 环境状况年度公报江苏省环境状况公报(2017)[DB/OL].[2018-05-04]. http://hbt.jiangsu.gov.cn/art/2018/5/4/art_1649_7629368.html.

6. 人民生活高质量发展的基础水平

（1）居民人均可支配收入持续增加。居民人均可支配收入是指居民用于最终消费支出和储蓄的收入总和，即居民可自由支配的收入。2017年，根据城乡一体化住户抽样调查，全年全省居民人均可支配收入35 024元，较上年增长9.2%。其中，工资性收入20 399元，增长9.3%；经营净收入4 994元，增长5.7%；财产净收入3 239元，增长12.4%；转移净收入6 392元，增长10.2%。按常住地分，城镇居民人均可支配收入43 622元，增长8.6%；农村居民人均可支配收入19 158元，增长8.8%。

（2）全省脱贫攻坚成效显著，低收入人口脱贫步伐加快。继2016年取得76.8万建档立卡农村低收入人口人均年收入超过6 000元、238个经济薄弱村实现达标退出的佳绩后，2017年，全省又有超过60万农村低收入人口脱贫、200个以上经济薄弱村达标退出、6个县区退出省级重点帮扶。①

（3）社会保障体系加快完善，人均拥有社会保险福利不断提高。2017年，全省稳步实施全民参保计划，参保覆盖面持续扩大。年末，全省企业职工基本养老、城镇职工基本医疗、失业、工伤、生育保险参保人数分别为2 097.5万人、2 600.7万人、1 583万人、1 689.4万人和1 521.3万人，分别比上年末增加51万人、110.2万人、44.7万人、55.5万人和70.1万人。城乡居民基本养老保险参保人数1 268.4万人，领取基础养老金人数1 051.7万人。城乡居民基本医疗保险参保人数5 019.6万人。调整退休人员基本养老金，全省人均增幅不低于5.5%，惠及760多万退休人员。城乡居民基本养老保险基础养老金最低标准由每人每月115元提高到125元。城乡居民医保人均财政补助最低标准提高到每人每年

---

① 中国江苏网. 去年江苏全省有六十万农村低收入人口脱了贫[DB/OL]. [2018-01-26]. http://jsnews. jschina. com. cn/jsyw/201801/t20180126_1373999. shtml.

470 元。

（4）教育发展水平较高。高等教育发展水平、人才培养质量、教育投入和教育贡献率多年保持全国领先地位。截至 2017 年，全省共有普通高校 142 所。普通高等教育本专科招生 53.4 万人，在校生 176.8 万人，毕业生 49 万人；研究生教育招生 6.5 万人，在校生 17.7 万人，毕业生 4.6 万人。高等教育毛入学率达 56.7%，比上年提高 2 个百分点。① 江苏高等教育 2000 年在全国率先实现由精英教育向大众化教育的历史性转变后，2014 年，全省高等教育毛入学率达到 51%，高等教育全面进入普及化阶段；2017 年，高等教育毛入学率达到 56.7%，名列全国省份之首。

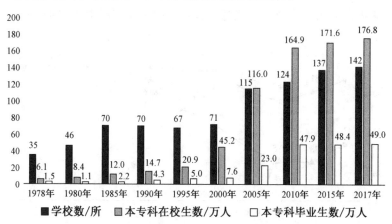

图 5-5　江苏省普通高等学校及本专科在校生、毕业生情况②

---

①　江苏省人民政府. 2017 年江苏省国民经济和社会发展统计公报［DB/OL］. ［2018-02-22］. http://www.jiangsu.gov.cn/art/2018/2/22/art_34151_7492227. html.

②　江苏省人民政府. 改革开放 40 年：文教卫体篇：社会事业繁荣发展文教卫体成就卓著［DB/OL］. ［2018-11-14］. http://www.jiangsu.gov.cn/art/2018/11/14/art_ 34153_7880527. html.

(5) 义务教育优质均衡发展。江苏认真贯彻实施《义务教育法》和《教育部关于进一步推进义务教育均衡化发展的若干意见》，坚持以教育现代化为统领，以提高质量和促进公平为重点，大力推进义务教育优质均衡发展，努力办好人民满意的义务教育；大力补足经济欠发达地区的义务教育短板，缩小全省区域间、城乡间、校际均衡发展差异，极大地改善了办学条件。2015 年 6 月，江苏全部县(市、区)通过国家县域义务教育发展基本均衡督导认定，成为全国率先启动和首个实现县域义务教育发展基本均衡全覆盖的省份，成为继 1996 年全面普及义务教育后，江苏教育发展史上的又一里程碑。2017 年，全省小学毕业生升学率、初中毕业生升学率均达到 100％，全省九年义务教育普及率全面实现 100％的目标。

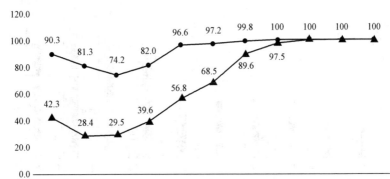

图 5 - 6　小学及初中毕业生升学率①

① 江苏省人民政府. 改革开放 40 年：文教卫体篇：社会事业繁荣发展文教卫体成就卓著[DB/OL]. [2018 - 11 - 14]. http://www. jiangsu. gov. cn/art/2018/11/14/art_34153_7880527. html.

除高等教育和义务教育外,各类教育协同发展。2017年,高中阶段教育毛入学率为99.3%,比2000年提高48.1个百分点;普通高中在校学生数94.3万人,专任教师由1978年的4.6万人增加至2017年的9.5万人,在在校学生数保持基本稳定的情况下,师资力量明显加强。全省中等职业教育在校生65.2万人(不含技工学校)。特殊教育招生0.4万人,在校生2.8万人。全省共有幼儿园6 982所,比上年增加115所;在园幼儿260.5万人,比上年增加3.3万人。学前三年教育毛入园率达98%。[①]

(6)医疗卫生成就显著。经过持续的改革和建设,江苏卫生医疗机构经历了从小到大、从弱到强的发展历程,覆盖城乡居民的15分钟健康服务圈已经建成,全民医保体系基本形成,基本医疗卫生制度、疾病预防控制体系和突发公共卫生事件医疗救治体系基本建成,城乡卫生服务体系逐步完善,人民群众健康得到了有效保障。截至2017年末,全省共有各类卫生机构32 200个。其中,医院1734个,疾病预防控制中心116个,妇幼卫生保健机构111个。各类卫生机构拥有病床46.5万张,其中医院拥有病床37.6万张。共有卫生技术人员54.2万人,其中执业医师、执业助理医师20.9万人,注册护士23.4万人,疾病预防控制中心卫生技术人员0.6万人,妇幼卫生保健机构卫生技术人员1.1万人。[②] 每万人拥有医生数、每万人医院床位数由1978年的9.7人、19张增加

---

① 江苏省人民政府.2017年江苏省国民经济和社会发展统计公报[DB/OL].[2018-02-22]. http://www. jiangsu. gov. cn/art/2018/2/22/art_34151_7492227. html.

② 江苏省人民政府.2017年江苏省国民经济和社会发展统计公报[DB/OL].[2018-02-22]. http://www. jiangsu. gov. cn/art/2018/2/22/art_34151_7492227. html.

至 2017 年的 27.1 人、54.6 张,分别增长 1.8 倍、1.9 倍。①

(7)公众安全感持续提高。2017 年,江苏政法系统坚持以习近平新时代中国特色社会主义思想为指导,以党的十九大的安全保障和维稳为主线,一手抓从严从实从细做好保安全、护稳定工作,一手抓深入解决源头性、基础性问题,各项工作取得新成效,人民群众安全感提高到 96.52%,对法治建设满意度提高到 96.88%,对政法机关和政法队伍满意率提高到 90.91%,均创历史新高。

表 5-5 江苏省卫生机构、床位及卫生技术人员情况

分类	1978 年	1985 年	1990 年	2000 年	2010 年	2017 年
卫生机构数/个	9 277	11 515	12 366	12 813	30 961	32 037
卫生机构床位数/万张	12.3	14.3	16.5	17.3	27.0	47.0
卫生技术人员数/万人	14.0	18.3	21.4	25.4	32.8	54.8
每万人医生数/人	9.7	12.3	14.6	15.6	16.4	27.1
每万人医院床位数/张	19.0	20.4	21.5	22.1	31.5	54.6

资料来源:2018 年《江苏统计年鉴》

网格化治理彰显特色。江苏正在全省推行的"全要素网格化"社会治理新模式。在江苏的城乡社区,每 300 户左右的居民被划分成为一个虚拟的网格,在每一个网格内,都有一个专职或者兼职的"网格员",负责搜集本网格范围内居民的社情民意,方便居民办事。与过去居民办事要自己跑到职能部门相比,22 个职能部门的 82 项办事职能被逐项分解,落实到了基层的全要素网格员身上,网格员身兼信息采集、政策宣传、矛盾调处、便民服务等多种职能,

---

① 江苏省人民政府. 改革开放 40 年:文教卫体篇:社会事业繁荣发展文教卫体成就卓著[DB/OL]. [2018-11-14]. http://www.jiangsu.gov.cn/art/2018/11/14/art_34153_7880527.html.

真正成了说话管用的人。群众的诉求,网格员能现场解决的,就现场解决,不能现场解决的,就通过联通省、市、县、乡、村五级平台的江苏省网格化社会治理信息系统,即时上传到上级联动指挥平台。"全要素网格化"推动了社会治理工作的重心下移。省委政法委副书记、省综治办主任朱光远说,按照省委"把网格打造成基层社会治理的第一道屏障和江苏社会治理工作的一个名片"的要求,省委政法委提请省"两办"印发《关于创新网格化社会治理机制的意见》。全省各地坚持系统化思维、全局性站位,推动社会治理重心向基层下移,形成"一网(多元融合共治网)、一台(大数据智能平台)、一终端(全要素网格采集终端)、一中心(网格化服务管理中心)"的江苏模式。

按照"一张网""五个统一"要求,坚持党委领导,统筹政府、市场、社会力量,推动形成"各方协同、联动融合、多元共治"的网格治理新局面。目前全省共规范设立网格 14 万余个,配备专兼职网格员近 30 万名;2017 年,网格员源头排查各类安全隐患 5.5 万起,化解矛盾纠纷 9.1 万件,服务群众事项 129 万人次。同时,把大数据应用作为最大特色亮点,积极搭建智能化应用服务平台,推动实现各部门网格及数据资源互联互通、协同共享。目前,江苏社会治理大数据智能应用服务一期平台基本建成,汇聚 14 个省级部门7260 亿条、试点县区 5625 万条基础数据;通过联勤联动及时解决群众诉求,非警务类警情下降 40%左右。①

四、江苏"六个高质量发展"的战略定位

在高质量发展上走在全国前列,这是江苏省基于党和国家赋予的时代使命、结合自身高质量发展的基础条件和奋斗目标而确

---

① 2017 年江苏公众安全感达 96.52%创历史新高[DB/OL]. https://baijiahao. baidu. com/s? id=1591518937486992322&wfr=spider&for=pc.

定的战略定位。

党的十九大做出"我国经济已由高速增长阶段转向高质量发展阶段"的重大判断。2017 年 12 月,习近平在十九大后首次调研到江苏考察,不仅强调了发展实体经济、鼓励企业创新、坚持转型发展、坚持富民兴民的重要性,而且要求贯彻落实党的十九大关于推动经济发展质量变革、效率变革、动力变革的重大决策,实现中国制造向中国创造转变、中国速度向中国质量转变、中国产品向中国品牌转变;明确指出"我国经济由高速增长转向高质量发展,这是必须迈过的坎"。[①] 习近平总书记在视察江苏发表的重要讲话中,指出江苏应该走在高质量发展前列。

按照高质量发展的要求,统筹推进"五位一体"总体布局和协调推进"四个全面"战略布局,深入推进"两聚一高"新实践,以供给侧结构性改革为主线,统筹做好稳增长、促改革、调结构、惠民生、防风险各项工作,推动质量变革、效率变革、动力变革,扎实推进高水平全面建成小康社会各项工作,积极进行基本现代化建设新探索,把"强富美高"新江苏建设不断推向前进,努力在高质量发展上走在全国前列。

2017 年 12 月 26 日,《中国共产党江苏省第十三届委员会第三次全体会议决议》明确提出"努力在高质量发展上走在全国前列",并且把"走在前列"与推进"强富美高"新江苏建设有机融合,申明要以高度的责任自觉和使命担当,以东部发达省份的地位提出要为全国目标任务的完成做出江苏贡献。

走在全国前列的战略定位,充分考虑了江苏在进入新时代后,认真贯彻新发展理念,坚持稳中求进工作总基调,统筹推进"五位

---

① 中国政府网. 习近平在江苏徐州考察强调紧扣新时代要求推动改革发展[DB/OL]. [2017 - 12 - 14]. http://www. gov. cn/xinwen/2017 - 12/14/content_5246749. htm.

一体"总体布局,协调推进"四个全面"战略布局,全面落实省第十三次党代会确定的各项目标任务,经济发展呈现新的态势,区域城乡发展展开新的布局,思想文化建设取得新的进展,民生建设迈出新的步伐,党的建设展现新的气象等实际情况;体现了全省上下对"两聚一高"形成广泛共识、建设"强富美高"新江苏的思想更加牢固的精气神,显现了江苏高质量发展的战略特色。

走在全国前列的战略定位,以"两聚一高""强富美高"新江苏建设取得的成就为前提,以"六个高质量"的协同推进为战略路径,努力以特色化开辟江苏高质量发展之路。

一是围绕经济发展高质量,推动科技创新战略支撑,系统推进创新型省份建设;推动新的动能蓄势迸发,加快产业向中高端发展;推动实体经济提质增效,使"江苏智造"成为一张亮丽名片。

二是围绕改革开放高质量,把握推进治理体系和治理能力现代化的目标取向,在国家顶层设计的框架内,蹄疾步稳推进各项改革;在国家全面开放新格局中,充分发挥"一带一路"交汇点作用,进一步拓展开放空间。

三是围绕城乡建设高质量,把城市群作为城镇化发展的主体形态,全面增强城镇竞争实力;把注入新动能作为乡村振兴的重要突破口,全面增强农村发展活力;把建立综合交通体系作为重要支撑,全面增强城乡基础设施保障能力。

四是围绕文化建设高质量,牢牢掌握意识形态工作领导权,增强文化引领力;大力弘扬社会主义核心价值观,增强文化凝聚力;提高文化事业产业发展水平,增强文化软实力。

五是围绕生态环境高质量,以天蓝地绿水清为目标,下决心解决环境保护的突出问题;以绿色低碳循环为目标,全面推动形成绿色发展方式;以宁静和谐美丽为目标,大力推进生态系统保护修复。

六是围绕人民生活高质量,着力解决结构性的民生问题,着力实施普惠性的民生工程,着力办好扶助性的民生实事,着力满足多样性的民生需求。

"六个高质量"的特色内涵意味着高质量发展是一场涉及发展方式、经济结构、增长动力等诸多方面的系统性重大变革。从"高速度"转向"高质量"体现的是发展规律,为江苏经济标明了发展航向;从"有没有"转向"好不好"体现的是发展追求,为江苏发展明确了价值导向;从"中低端"转向"中高端"体现的是发展水平,为江苏转型升级提供了根本遵循。① 因此,对江苏来说,高质量发展是一场硬仗,只有把高质量发展与"五位一体"总体布局、"四个全面"战略布局的贯彻落实有机融合,坚持发挥各级党组织建设"强富美高"新江苏和争取高质量发展的核心领导作用,使党员干部成为实现江苏高质量发展的领头雁;坚持党对一切工作的领导,提高推动高质量发展的能力,以人民为中心调动一切积极因素,才能在这场变革中走在全国的前列。

2020年11月,十九届五中全会后习近平总书记首次国内考察选择了江苏,对江苏高质量发展寄予了殷切期望,并指示江苏应"在改革创新、推动高质量发展上争当表率,在服务全国构建新发展格局上争做示范,在率先实现社会主义现代化上走在前列"②。"在改革创新、推动高质量发展上争当表率"这既肯定了江苏在高质量发展上走在全国前列的战略定位,同时更明确了党中央对江苏的一贯要求,即为全国发展探路,要"领跑",要创造经验、发挥示范效应,以改革创新精神,发挥江苏优势,成就更高目标。

---

① 娄勤俭.推动高质量发展走在前列[DB/OL].[2018-03-13].http://www.qstheory.cn/dukan/qs/2018-03/31/c_1122594995.htm.

② 中共江苏省委新闻网.新华日报:在改革创新、推动高质量发展上争当表率[DB/OL].[2020-11-17].http://zgjssw.jschina.com.cn/dangjianxinlun/202011/t20201117_6876226.shtml.

第二节　江苏"六个高质量发展"的进展和成效

2018年是全国开启经济社会高质量发展的元年。全国各省市认真贯彻落实党的十九大会议精神,竞相制定各自的高质量发展方案,出台特色化的政策举措,大力推进高质量发展。经过三年的努力,各省市的高质量发展取得显著成效。其中,江苏经济社会的高质量发展也在经受新冠疫情考验和打赢"三大攻坚战"、决战全面建成小康社会的进程中取得了令人瞩目的成就。

一、经济高质量发展取得阶段性成效

1. 人均GDP超过世界高收入门槛

2018年,江苏全省人均地区生产总值115 168元,按汇率折算约为1.73万美元。与2017年世界银行最新发布的12 056美元高收入标准相比,江苏已超过高收入门槛5 000美元。2018年,江苏人均GDP为全国1.78倍,其中苏南地区约为全国2.5倍。2019年,人均达12.36万元,居各省区第一。与此同时,2018—2021年,江苏地区生产总值逐年提升,2021年,历史性突破11亿元大关,达到11.63万亿元,同比增长8.6%,增速快于全国0.5个百分点(2021年全年,国内生产总值1 143 670亿元,比上年增长8.1%)。这不仅标志着江苏综合实力跨上了一个新台阶,也展现出江苏在支撑我国经济率先恢复正增长中的砥柱作用(参见表5-6)。①

---

① 数据来源:2017—2021年《江苏省国民经济和社会发展统计公报》。

表 5-6　2017—2020 年江苏省地区生产总值和地区生产总值增长率

	2017	2018	2019	2020	2021
地区生产总值/亿元	85 900.9	92 595.4	99 631.5	102 719	116 364.2
地区生产总值增长率/%	7.2	6.7	6.1	3.7	8.6

从 2002 年 GDP 突破 1 万亿元到 2021 年超过 11 万亿元,江苏一步一个脚印不断向上攀登。尤其是进入"十三五"时期,面对世界百年未有之大变局,以及突如其来的新冠肺炎疫情,江苏GDP 连跨三个万亿级台阶,足见江苏乃至我国经济的强韧特质。

2. 经济运行综合效益增速逆转

2018 年,一般公共预算收入 8 630.2 亿元,占 GDP 比重9.33%;税收收入占一般公共预算收入比重达 84.2%,比上年提高 4.8 个百分点,扭转了前几年的下滑态势,实现了增速逆转;全年省总税收收入 7 263.65 亿元,增长 12%;非税收入 1 366.51亿元,下降 19%。2018—2021 年,江苏一般公共预算收入、税收收入实现持续增长,税收占比虽有所下降,但高于 2017 年,持续保持在 80% 以上,不过下滑态势有待再度逆转(参见表 5-7)。①

表 5-7　2017—2021 年江苏省一般公共预算收入和税收收入占比

	2017	2018	2019	2020	2021
一般公共预算收入/亿元	8 171.5	8 630.2	8 802.4	9 059.0	10 015.2
税收收入/亿元	6 484.3	7 263.7	7 339.6	7 413.9	8 171.3
税收占一般公共预算收入比重/%	79.4	84.2	83.4	81.8	81.6

3. 产业结构调整加快

2017 年至 2021 年,在产业结构的优化调整中,第一产业稳中

---

① 资料来源:《2017 年全省经济社会发展新闻稿》、2017—2021 年《江苏统计年鉴》和《江苏省国民经济和社会发展统计公报》。

有升,第二产业持续下降,第三产业持续较快上升(参见表5-8、图5-7)。三次产业结构比进一步优化。其中,第三产业在2016年首次突破50%后,2017年至2021年呈现持续上升态势,其三次产业结构比,2017年为4.7∶45.5∶50.3,2018年为4.5∶44.5∶51,2019年为4.3∶44.4∶51.3,2020年为4.4∶43.1∶52.5,2021为4.1∶44.5∶51.4。2021年第三产业结构占比与2020年相比有所回落,但与早些年相比仍显现了产业结构加快调整的态势。①

表5-8 2017—2021年江苏省第一、二、三次产业增加值

年份	2017年	2018年	2019年	2020年	2021年
第一产业/亿元	4 076.7	4 141.7	4 296.3	4 536.7	4 722.4
第二产业/亿元	38 654.8	41 248.5	44 270.5	44 226.4	51 775.4
第三产业/亿元	43 169.4	47 205.2	51 064.7	53 955.8	59 866.4

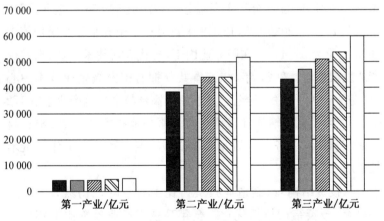

图5-7 2017—2021年江苏省第一、二、三次产业增加值图示

① 资料来源:2017—2021年《江苏统计年鉴》和《江苏省国民经济和社会发展统计公报》。

从产业内部结构看,全省农业现代化水平持续提高。2021年,全省新建高标准农田 390 万亩,农作物耕种收综合机械化率超过 83%,比全国平均水平高近 11 个百分点。全省有效灌溉面积达 423.2 万公顷,新增有效灌溉面积 0.8 万公顷。[①]

先进制造业增势良好。2021 年,江苏全省高技术产业、装备制造业增加值比上年分别增长 17.1% 和 17.0%,高于规模以上工业 4.3 个和 4.2 个百分点;对规模以上工业增加值增长的贡献率达 30.5% 和 67.3%。分行业看,电子、医药、汽车、专用设备等先进制造业增加值分别增长 17.3%、11%、14.7% 和 15.9%。代表智能制造、新型材料、新型交通运输设备和高端电子信息产品的新产品产量实现较快增长。新能源汽车、城市轨道车辆、3D 打印设备、集成电路、服务器等新产品产量比上年分别增长 198%、5.9%、64.3%、39.1% 和 67.3%。[②]

服务业增加值占 GDP 比重,是观察经济结构调整成效的重要指标。2021 年,江苏全省实现服务业增加值 59 866.4 亿元,同比增长 7.7%,比 2020 年提升 3.9 个百分点。全省服务业增加值占 GDP 比重为 51.4%。在服务业内部,现代高新技术产业、新基础产业发展稳健。2021 年,江苏省共计拥有国家级企业技术中心 114 家,分中心 15 家,全省已建国家级高新技术特色产业基地 172 个。同年,信息传输软件和信息技术服务业投资增长 27.8%,科学研究和技术服务业投资增长 24.9%,卫生和社会工作投资增长 18%。

从投资结构看,制造业投资占比虽有下降但仍然较高。至2021 年,投资结构持续优化。全年高技术产业投资比上年增长21.6%,增速高于全部投资 15.8 个百分点,拉动全部投资增长

---

① 数据来源:江苏省统计局 2021 年江苏省国民经济和社会发展统计公报。
② 数据来源:江苏省统计局 2021 年江苏省国民经济和社会发展统计公报。

3.5 个百分点。主要行业中,医疗仪器设备及仪器仪表制造、电子及通信设备制造、医药制造、信息服务等行业投资增长较快,分别增长 25.6%、21.5%、14.6%和 15.7%。制造业投资增长 16.1%,高于全部投资增速 10.3 个百分点,拉动全部投资增长 6 个百分点。

4. 综合创新驱动水平持续提高

2021 年,江苏全省专利授权量 64.1 万件,比上年增长 28.4%,其中发明专利授权量 6.9 万件,增长 49.7%;PCT 专利申请量 7 168 件,下降 25.4%。年末,全省有效发明专利量 34.9 万件,比上年末增长 19.7%;万人发明专利拥有量 41.2 件,增长 13.9%。科技进步贡献率 66.1%,比上年提高 1 个百分点。全年共签订各类技术合同 8.3 万项,技术合同成交额达 3 013.6 亿元,比上年增长 29%。省级以上众创空间达 1 075 家。①

表 5-9 江苏省高质量发展中的科技创新成果

年份	国家和省级重点实验室/个	系列全社会研发投入占GDP比重/%	企业研发经费投入占主营业务收入比重/%	万人发明专利拥有量/件	科技进步贡献率/%
2016	170	2.61	1.1	18.5	61
2017	160	2.7	1.3	22.5	62
2018	171	2.64	1.3	26.5	63
2019	183	2.72	1.6	30.2	64
2020	190	2.85	—	36.1	65.1
2021	186	2.95	—	41.2	66.1

资料来源:相关年份《江苏统计年鉴》和《江苏省国民经济和社会发展统计公报》

---

① 数据来源:江苏省统计局 2021 年江苏省国民经济和社会发展统计公报。

5. 新产业新业态新模式发展迅猛

2021年,江苏省新能源汽车、城市轨道车辆、3D打印设备、集成电路、服务器等新产品产量比上年分别增长198％、5.9％、64.3％、39.1％和67.3％。

2021年全年,江苏省工业战略性新兴产业、高新技术产业产值分别占规模以上工业比重达39.8％、47.5％,分别比上年提高3个、1个百分点。规模以上高技术服务业营业收入同比增长18.1％,对全省规模以上服务业增长贡献率达32％。高技术产业投资比上年增长21.6％,高于全部投资15.8个百分点。数字赋能动力强劲。规模以上工业中数字产品制造业增加值比上年增长19.7％,高于规模以上工业6.9个百分点。规模以上服务业中互联网和相关服务营业收入比上年增长27.5％。新兴动能持续壮大。[1]

6. 区域发展更加协调

2020年,苏州GDP突破2万亿元,南京首次跻身中国大陆经济十强城市,南通亦成为全省第四个GDP过万亿元城市。目前,全省13个设区市均跻身全国经济百强市。诚如省委书记娄勤俭所言:"全省13个设区市就是13支敢打硬仗的奇兵劲旅,合在一起就是能打胜仗的铁阵强军,共铸江苏之'大'、江苏之'强'。"[2]同时,新交通新基建取得重大进展,惠及全省各市。至2021年底,建成5G基站7.1万座,基本实现全省各市县主城区和重点中心镇全覆盖。电力、天然气等能源保障能力进一步增强,海上风电、分布式光伏等新能源装机规模居全国前列。南京禄口国际机场T1航站楼改扩建工程投入运营,通州湾新出海口等重大项目开工建

---

① 数据来源:江苏省统计局2021年江苏省国民经济和社会发展统计公报。
② 中共江苏省委新闻网.娄勤俭谈"苏大强"补短板锻长板:奋力谱写"强富美高"现代化新篇章[DB/OL].[2023-08-01]. http://www. zgjssw. gov. cn/yaowen/202101/t20210114_6946548. shtml.

设。沪苏通长江公铁大桥、五峰山长江大桥、南京江心洲长江大桥建成通车,徐宿淮盐、连淮扬镇、沪苏通、盐通高铁建成运营,连徐高铁开通在即,南沿江、宁淮高铁建设有力推进,沪苏湖高铁开工建设。全省高铁运营里程新增 1 356 公里,累计达 2 215 公里,从全国第十四位跃升至第三位,"轨道上的江苏"主骨架基本形成。

2021 年,江苏全省上下坚持以习近平新时代中国特色社会主义思想为指导,认真落实党中央、国务院决策部署和省委、省政府要求,坚持稳中求进工作总基调,扎实做好"六稳""六保"工作,有效应对复杂多变的外部环境和各项风险挑战,综合实力再攀新台阶,结构转型实现新突破,发展动能彰显新优势,构建新发展格局取得新进展,高质量发展展现新成效,实现"十四五"良好开局,"强富美高"新江苏现代化建设迈出坚实步伐。

此外,传统优势不断巩固。江苏最大的优势是实体经济,拥有全国最大规模的制造业集群,产值约占七分之一。2021 年,全省全年规模以上工业增加值比上年增长 12.8%,在经济大省中位居前列。外向型经济也是江苏优势,2021 年,江苏对外贸易保持快速增长,全年实现进出口总额 52 130.6 亿元,比上年增长 17.1%。

经过四年的高质量发展,拥有 8 505 万人口的江苏,其人均GDP 自 2009 年起连续 12 年稳居各省、自治区之首,2020 年达13.703 9 万元(2.045 万美元),已超出国际公认的发达经济体人均 GDP 两万美元的初级"门槛"。

二、改革开放高质量发展迈出新步伐

1. 营商环境总体水平位居全国前列

近年来江苏始终坚持"营造新清政商关系,构建和谐营商环境",始终把建设国际一流营商环境作为一项基础性、品牌性工作来抓。通过深化"放管服"改革,江苏高质量发展的营商环境已形成一定的特色优势。如"不见面审批"品牌推广全国①、"3550"改革加快推进,相关经验做法已形成品牌优势。

2018 年,省审改办结合国家与省委、省政府对优化营商环境的最新要求,参考国务院第五次大督查设置的营商环境指标,将简政放权创业创新环境评价升级为全省营商环境评价。通过指标扩容、新增用电报装,以及"不见面审批""试评价指标"等,以评促改,大幅提高审批效率。全省 13 个设区市、96 个县(市、区)全部出台了"不见面审批"改革方案和"不见面审批"清单,"不见面审批"覆盖面不断扩大,"不见面审批"便利度不断提高。这一改革举措已经成为江苏优化营商环境的重要品牌。加快推进"3550"改革。按照李克强总理提出的"改革成效要看改革后企业申请开办时间压缩多少、项目审批提速多少、群众办事方便多少"的要求,我省提出了"3550"改革目标,即开办企业 3 个工作日内完成,不动产权证 5个工作日内完成,工业建设项目施工许可证 50 个工作日内完成。目前,全省"3550"改革达标率为 97.9%。在此基础上,积极探索企业投资项目信用承诺制试点,初步形成了"明规矩于前、寓严管于中、施惩罚于后"的投资项目信用承诺管理机制。同时,优化网上办税平台,省税务部门累计推出 740 项办税服务功能,"不见面"办税服务业务量已占 90%以上。到目前为止,我省企业开办发票领用平均办理时间从 15 个工作日缩减为 2 个多小时;不动产登记涉税业务办理时间由 1 个工作日缩减至 10 分钟左右。建立了科学有效的事中事后监管体系。为解决执法随意、执法扰民等问题,在全省全面建立"一表两清单、两库一平台"为主要架构的"双随机"抽查机制,进一步规范执法行为。在全省 13 个设区市各选择1 个县(市、区)开展县域综合行政执法改革试点,将若干个整合组建为 5—7 支综合行政执法队伍,不断提升监管效能。加强跨部门

① 周海南.不见面审批[M].南京:江苏人民出版社,2019.

联合监管,做到"一次检查、全面体检",切实减轻企业负担。改革成效得到了各方面的肯定。李克强总理先后10次对我省推进"放管服"改革、优化营商环境的做法批示肯定,2次大会表扬。2018年7月,国务院第五次大督查对全国进行了营商环境七项指标调查,我省综合排名位居前列。2018年10月16日—17日,国务委员、国务院秘书长肖捷来我省调研"放管服"改革、优化营商环境等工作,对我省"不见面审批""3550"改革等做法给予了充分肯定,认为江苏打造了一流营商环境的新高地。同年11月29日—30日,李克强总理来我省考察,充分肯定我省"不见面审批"工作,认为"不见面审批"已经成为江苏的"一张亮丽名片",希望江苏继续"为全国做标杆"。先后出台了优化营商环境"1+10"文件。这集中体现在《优化营商环境的实施意见》中,该文件包括1个主文件、10个子文件。主文件重点围绕加快推进"不见面审批进一步优化营商环境",提出了11大项、25小项改革任务,10个子文件也就是十大行动方案。分别是:省市场监管局牵头制定的《关于进一步压缩企业开办时间的行动方案》;省自然资源厅牵头制定的《关于进一步优化不动产登记的行动方案》;省住房城乡建设厅牵头制定的《关于进一步优化工业建设项目施工许可的行动方案》《关于进一步优化用水接入的行动方案》《关于进一步优化燃气接入的行动方案》;省税务局牵头制定的《关于进一步推进纳税便利化的行动方案》;省电力公司牵头制定的《关于进一步优化电力接入的行动方案》;省地方金融监管局牵头制定的《关于改善中小微企业融资服务的行动方案》;南京海关牵头制定的《关于进一步优化报关通关的行动方案》;省大数据管理中心牵头制定的《关于加快推进信息共享应用的行动方案》。"1+10"文件形成了具有江苏特色的优化营商环境政策体系。① 在 2018 年 12 月新华社—新华每日电讯联合上海华厦社会发展研究院发布的 2018 中国营商环境指数报告中,江苏名列第 2 位,总体得分较高,仅次于广东,位居全国前列。

2019 年,在深入推进"放管服"改革中,江苏加快了五级政务服务体系建设,92.5％的审批事项可在网上办理;政务服务事项全部入驻政务大厅,90％以上实现"一窗"分类综合受理。出台优化营商环境行动方案和促进民营经济高质量发展 30 条政策措施,社会信用体系加快建设,在全国工商联发布的万家民营企业评价营商环境报告中,我省位居前列。国资国企、财税金融、社会事业等重点领域改革扎实推进。政府部门、国有企业拖欠民营企业和中小企业账款清偿率超过 90％,超额完成国家确定的 50％以上目标。②

2020 年,全省机构改革工作全面完成,政府职能转变加快推进。通过持续深化"放管服"改革,省政府取消、下放、调整行政权力事项 525 项,全省营商环境总体水平位居全国前列。③

2021 年,"放管服"改革持续深化。"不见面审批""一件事"等改革深入推进,"证照分离"改革实现全覆盖,网上政务服务能力、社会信用体系建设和营商环境位居全国前列。完善和落实惠企政策,市场主体活力不断增强。④

① 江苏省人民政府.加快推进"不见面审批(服务)"进一步优化营商环境新闻发布会[DB/OL].[2019-01-08].http://www.jiangsu.gov.cn/art/2019/1/8/art_46548_136.html.

② 江苏省人民政府.江苏省政府 2020 年政府工作报告[DB/OL].[2020.01-22].http://www.jiangsu.gov.cn/art/2020/1/22/art_33720_8955845.html.

③ 中国江苏网.2021 年江苏省政府工作报告(全文)[DB/OL].[2021-02-02].http://jsnews.jschina.com.cn/jsyw/202102/t20210202_2721459.shtml.

④ 江苏省人民政府.江苏省政府 2022 年政府工作报告(全文)[DB/OL].[2022-01-25].http://www.jiangsu.gov.cn/art/2022/1/25/art_33720_10330679.html.

2. 对外贸易稳定增长,结构优化略有波动

2018—2021 年,江苏年度进出口总额虽增幅有所起伏,但始终保持增长态势。2017 年,全年货物进出口总额 40 022.1 亿元,比上年增长 19%。其中,出口总额 24 607.2 亿元,比上年增长 16.9%;进口总额 15 414.9 亿元,比上年增长 22.6%。2018 年,全省完成进出口总额 43 802.4 亿元,比上年增长 9.5%。其中,出口 26 657.7 亿元,增长 8.4%;进口 17 144.7 亿元,增长 11.3%。从贸易方式看,一般贸易进出口总额 21 342.6 亿元,增长 10.9%;占进出口总额比重达 48.7%,超过加工贸易 9.4 个百分点。2019 年,全省完成进出口总额 43 379.7 亿元,比上年下降 1%。其中,出口 27 208.6 亿元,增长 2.1%;进口 16 171.1 亿元,下降 5.7%。从贸易方式看,一般贸易进出口总额 22 393.6 亿元,增长 4.9%;占进出口总额比重达 51.6%,超过加工贸易 14 个百分点。2020 年,全省完成进出口总额 44 500.5 亿元,比上年增长 2.6%。其中,出口 27 444.3 亿元,增长 0.9%;进口 17 056.2 亿元,增长 5.5%。2021 年,全省全年实现进出口总额 52 130.6 亿元,比上年增长 17.1%。其中,出口 32 532.3 亿元,增长 18.6%;进口 19 598.3 亿元,增长 14.8%。这种增长态势得益于江苏坚持以"一带一路"交汇点建设统领向东向西双向开放,启动实施"五大计划"专项行动,2019 年,对"一带一路"沿线国家和地区贸易增长 9.4%、占比提高 2.3 个百分点;坚持开展国际合作与共建共享。2019 年,中哈物流合作基地、上合组织连云港国际物流园、淮海国际陆港建设加快推进。2020 年,以"一带一路"交汇点建设为统领,深入实施"五大计划"专项行动,开放型经济水平进一步提升,对外贸易稳中提质,2021 年,以进出口贸易总额 5.21 万亿元稳居全国前列;一般贸易占比由 53.4% 提高到 56.3%,对"一带一路"沿线国家和地区出口占比由 26.9% 提高到 30.1%。不过,就一般贸易进出口总额而言,由于受国际局势和新冠疫情等影响,2018—2020 年,虽保

持了增长态势,但年度总额目前尚未达到 2017 年水平,而 2021 年实现飞速增长(参见表 5‐10)。

表 5‐10　2017—2021 年江苏省完成进出口额和一般贸易出口总额情况

年份	2017	2018	2019	2020	2021
全省完成进出口总额/亿元	40 022.1	43 802.4	43 379.7	44 500.5	52 130.6
一般贸易进出口总额/亿元	24 607.2	21 342.6	22 393.6	23 774.0	29 328.3

贸易结构优化总体稳定,但调整力度有待加强。从 2017—2021 年江苏省货物进出口贸易主要分类情况看,其中,出口部分的出口总额、一般贸易绝对数保持了稳定增长,但增长幅度呈下降态势。在贸易产品中加工贸易、初级产品持续下降,机电产品、高新技术产品绝对数持续增长;进口部分的进口总额、一般贸易绝对数有增有减,总体态势趋向增长;加工贸易、初级产品的绝对数持续下降;工业制成品、机电产品、主新技术产品的绝对数有高有低,略有波动(参见表 5‐11)。

表 5‐11　2017—2021 年江苏省货物进出口贸易主要分类情况

年份	2017		2018		2019		2020		2021	
指标	绝对数/亿元	比上年增长/%	绝对数/亿元	比上年增长/%	绝对数/亿元	比上年增长/%	绝对数/亿元	比上年增长/%	绝对数亿元	比上年增长/%
出口总额	24 607.2	16.9	26 657.7	8.4	27 208.6	2.1	27 444.3	0.9	32 532.3	18.6
一般贸易	11 900.6	16.0	13 400.8	16.6	14 464.3	7.9	15 153.8	4.8	18 869.5	24.6
加工贸易	10 248.9	11.8	10 234.8	−0.1	10 306.8	0.7	9 826.7	−4.6	10 005.5	1.8

(续表)

年份	2017		2018		2019		2020		2021	
指标	绝对数/亿元	比上年增长/%	绝对数/亿元	比上年增长/%	绝对数/亿元	比上年增长/%	绝对数/亿元	比上年增长/%	绝对数/亿元	比上年增长/%
工业制成品	23 112.6	13.9	24 980.0	8.2	25 454.8	1.9	27 104.0	1.0	32 123.1	18.6
初级产品	374.6	10.6	385.4	2.9	368.3	−4.4	338.0	−11.7	409.2	21.1
机电产品	16 200.5	18.1	17 624.4	8.9	17 955.6	1.9	18 342.8	2.4	21 595.4	17.8
高新技术产品	9 337.7	21.2	10 126.2	8.5	9 946.6	−1.8	10 222.9	2.8	11 285.9	10.4
国有企业	2 539.1	34.2	2 989.2	17.7	2 330.6	−22.0	2 070.0	−11.2	2 532.9	22.4
外商投资企业	14 318.5	16.3	14 810.2	3.6	14 863.2	0.4	14 012.8	−5.7	15 602.3	11.4
私营企业	7 345.4	13.6	8 456.0	15.1	9 618.6	13.7	11 341.3	13.6	14 085.0	27.7
进口总额	15 414.9	22.6	17 144.7	11.3	16 171.1	−5.7	17 056.2	5.5	19 598.3	14.8
一般贸易	7 348.1	25.6	7 941.8	8.1	7 929.3	−0.2	8 620.2	8.7	10 458.8	21.0
加工贸易	6 226.9	22.3	6 967.1	11.9	5 993.0	−14.0	5 890.3	−1.7	6 452.9	9.6
工业制成品	12 512.5	19.0	13 975.7	11.7	13 013.1	−6.9	14 122.8	6.0	15 626.5	10.7
初级产品	2 031.4	31.8	2 203.1	8.5	2 262.1	2.7	2 932.8	3.2	3 971.8	34.5

(续表)

年份	2017		2018		2019		2020		2021	
指标	绝对数/亿元	比上年增长/%	绝对数/亿元	比上年增长/%	绝对数/亿元	比上年增长/%	绝对数/亿元	比上年增长/%	绝对数亿元	比上年增长/%
机电产品	9 161.1	21.2	10 204.9	11.5	9 375.3	−8.1	10 051.5	7.3	11 074.6	10.3
高新技术产品	6 426.1	23.6	7 288.0	13.4	6 594.0	−9.5	7 262	10.1	7 959.5	9.7
国有企业	1 087.3	31.0	1 336.5	22.9	1 484.4	11.1	1 729.6	16.6	2 141.3	23.4
外商投资企业	11 189.3	21.5	12 125.1	8.4	11 004.6	−9.2	10 988.0	−0.1	11 791.2	7.3
私营企业	2 904.4	23.9	3 453.0	18.9	3 436.6	−0.5	4 334.1	17.9	5 299.9	30.9

资料来源:省统计局 2017—2021 年《江苏省国民经济和社会发展统计公报》。

3. 利用外资质量显著提升

2018—2021 年,江苏和全国一样遭遇了中美贸易摩擦的困难和新冠疫情等风险挑战,但实际利用外资的总量稳定增长,质量显著提升。2017 年,实际使用外资 251.4 亿美元,增长 2.4%。全年新批外商投资企业 3 254 家,比上年增长 13.9%;新批协议注册外资 554.3 亿美元,增长 28.5%;新批及净增资 9 000 万美元以上的外商投资大项目 347 个,比上年增长 19.7%。在 2017 年外资利用快速增长的基础上,2018 年,全省实际使用外资 255.9 亿美元,比上年增长 1.8%。全年新批外商投资企业 3 348 家,比上年增长 2.9%;新批协议注册外资 605.2 亿美元,增长 9.2%;新批及净增资 9 000 万美元以上的外商投资大项目 353 个,比上年增长 1.1%。2019 年,有效应对中美经贸摩擦带来的困难和挑战,进出口总额基本保持稳定,其中出口增长 2.1%;实际使用外资稳中提质,总量达 257 亿美元,其中制造业、战略性新兴产业分别增长 18%和 32%,占比达 49%和 61%,同比分别提高 6 和 12 个百分点。① 全年新批外商投资企业 3 410 家,比上年增长 1.9%;新批协议注册外资 626 亿美元,比上年增长 3.4%。② 2020 年,实际使用外资 283.8 亿美元,增长 8.6%。全年新批外商投资企业 3573 家,比上年增长 4.8%;新批及净增资 9000 万美元以上的外商投资大项目 449 个,比上年增长 18.8%。③ 此外,涵盖南京、苏州、连云港三个片区的江苏自贸试验区正式获批设立,全省各级各类开发园区提档升级步伐进一步加快。高水平举办第二届江苏发展大会暨首届全球苏商大会、世界物联网博览会、世界智能制造大会,精心组织参加第二届中国国际进口博览会。2021 年,全省利用外资稳步增长。全年新设立外商投资企业 4 237 家,比上年增长 18.6%;实际使用外资 288.5 亿美元,增长 22.7%。全年新批境外投资项目 726 个,中方协议投资额 66.8 亿美元;新签对外承包工程合同额 55.9 亿美元,新签对外承包工程完成营业额 59.5 亿美元。推进"一带一路"交汇点建设,全年新增"一带一路"沿线对外投资项目 191 个,中方协议投资额 15.9 亿美元。④

市场主体持续活跃。2018 年以来,江苏法人单位呈现高质量高速度发展态势,各类法人单位的不断增加,有力地支撑了宏观经

---

① 江苏省人民政府.江苏省政府 2020 年政府工作报告[DB/OL].[2020 - 01 - 22].http://www.jiangsu.gov.cn/art/2020/1/22/art_33720_8955845.html.

② 江苏省人民政府.2019 年江苏省国民经济和社会发展统计公报[DB/OL].[2020 - 03 - 03].http://www.jiangsu.gov.cn/art/2020/3/3/art_34151_8994782.html.

③ 江苏省人民政府.2020 年江苏省国民经济和社会发展统计公报[DB/OL].[2021 - 03 - 10].http://www.js.gov.cn/art/2021/3/10/art_34151_9699058.html.

④ 江苏省人民政府.2021 年江苏省国民经济和社会发展统计公报[DB/OL].[2020 - 03 - 03].http://tj.jiangsu.gov.cn/art/2022/3/3/art_4031_10362925.html.

济的稳健增长,确保了经济社会高质量发展的活力。2019 年,新登记市场主体 184.1 万户,平均每天 5 044 户,其中企业 54.3 万户,平均每天 1488 户。① 江苏省市场监管局最新统计数据显示,截至 2020 年 6 月末,全省市场主体总数 1 111 万户,较 2019 年底增长 6.3%。从新登记市场主体的情况来看,个体工商户成为最活跃的板块,总数量达到 745.9 万户,较上年底增长 8.5%。上半年,新增个体工商户 74.9 万户,日均 4 117 万户,同比增长 28.6%。② 与此同时,江苏 2020 年全面落实惠企政策,累计减税降费 8000 亿元;大力支持民营经济高质量发展,使全省全年民营经济增加值达 5.8 万亿元、市场主体总量达 1 238 万户。③ 江苏企业积极融入国际经济大循环,加快全球化布局。以新技术新产品和技术服务在"十四五"开局之年,稳住外贸基本盘,继续扩大对新兴市场特别是对"一带一路"国家和地区的出口优势,并且使 2020 年江苏出口全年逆势增长 2.6%,其中对"一带一路"沿线国家和地区出口增长 1.5%。

就发展态势而言,省委、省政府 2021 年 1 月出台《关于推进贸易高质量发展的实施意见》,推出了稳住外贸基本盘、培育高质量发展新动能的 24 项举措,这是着重把握当前与中长期发展、稳定规模与优化结构的关系,系统集成江苏应对国内外形势发展变化和风险挑战、深入开展"保主体促两稳"行动、"抓大""扶小""育新""稳链"的有效实践和创新举措。④ 预计 2021 年,江苏外贸出口和

---

① 江苏省人民政府. 江苏省政府 2020 年政府工作报告[DB/OL]. [2020 - 01 - 22]. http://www.jiangsu.gov.cn/art/2020/1/22/art_33720_8955845.html.

② 江苏省人民政府. 全省市场主体总数达 1 111 万户[DB/OL]. [2020 - 07 - 16]. http://www.jiangsu.gov.cn/art/2020/7/16/art_60095_9308628.html.

③ 中国江苏网. 2021 年江苏省政府工作报告(全文)[DB/OL]. [2021 - 02 - 02]. http://jsnews.jschina.com.cn/jsyw/202102/t20210202_2721459.shtml.

④ 江苏省人民政府. 江苏推出 24 项举措描绘贸易发展"路线图"[DB/OL]. [2021 - 01 - 22]. http://www.js.gov.cn/art/2021/1/22/art_63909_9651258.html.

占全国份额将继续保持向上格局,到 2022 年,"一带一路"沿线国家和地区货物进出口比重将达 1/4 以上,到 2025 年,货物贸易与服务贸易更加协调发展,以技术、标准、品牌、质量和服务为核心的竞争新优势加快形成,贸易强省建设取得重大进展。[①]

三、城乡建设高质量发展迈上新台阶

作为东部经济发达省份,江苏的城乡建设发展一直走在全国各省区市前列。全省住房城乡建设系统在住房保障工作、绿色建筑发展、城镇人居环境质量、城乡统筹建设水平、建筑业发展、服务型政府建设等六个方面迈上了新台阶。全省超过 400 万城乡住房困难群众实现"出棚、解危、安居";率先在全国实现所有新建建筑按国家一星级以上绿色建筑标准设计建造;城镇自来水厂深度处理比例达 51%,达全国最高,更多百姓喝上优质水;率先在全国实现国家园林城市设区市的全覆盖,保有全国最多的国家级历史文化名城、名镇和全国人居环境奖城市。

2018 年开始,江苏城乡建设围绕六个"更高质量",即更高质量推动群众居住条件改善、更高质量推动城市建设、更高质量推动城市管理、更高质量推动城镇功能品质提升、更高质量推动建筑产业转型发展、更高质量推动美丽宜居乡村建设,重点推进和完成新开工城镇棚户区危旧房、城中村改造 21.5 万套,基本建成 17 万套;创建 100 个以上省级宜居示范住区;整治城市黑臭水体 100 条以上;实施 100 个易淹易涝片区整治;全力推动 14 个省级海绵城市试点取得实质性进展;日新增污水处理能力 50 万立方米以上,新建污水主干管网 1 000 公里以上;新增自来水深度处理能力 150 万立方米以上;新增公厕 1 400 座;再完成 1.5 万套农村危房改

---

①　江苏省人民政府.开拓新兴市场江苏对"一带一路"出口逆势增长[DB/OL].[2021-02-14].http://www.js.gov.cn/art/2021/2/14/art_63909_9672802.html.

造,新启动 10 个试点县(市、区)开展村庄生活污水治理等工作。①

截至 2021 年初,江苏各类保障性住房 374.09 万套,超过 1 100 万城镇居民的居住条件得到明显改善,城镇保障性住房覆盖率达 27.7%,改造城镇老旧小区 8 729 个,城镇居民人均住房建筑面积超过 47 平方米,比改革开放初期增长了 8 倍多。② 2018 年,国务院对"落实有关重大政策措施真抓实干成效明显地方予以督查激励"以来,江苏棚户区改造连续 3 年受到表彰。同时,城乡建设高质量以"六个转向"为标志迈上了新台阶。

第一,市政基础设施从补齐短板转向基本现代化。2019 年,铺设农村供水管网 4 200 公里,2017—2020 年,区域供水入户率由 97%提升到 98%。③ 到 2021 年初,全省供水能力达到 3 154.5 万立方米/日,经过深度处理达到优质水的比例近 93.3%,构建了完整的从"源头水"到"龙头水"的供水安全保障体系;江苏城乡统筹区域供水率、自来水深度处理达到优质水比例、国家节水型城市数量等均位居全国第一。各设区市、太湖流域县级城市和苏中苏北地区部分县级城市建成区黑臭水体基本消除,绿色交通、海绵城市、地下综合管廊、天然气储气能力建设等新理念、新设施得到推广普及。

第二,城市发展从完善功能转向品质提升。截至 2021 年初,江苏获得"联合国人居奖""中国人居环境奖",国家生态园林城市数量位居全国之首,率先实现了国家园林城市设区市全覆盖;率先

---

① 中国江苏网.实现六个"迈进"江苏推动城乡建设"高质量发展"[DB/OL].[2018 - 03 - 08]. http://jsnews. jschina. com. cn/jsyw/201803/t20180308_1453873. shtml.

② 新华报业网.奋斗百年路逐梦新江苏城乡面貌巨变,"幸福画卷"铺展[DB/OL].[2021 - 05 - 13]. http://news. xhby. net/js/sh/202105/t20210513_7084232. shtml.

③ 中国政府网.江苏省更新改造农村供水管网 7 万余公里_地方政务[DB/OL].[2020 - 10 - 26]. http://www. gov. cn/xinwen/2020 - 10/26/content_5554272. htm.

以立法形式推动绿色建筑发展,绿色建筑规模和高星级绿色建筑占比全国第一;保有全国最多的国家历史文化名城、中国历史文化名镇、中国历史文化街区;在全国率先颁布实施《江苏省传统村落保护办法》,目前已公布了 310 个江苏省传统村落和 365 组传统建筑组群。2019 年,创新探索实践美丽宜居城市建设,注重系统集成解决老百姓反映最强烈的"城市病"问题,推动城市发展方式转型,江苏被住房和城乡建设部确定为全国首个试点省份,承担了为全国城市高质量发展探路的责任使命。

第三,乡村建设从"环境改善"转向"综合振兴"。中国要强,农业必须强;中国要美,农村必须美;中国要富,农民必须富。在高质量发展中,江苏更加注重乡村建设规律,以村庄环境整治、美丽乡村建设为抓手,一件事情接着一件事情办、一年接着一年干,将美丽宜居乡村建设与乡村振兴、高质量发展相融合。在 2017 年整合升级现有农村建设发展相关项目、创新实施特色田园乡村建设行动的基础上,先后共命名六批 365 个既有"内涵"又有"颜值"的特色田园乡村,覆盖 96％的涉农县(市、区),实现了从点的创建向区域的延伸,呈现了乡村振兴的现实模样。2018 年以来,着眼"四化同步",江苏持续推进苏北地区农民群众住房条件改善。截至 2020 年底,苏北地区存量农村四类重点对象危房实现"清零",20 余万户农民群众住房条件得到改善,苏北农村基础设施和公共服务设施配套水平明显提升,乡村特色风貌得到进一步彰显,建成了一大批承载乡愁记忆、体现现代文明的新型社区,综合效应持续放大,工作成效得到农民群众的普遍认可和社会各界的高度肯定。①

第四,建筑产业从"总量最大"转向"实力最强"。建筑业是江

---

① 江苏经济报.奋斗百年路 启航新征程江苏高质量城乡建设提升百姓幸福指数[DB/OL]. [2021 - 05 - 14]. https://www. 163. com/dy/article/G9VTN6E805345B2A. html.

苏的支柱产业、优势产业和富民产业。2020年,建筑业总产值达到3.87万亿元,同比增长5.4%,占全国总产值13.4%,自2007年以来连续15年保持全国第一,建筑业增加值6 530亿元,占江苏GDP比重6.4%,特级资质企业数量、"鲁班奖""国优奖"数量全国最多,7家企业进入全球最大国际工程承包商250强,带动就业近860万人,对农民纯收入的贡献度超过35%,"江苏铁军"遍布120多个国家和地区,江苏建筑产业逐步迈向中高端,建筑企业逐步迈向高精尖,发展方式逐步迈向现代化。至2021年,江苏省建筑业总产值稳定增长。2021年,江苏省建筑业总产值为38 244.49亿元,同比2020年增长8.49%,占全国建筑业总产值的13.05%。全省建筑行业增加值7 184.1亿元,占全省GDP的6.17%。在改革开放中,江苏建筑业迅速发展,竞争力不断提升,建筑市场覆盖面越来越广,市场拓展从立足本省、布局全国,再到扬帆海外。党的十八大以来,江苏建筑业结合全国建筑业综合改革试点省建设,积极推进建筑业转型升级和工程建设组织实施方式改革,推动工程建造方式向精细化、信息化、绿色化、工业化"四化"融合方向发展,推行精益建造、数字建造、绿色建造、装配式建造四种新型建造方式。

第五,城市管理由"精细管理"转向共建共治共享。城市环境综合整治"931"行动消除了全省城市环境脏乱差问题8万多个,新改建"四好农村路"3 000公里、桥梁1 000座,实施农村公路安全生命防护工程4 000公里,创建"江苏省城市管理示范路"159条、"江苏省城市管理示范社区"139个,21个城市被省政府批准命名为"江苏省优秀管理城市"。在城乡建设高质量发展进程中,江苏城市管理下足"绣花功夫",不断推进科学化、精细化、智能化,着力推动形成共建共治共享的城市治理新格局。①

---

① 新华报业网.奋斗百年路 逐梦新江苏|城乡面貌巨变,"幸福画卷"铺展[DB/OL].[2021-05-13].http://news.xhby.net/js/sh/202105/t20210513_7084232.shtml.

　　第六,运输结构调整从"补齐短板"转向"先行示范"。一方面,通过发展绿色货运、打造绿色港口等手段综合施策,营运货车与港口生产节能降碳成效显著。2020年与2019年相比,营运货车能耗和碳排放强度分别下降3.9%和1.3%,港口生产能耗和碳排放强度分别下降8.7%和11.8%。一年中,全省推广应用新能源营运车辆5.5万辆、清洁能源营运车辆7.5万辆,比2015年分别增长358%、5.6%。苏州、扬州、淮安的4个京杭运河绿色现代航运示范区先导段全面建成;南京禄口机场T2航站楼获得全国"三星级绿色建筑运行标识",是全国首个绿色运行机场。全省辖区船舶和港口污染突出问题得到有效治理。2020年,江苏省400总吨以上货船全部完成生活污水防污设施改造,400总吨以下货船防污改造1.73万余艘,占全国总数近60%;全省港口码头基本做到船舶垃圾、生活污水、含油污水接收设施全覆盖,实现"应收尽收"。另一方面,全省不断完善综合运输网络。铁路货物发送量从"十二五"末的5066万吨增至去年的6866万吨,增长35.5%;沿海主要港口大宗货物铁路和水路集疏港比例提升至94.2%,公路运输量减少超过1900万吨,水路货运周转量占比63.2%,居全国前列;内河集装箱港口达11个、运输量达65.5万标箱,分别是2015年的2.75倍、3.87倍。① 2021年2月19日,省委书记娄勤俭专题调研我省现代综合交通运输体系建设。强调,"十四五"时期,交通建设仍然是我省高质量发展的主战场。"推进交通运输现代化示范区建设"被写入了2021年的省政府工作报告。从曾经的"补齐短板"到如今的"先行示范",江苏正努力建设更高层次的现代综合交通运输体系。目前,江苏交通运输发展已处于全国前列,高速公

　　① 江苏省人民政府.江苏绿色交通发展报告发布新能源营运车五年增长358%[DB/OL].[2021-02-23].http://www.js.gov.cn/art/2021/2/23/art_63909_9678000.html.

路、干线铁路等干线交通网基本达到中等发达国家水平。短板加速补齐——高铁里程已从"十二五"末的全国第14位跃升至第3位;7个城市已拥有或在建城市轨道交通,全省城市轨道交通运营里程达到800公里,较2015年底增长95%,跃居全国第二。路网加速构建——高速公路面积密度位列全国各省区第三。格局加速优化——全省已开通民航国际及地区航线85条,通达国际及地区城市55个。港口综合通过能力达到21.2亿吨,较2015年提升14%,港口吞吐量达29.7亿吨,占全国港口吞吐量1/5。未来发展将围绕建设交通运输现代化示范区,全面争取"十四五"末苏南地区率先基本实现交通运输现代化,全省交通基础设施基本实现现代化;到2030年,苏南地区率先实现交通运输现代化,全省率先基本实现交通运输现代化;2035年,苏南地区实现更高质量的交通运输现代化,全省率先实现交通运输现代化。预计到2025年,全省人均GDP达2.35万美元,达到中等发达国家水平;城镇化率达75%,即将进入城镇化后期成熟阶段;三产比重达56%,由工业化后期逐步迈向后工业化阶段。预计到2035年,人均GDP达到3.5万美元,城镇化率达到80%左右,三产比重达65%,与德国(68%)相当。展望未来,未雨绸缪,对照"在率先实现社会主义现代化上走在前列"的要求,江苏交通运输部门已在擘画2035年远景目标。①

　　2021年度江苏绿色交通发展报告指出,2021年,全省公路水路交通运输能耗和碳排放总量分别达到1561.82万吨标煤和2766.9万吨二氧化碳,与2020年相比较,营运货车能耗和碳排放强度分别下降1.1%和1.06%,营运货船能耗和碳排放强度分别

　　① 江苏省人民政府.江苏率先打造全国"交通运输现代化示范区"从"补齐短板"迈向"先行示范"[DB/OL].[2021-02-22].http://www.js.gov.cn/art/2021/2/22/art_63909_9676972.html.

下降 1.87% 和 2.01%，港口生产能耗和碳排放强度分别下降 2.88% 和 1.33%。2021 年一年，我省累计新增新能源车辆 9981 辆。2021 年上半年，江苏被确定为岸电系统受电设施改造的试点省份，至年底共完成改造 945 艘，完成全省五年改造总任务的 29%，占全国改造总量的近五分之一，超额完成交通运输部下达的年度任务。

在城乡建设高质量发展绿色转型升级中，江苏美丽宜居城市建设和城镇老旧小区改造取得阶段性成效，越来越多的试点项目正以可观可感的成效集中呈现美丽江苏的现实模样。探索"美丽宜居城市＋"系统实践。南京围绕"环境生态美、群众生活美、古都人文美、家园安宁美、城市常态美"的"五美"目标，整合建筑品质提升、绿色交通建设、老旧小区改造、垃圾分类治理、地下管网升级等工作，强化美丽宜居城市试点建设的系统性和整体性。无锡将美丽宜居城市建设试点与城市设计提升、城市更新改造、民生补短板、城市环境整治相结合，突出"覆盖全市域、涵盖全领域"，推动吴文化传承、环境改善与现代都市功能品质提升有机融合。无锡市副市长张明康指出："在确保抓好 8 个省级试点项目建设的基础上，我们又在大市范围内增加 30 个特色市级试点项目，做到试点工作覆盖'两市六区'全市域，奋力打造美丽宜居城市群。"①镇江开展"海绵城市＋"，扬州进行"公园城市＋"，淮安推进"黑臭水体整治＋"，徐州开展无废城市建设等。全年完成 775 个老旧小区改造。省住建厅统计显示，2020 年，全省改造 775 个老旧小区，超额完成国家和省下达的年度目标任务，共计改造老旧小区建筑面积 2 975 万平方米，惠及 32.5 万户城镇居民家庭，受益人口将近 100

---

① 中国江苏网. 江苏 17 个城市展开试点取得阶段性成效　以点带面，让"美丽宜居"可观可感[DB/OL]. [2023 - 08 - 01]. http://jsnews. jschina. com. cn/jsyw/202101/t20210121_2713976. shtml.

万。各地在推进老旧小区"补短板"过程中,积累许多好经验好做法。徐州将城镇老旧小区改造内容"菜单化",明确"必选项",列出"可选项",满足居民多层次需求。"我们既开展单个小区的专项整治,又兼顾周边片区的综合改善;既改造完善功能配套与市政基础设施,又协同提升社区公共服务水平。同时结合加装电梯、危房治理、文明城市创建等工作,实现综合效益。"徐州市副市长赵立群介绍,2020 年,该市共新增停车位 11 588 个,安装充电桩 9 994 个,建设雨污水管网 139.7 公里。2021 年,全省将改造 1 130 个老旧小区,改造量是 2020 年的两倍。结合"十四五"城镇住房发展规划,各地将加快建立老旧小区改造项目储备库,建立健全项目前期储备和生成机制,实现项目滚动管理。此外,更多"解难题"的创新实践将在各地展开。比如,针对老旧小区改造融资难问题。[①]

此外,光纤宽带覆盖面持续扩大。根据 2018—2021 年江苏省统计局发布的国民经济和社会发展统计公报,2018 年末,全省互联网宽带接入用户 3 351.9 万户,新增 245.7 万户。2019 年末,互联网宽带接入用户 3 585.7 万户,新增 233.9 万户。2020 年末,长途光缆线路总长度 4 万公里,增加 1 321 公里;互联网宽带接入用户 3 756.8 万户,增长 4.8%,新增 171.1 万户。2021 年末,长途光缆线路总长度 3.96 万公里,比上年末减少 856.4 公里;互联网宽带接入用户 4 071.6 万户,比上年末增长 8.4%,净增 314.8 万户;移动互联网传输流量 146.1 万亿 GB,增长 33.9%。

四、文化建设高质量发展达到较高水平

2018 年以来,江苏文化建设高质量发展,一方面持续贯彻

---

① 江苏省人民政府. 我省 17 个城市展开试点取得阶段性成效以点带面让"美丽宜居"可观可感[DB/OL]. [2021-01-21]. http://www.js.gov.cn/art/2021/1/21/art_63909_9650246.html.

2015 年省文明委制定的《构筑道德风尚建设高地行动方案（2018—2020 年)》，努力落实方案中提出的经过 5 年的探索实践把江苏建设成为有温度的人文之地、有显示度的文明之地、有感受度的精神家园，且 2020 年目标值要达到 90 以上的行动要求，另一方面根据高质量发展要求，推动文化建设水平的提升。

　　第一，社会文明程度达到较高水平。社会文明程度主要体现为人的文明素养，目前主要通过社会文明程度测评指数进行量化评价。社会文明程度测评指数反映的是一个地区公民文明素质、道德风尚建设的整体水平。从 2015 年起，江苏省文明委建立了全省社会文明程度测评指数年度监测和发布制度，用数据动态反映一个地区公民文明素质、道德风尚建设的状况和水平。江苏省文明委发布的社会文明程度测评指数显示，2016 年为 87.08，2017年为 88.23，2018 年为 89.23，2020 年为 90.42，达到较高水平。[①]同时，2020 年，注册志愿者人数占城镇常住人口比重达 15.7%，地方试点经验、特色做法在全国产生良好反响。注册志愿者人数占城镇常住人口比重达 15.7%，地方试点经验、特色做法在全国产生良好反响；江苏创成 29 个全国文明城市、273 个全国文明村镇、396 个全国文明单位、35 所全国文明校园、37 户全国文明家庭，总数均居全国前列。江苏创成 29 个全国文明城市、273 个全国文明村镇、396 个全国文明单位、35 所全国文明校园、37 户全国文明家庭，总数均居全国前列。

　　2021 年 6 月 10 日，江苏省庆祝中国共产党成立 100 周年系列主题新闻发布活动社会文明专场发布会在南京举行。6 月 10日，江苏省庆祝中国共产党成立 100 周年系列主题新闻发布活动

---

　　① 新华报业网.文明之花结出累累硕果！江苏举行庆祝建党百年社会文明专场新闻发布会[DB/OL].[2021 - 06 - 11].http://js.people.com.cn/n2/2021/0611/c360302 - 34771778.html.

社会文明专场发布会在南京举行。

第二,公共文化服务水平不断提升。2018年,全省共有文化馆、群众艺术馆115个,公共图书馆115个,博物馆322个,三者与2017年持平。与此同时,公共文化服务内容不断丰富,服务供给水平不断提升。2018年,全省建有美术馆31个、综合档案馆113个,向社会开放档案79.55万件;共有广播电台8座、中短波广播发射台和转播台21座、电视台8座,广播综合人口覆盖率和电视综合人口覆盖率均达100%。全省有线电视用户1 666.82万户。全年生产故事影剧片61部;出版报纸21.92亿份,出版杂志1.14亿册,出版图书6.84亿册。2019年,公共文化服务水平持续提升。全省113个综合档案馆向社会开放档案98.9万件,全年生产故事电影院片48部;出版报纸20.2亿份,出版杂志1.1亿册,出版图书7.4亿册。2019年,江苏省基本公共文化体育建设成效百姓满意度位列全省第一。2020年,城乡公共文化设施体系进一步完善,率先实现基层综合文化服务中心全覆盖。全省共有文化馆、群众艺术馆115个,公共图书馆117个,博物馆345个,美术馆42个。共有广播电台8座、中短波广播发射台和转播台21座、电视台8座,广播综合人口覆盖率和电视综合人口覆盖率均达100%。全省有线电视用户1 522.4万户。全年出版报纸18.8亿份,出版杂志1.1亿册,出版图书6.9亿册。① 至2021年,全省共有文化馆、群众艺术馆116个,公共图书馆122个,博物馆366个,美术馆48个,综合档案馆112个,向社会开放档案341.3万卷。共有广播电台4座、电视台4座、广播电视台10座、中短波广播发射台和转播台21座,广播综合人口覆盖率和电视综合人口覆盖率均达

---

① 新华报业网.文明之花结出累累硕果! 江苏举行庆祝建党百年社会文明专场新闻发布会[DB/OL].[2021-06-11].http://js.people.com.cn/n2/2021/0611/c360302-34771778.html.

100%。全省有线电视用户 1 384.3 万户。全年生产电视剧 12 部
433 集;审查电影 36 部,其中故事性电影 31 部,纪录片电影 3 部,
动画片电影 2 部;出版报纸 18.7 亿份,出版期刊 1.2 亿册,出版图
书 7.3 亿册。^①

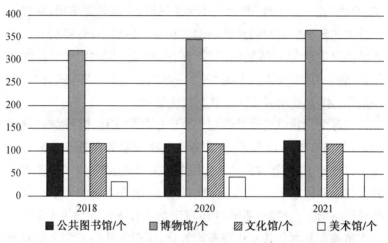

图 5-8　2018 年、2020 年、2021 年江苏省相关公共文化设施发展情况

　　第三,文化产业整体实力显著增强。江苏全省文化产业增加
值从 2012 年的 2 330 亿元增加到 2019 年的 4 834 亿元,占全国的
10.9%,连续多年位居全国前列。全省累计 185 家(次)企业、54
个(次)项目成为国家文化出口重点企业、项目,对外文化贸易规模
不断扩大。^② 依据江苏政府工作报告,2019 年江苏实施文旅全面
融合发展战略,2020 年接续推进文旅融合发展,建立完善文化和
旅游融合发展体制机制,实施"文化+""旅游+"战略,推进文化旅

　　① 江苏省统计局. 2021 年江苏省国民经济和社会发展统计公报[DB/OL].
[2022-03-03]. http://tj. jiangsu. gov. cn/art/2022/3/3/art_4031_10362925. html.
　　② 新华报业网. 文明之花结出累累硕果! 江苏举行庆祝建党百年社会文明专场
新闻发布会[DB/OL]. [2021-06-11]. http://js. people. com. cn/n2/2021/0611/
c360302-34771778. html.

游惠民工程,推进文化产业高质量发展;积极创建国家级文化产业示范园区和国家全域旅游示范区,培育了一批文旅融合龙头企业。

第四,发展文化事业成为让人民群众增强幸福感、获得感的重要途径。大批文艺精品力作持续涌现,获得茅盾文学奖、鲁迅文学奖、全国"五个一工程"奖、"文华大奖"等国家级重要奖项,展现出江苏文艺界勇攀高峰的蓬勃热情。在这一过程中,高素质文化人才队伍迸发活力,"师徒传承"不断建强"文艺苏军"梯队。2020年,全省共有 41 人入选全国"四个一批"人才,249 人入选省"五个一批"人才,选拔培养 400 名各类文化英才。

江苏文化建设高质量得益于政府主导的文化建设战略举措。例如,2016 年 3 月出台了《江苏省公共文化服务促进条件》,2020年 4 月发布了"江苏省公共文化服务体系示范区"建设、"江苏省公共文化服务体系示范区创立标准"县级(苏南地区)等体系化、制度化建设举措。当然,更重要的还在于加强投入。2019 年,为进一步支持城乡基本公共文化服务均等化,体现向基层公共文化服务倾斜的原则,省财政统筹中央财政专项资金,累计下达市县各类基本公共文化服务建设专项资金 9.5 亿元。

五、生态环境高质量发展趋向优良

1. 总体生态环境质量保持良好

根据 2017—2021 年江苏省生态环境状况公报和江苏省生态环境年度状况遥感监测结果,2018 年至 2021 年,全省生态环境均处于良好状态。生态遥感监测结果显示,2018 年,全省生态环境状况指数为 66.2,各设区市生态环境状况指数处于 61.4～70.7之间,生态环境状况均处于良好状态。与 2017 年相比,全省生态环境状况指数下降 0.2,生态环境状况无明显变化。2019 年,对全省 13 个设区市 77 个县(市、区)生态环境状况开展监测。依据《生态环境状况评价技术规范》(HJ192—2015),全省生态环境状况指数为66.1,处于良好状态,较2018年下降0.1,无明显变化。13个设区市生态环境状况指数分布范围在61.6～70.4之间,均处于良好状态。2020年,对全省13个设区市77个县(市、区)生态环境状况开展监测。依据《生态环境状况评价技术规范》(HJ192—2015),全省生态环境状况指数为65.2,生态环境状况等级为"良",较2019年无明显变化。13个设区市生态环境状况指数分布范围在60.7～69.3之间,均处于良好状态。2021年,全省13个设区市开展了生态环境状况监测。依据《生态环境状况评价技术规范》(HJ 192—2015)评价,全省生态环境状况指数(EI)为66.6,生态环境状况等级为"良",指数较2020年上升1.4,生态环境状况略微变好。13个设区市生态环境状况指数分布范围在61.4～70.7之间,生态环境状况等级均为"良"。

2. 空气质量创最好水平

全省环境空气质量优良天数比率2018年为68.0%,与2017年相比保持稳定。2019年为71.4%,2020年为81%,2021年为82.4%,达到国家年度考核目标;全省PM2.5平均浓度2018为49微克/立方米,2019年为43微克/立方米,2020年为38微克/立方米,2021年为33微克/立方米,改变以往达不到国家年度考核目标的状况。2020年,全省环境空气质量创有监测记录以来最好水平,优良天数比率及PM2.5年均浓度均达到国家年度考核目标要求,主要污染物浓度同比均有不同程度下降。南通和盐城2个设区市环境空气质量首次达到国家二级标准;南京、无锡、苏州、南通、盐城5个设区市PM2.5年均浓度首次优于国家二级标准限值(35微克/立方米)。

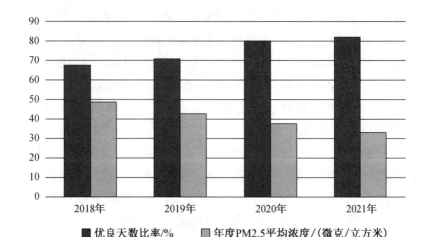

图 5 - 9 **2018—2021 年江苏省环境空气质量优良**
天数比率和年度 PM2.5 平均浓度

3. 水环境质量持续好转

地表水达到或好于Ⅲ类水体比例的年度情况表明,2018 年至 2021 年,全省水环境质量有了明显好转,且达到了"十三五"以来的最好状态。

2018 年,纳入国家《水污染防治行动计划》地表水环境质量考核的 104 个断面中,年均水质符合《地表水环境质量标准》(GB 3838—2002)Ⅲ类标准的断面比例为 68.3%,较年度考核目标(66.3%)高 2 个百分点;纳入江苏省"十三五"水环境质量目标考核的 380 个地表水断面中,年均水质符合Ⅲ类的断面比例为 74.2%,与 2017 年相比,符合Ⅲ类断面比例上升 6.6 个百分点。2019 年,纳入国家《水污染防治行动计划》地表水环境质量考核的 104 个断面中,年均水质符合《地表水环境质量标准》(GB 3838—2002)Ⅲ类标准的断面比例为 77.9%,对照 2019 年国家考核目标,水质优Ⅲ类和劣Ⅴ类比例均达标。与 2018 年相比,优Ⅲ类断面比例上升 8.7 个百分点,劣Ⅴ类断面比例降低 1 个百分点。纳入江苏省"十三五"水环境质量目标考核的 380 个地表水断面中，年均水质达到或优于Ⅲ类的占 84.3％,无劣Ⅴ类断面。对照 2019 年省考核目标,优Ⅲ类比例达标,且实现消除劣Ⅴ类的考核目标。与 2018 年相比,优Ⅲ类断面比例上升 9.8 个百分点,劣Ⅴ类断面比例下降 0.8 个百分点。

2020 年,纳入国家《水污染防治行动计划》地表水环境质量考核的 104 个断面中,年均水质达到或优于《地表水环境质量标准》(GB3838—2002)Ⅲ类标准的断面比例为 87.5％,无劣于Ⅴ类断面。对照 2020 年国家考核目标,水质达到或优于Ⅲ类和劣Ⅴ类比例均达标。与 2019 年相比,达到或优于Ⅲ类断面比例上升 8.7 个百分点,劣Ⅴ类断面比例持平。纳入江苏省"十三五"水环境质量目标考核的 380 个地表水断面(实测 377 个)中,年均水质达到或优于Ⅲ类的占 91.5％,无劣于Ⅴ类断面。对照 2020 年省考核目标,达到或优于Ⅲ类比例完成约束性目标和工作目标要求,且实现消除劣Ⅴ类的考核目标。与 2019 年相比,达到或优于Ⅲ类断面比例上升 7.2 个百分点,劣于Ⅴ类断面比例持平。同年,主要水体水质优良,淮河干流江苏段水质良好;长江在认真落实"共抓大保护、不搞大开发"的战略要求中水生态环境质量发生转折性变化,长江干流江苏段总体水质为优,主要入江支流水质总体为优;太湖治理连续十三年实现"两个确保"。

2021 年,纳入"十四五"国家地表水环境质量考核的 210 个断面中,年均水质达到或好于《地表水环境质量标准》(GB 3838—2002)Ⅲ类标准的断面比例为 87.1％,无劣于Ⅴ类断面。对照 2021 年国家计划要求,水质达到或好于Ⅲ类比例、劣于Ⅴ类比例均达标。与 2020 年相比,达到或好于Ⅲ类断面比例上升 3.8 个百分点。纳入江苏省"十四五"水环境质量目标考核的 655 个断面,年均水质达到或好于Ⅲ类的比例为 92.7％。对照 2021 年省级考核目标,达到或好于Ⅲ类比例达到目标要求。2021 年,全省地表水环境质量稳中向好。国考断面水质达到国家年度考核目标要求,国考断面、长江主要支流全面消除劣V类,太湖治理连续十四年实现"两个确保"。

在污水集中处理方面,2019 年对 2011 年实施的《江苏省污水集中处理设施环境保护监督管理办法》中的第十六条第四款进行了修改,明确规定:"污水集中处理设施产生的污泥由污水集中处理设施运营单位负责安全处理处置。委托处置的,污水集中处理设施运营单位、污泥运输单位和污泥接收单位应当建立污泥转运联单制度。"

2020 年,全省城市、县城和乡镇污水处理设施实现全覆盖,建成投运城镇生活污水处理厂 915 座,污水处理能力达到 1990 万立方米/日,建成污水收集主干管网 6.1 万公里;县级以上城市污水处理厂出水全部达到一级 A 标准;各设区市、太湖流域县级城市和苏中苏北地区部分县级城市建成区黑臭水体基本消除。① 至 2021 年,治理能力迈上新台阶,全省近 1.2 万家排污单位完成自动监测监控联网,数量连续 3 年倍增。在疫情防控阻击战中,315 家涉疫污水处理厂全部纳入监管,做到了医疗污水收运处置百分百。②

4. 土壤环境质量基本稳定

开展多样化的土壤环境质量监测,深入推进土壤保护和污染治理修复,土壤环境风险得到有力管控。

2018 年,江苏省对国家网 82 个土壤背景点位开展了土壤环境质量监测。其中,72 个未超过《土壤环境质量农用地土壤污染风险管控标准(试行)》(GB 15618—2018)风险筛选值,达标率为

---

① 新华报业网.奋斗百年路 逐梦新江苏城乡面貌巨变,"幸福画卷"铺展[DB/OL].[2021 - 05 - 13]. http://news. xhby. net/js/sh/202105/t20210513_7084232. shtml.

② 数据来源:2021 年江苏省生态环境状况公报。

87.8％。超标点位中,处于轻微污染、中度污染点位个数分别为 9个和 1 个,占比分别为 11％和 1.2％,无轻度污染和重度污染点位。无机超标项目主要为镉、砷、铜、镍和铬,有机项目未出现超标现象。

2019 年,全省对国家网 766 个农用地点位开展了土壤环境质量评价。其中,有 737 个未超过《土壤环境质量农用地土壤污染风险管控标准(试行)》(GB 15618—2018)风险筛选值,占比为 96.2％。29 个点位超过风险筛选值(但不超过风险管制值),占比 3.8％。其中,22 个点位重金属含量超过风险筛选值,占 2.9％;7个点位有机污染物(滴滴涕)含量超过风险筛选值,占 0.9％。

2020 年,全省对 41 个集中式饮用水源地陆域保护区和 15 个规模化畜禽养殖基地周边的共计 204 个国家网风险监控点开展了土壤环境质量监测。204 个风险控制点位中,有 195 个低于《土壤环境质量农用地土壤污染风险管控标准(试行)》(GB15618—2018)风险筛选值,占比为 95.6％。9 个点位超过风险筛选值(但不超过风险管制值),占比 4.4％。其中,8 个点位重金属含量超过风险筛选值,占 3.9％;1 个点位有机污染物(滴滴涕)含量超过风险筛选值,占 0.5％。

2021 年,全省对"十四五"国家土壤监测网基础点中的 165 个太湖流域点位开展了土壤环境质量监测。165 个监测点位中,157个污染物含量未超过《土壤环境质量农用地土壤污染风险管控标准(试行)》(GB 15618—2018)风险筛选值,占比 95.2％;8 个点位超过风险筛选值(但未超过风险管制值),占比 4.8％。其中,4 个点位重金属含量超过风险筛选值,占 2.4％;4 个点位有机污染物(滴滴涕)含量超过风险筛选值,占 2.4％。

不同土地利用类型的土壤质量监测表明,2018 年至 2021 年全省土壤环境质量基本稳定,但存在一定的重金属污染和有机污染风险。

此外,为改善生态环境,全省加快推进垃圾分类,至 2020 年底,全省累计建成 1 800 个垃圾分类达标小区、近 100 个示范街道(片区)、151 个省级垃圾分类试点乡镇;仅近三年全省就新(改)建城市公厕约 7 000 座、新增停车泊位超过 58.1 万个。建成运行生活垃圾处理设施 97 座,日处理能力达 8.94 万吨,其中焚烧厂 57 座、焚烧处理能力 7.18 万吨,占比超过 80%,位居全国第一,实现了全量无害化处理。江苏在全国率先普遍推行覆盖城市和农村的生活垃圾分类制度,着力构建分类投放、分类收集、分类运输、分类处理体系。同时,持续深入推进城市"厕所革命"、停车便利化等民生工程,群众反映强烈的一些城市脏乱差和"城市病"问题得到明显改善。① 全省林木覆盖率也由 2017 年的 22.9% 提高到了 2021 年的 24%。生态文明建设示范市县数量居全国前列。

六、人民生活高质量发展水平明显提高

1. 居民人均可支配收入稳定增长

经过三年的努力,全省居民人均可支配收入稳定增长,至 2021 年末,城镇和农村居民人均可支配收入居全国前列。

据江苏统计局发布的《江苏经济和社会发展公报》,2018 年,全省居民人均可支配收入 38 096 元,比上年增长 8.8%。城镇居民人均可支配收入 47 200 元,增长 8.2%;农村居民人均可支配收入 20 845 元,增长 8.8%。城乡居民收入差距进一步缩小,城乡居民收入比由上年的 2.28∶1 缩小为 2.26∶1。2019 年,全省居民人均可支配收入 41 400 元,比上年增长 8.7%。城镇居民人均可支配收入 51 056 元,增长 8.2%;农村居民人均可支配收入 22 675

---

① 新华报业网.奋斗百年路 逐梦新江苏|城乡面貌巨变,"幸福画卷"铺展[DB/OL].[2021 - 05 - 13].http://news. xhby. net/js/sh/202105/t20210513_7084232. shtml.

元,增长 8.8%。城乡居民收入差距进一步缩小,城乡居民收入比由上年的 2.26:1 缩小为 2.25:1。2020 全年,全省居民人均可支配收入 43 390 元,比上年增长 4.8%。按常住地分,城镇居民人均可支配收入 53 102 元,增长 4%;农村居民人均可支配收入 24 198 元,增长 6.7%。城乡居民人均收入比为 2.19:1,比上年缩小 0.06。城镇和农村居民人均可支配收入分别达到 5.31 万元和 2.42 万元,居全国前列。2021 年,全省居民人均可支配收入 47 498 元,比上年增长 9.5%;城镇居民人均可支配收入 57 743 元,增长 8.7%;农村居民人均可支配收入 26791 元,增长 10.7%。城乡居民收入差距进一步缩小,城乡居民收入比由上年的 2.19:1 缩小为 2.16:1。

与此同时,全省持续巩固"两不愁三保障"成果,深入推进脱贫致富奔小康工程。2020 年,全省 254.9 万建档立卡低收入人口、821 个省定经济薄弱村全部达标,12 个省级重点帮扶县(区)全部摘帽。扎实做好东西部扶贫协作、对口支援工作,助力帮扶受援地区 102 个国家级贫困县、近 400 万人摘帽脱贫。①

2. 义务教育优质均衡发展持续推进

2018—2021 年的《江苏统计年鉴》显示,义务教育持续发展,招生规模不断扩大。2017—2019 年,小学和初中的学校数各增加了 76 所,小学招生规模由 95 万余人增加到了 100 万余人,初中招生规模由 75 万余人增加到了 86 万余人(参见表 5 - 12)。2021 年,小学和初中毕业生都有所增加,分别达到 91.4 万人、79.1 万人;小学和初中招生数稳中有升,分别达到 97.2 万人、90.4 万人,在校学生数相应增加,小学为 585.7 万,初中为 263.9 万人。

---

① 中国江苏网. 权威发布 2021 年江苏省政府工作报告(全文)[DB/OL]. [2021 - 02 - 02]. http://jsnews. jschina. com. cn/jsyw/202102/t20210202_2721459. shtml.

表 5-12　2017—2020 年江苏省义务教育发情情况

分类	2017 年		2018 年		2019 年		2020 年	
	小学	初中	小学	初中	小学	初中	小学	初中
学校数/所	4 075	2 148	4 103	2 187	4 151	2 224	4 144	2 258
毕业生数/人	773 664	612 498	816 171	623 537	876 384	693 410	886 680	747 658
招生数/人	953 228	757 691	1 022 294	802 344	1 001 249	862 163	970 944	87 5007
在校学生数	5 402 074	2 086 934	5 604 407	2 257 619	5 726 376	2 424 561	5 808 208	2 542 608

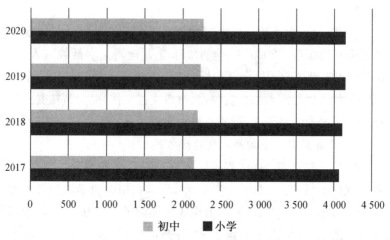

图 5-10　　2017—2020 年小学和初中学校数目

资料来源:2018—2021《江苏统计年鉴》、2021 年江苏省国民经济和社会发展统计公报

　　现代化教育强省建设扎实推进,教育发展规模、综合实力、整体水平位居全国前列。其中,高等教育优势在发展中进一步增强。2017—2019 年,高等教育学校数由 142 所增加至 167 所,在校学生数持续增长。同时,研究生、普通中等专业学校、高中、职业高

中、技工学校、特殊教育学校、幼儿园、成人高等教育、成人中等专业学校、成人中学、网络教育等各类教育事业协同发展。

2017年,高等教育学校数142所,在校学生数194.5万人,毕业生数53.5万人;本专科学生在校生数176.8万人,毕业生数49.0万人。2018年,学校数167所,在校学生数约200.1万人,毕业生数53.9万人;本专科学生在校生数180.6万人,毕业生数49.1人。2019年,学校数167所,在校学生数20.9万人,毕业生数53.9万人;本专科学生在校生数187.4万人,毕业生数48.9万人。2020年,普通高等教育学校数167所,在校学生数225.8万人,毕业生数57万人;本专科学生在校人数201.5万人,毕业生数51.3万人。普通高等学校及本专科发展情况参见图5-11。

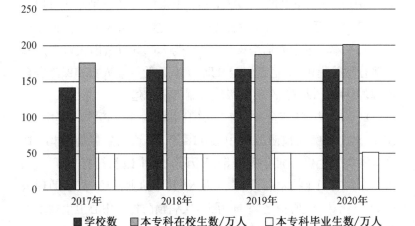

图5-11 江苏省普通高等学校及本专科在校生、毕业生情况
资料来源:2018—2021《江苏统计年鉴》

3. 社会保障体系日益完善

稳步实施全民参保计划,参保覆盖面持续扩大。到2020年底,城乡基本养老保险制度更加健全,社会保障体系日益完善,低保人员和特困群众基本生活得到有力保障。深入推进健康江苏建设,医保市级统筹制度基本建立,医疗卫生和居民健康水平显著提高,人均预期寿命为78岁以上。

2018年末,江苏全省城乡基本养老、城乡基本医疗、失业、工伤、生育保险参保人数分别为5 538万人、7 721.18万人、1 671.3万人、1 777.2万人和1 694.46万人,比上年末分别增加160.4万人、102.08万人、88.4万人、87万人和112.45万人。城乡居民基本养老保险基础养老金最低标准由每人每月125元提高到每人每月135元。城乡居民医保人均财政补助最低标准提高到每人每年589元。

2019年末,江苏全省城乡基本养老、基本医疗、失业、工伤、生育保险参保人数分别为5 754.3万人、7 848.8万人、1 794.2万人、2 015万人和1 868.8万人,比上年末同口径分别增加112.6万人、127.1万人、42.4万人、156.4万人和174.3万人。企业退休人员基本养老金人均增长5.5%。为352.5万贫困人口参加基本医疗保险提供10亿元资金补助,大病保险受益人数和保障资金增幅均达60%左右,医保市级统筹制度基本建立。

2020年末,江苏全省共有各类卫生机构35 746个。其中,医院1 996个,疾病预防控制中心118个,妇幼卫生保健机构116个。各类卫生机构拥有病床53.5万张,其中医院拥有病床42.2万张。共有卫生技术人员66.5万人,其中执业医师、执业助理医师26.8万人,注册护士29.4万人,疾病预防控制中心卫生技术人员0.8万人,妇幼卫生保健机构卫生技术人员1.3万人。

2021年,江苏退休人员基本养老金人均提高4.5%,失业保险进一步扩围提标,基本医保市级统筹全面实现,困难群众基本生活得到更好保障。参加城乡基本养老、失业、工伤保险参保人数分别达5 964万人、1 967万人、2 340.7万人,领取失业保险金人数29.2万人,比上年末下降12.1%;参加城乡居民基本医疗保险人数4 817.8万人,参加职工基本医疗保险人数3 246万人,城乡基本医疗保险参保率达 98.5％,比上年同期提高 0.5 个百分点。2021 年末,全省共有各类注册登记的提供住宿的社会服务机构 3 639 个,其中养老机构 2 494 个,儿童服务机构 44 个。社会服务床位 45.5 万张,其中养老服务床位 44 万张,儿童服务床位 0.4 万张。年末共有社区服务中心 2971 个,社区服务站 1.3 万个。①

卫生健康服务能力进一步提升。全省共有各类卫生机构 36 446 个,其中医院 2 029 个,疾病预防控制中心 115 个,妇幼保健机构 112 个。各类卫生机构拥有病床 54.8 万张,其中医院拥有病床 42.9 万张。共有卫生技术人员 68.8 万人,其中执业医师、执业助理医师 27.2 万人,注册护士 30.8 万人,疾病预防控制中心卫生技术人员 0.9 万人,妇幼保健机构卫生技术人员 1.8 万人。②

表 5-13 2017—2021 年江苏省卫生机构、床位及卫生技术人员情况

分类	2017 年	2018 年	2019 年	2020 年	2021 年
卫生机构数/个	32 037	33 254	34 797	35 746	36 446
各类卫生机构拥有病床数/万张	47.0	49.08	51.6	53.5	54.8
共有卫生技术人员数/万人	54.8	59	63.1	66.5	68.8

资料来源:2017—2020《江苏经济和社会发展公报》、2021 江苏省人民政府《卫生健康事业》

4. 公众安全感指数进一步提高

2018 年至 2021 年,全省深化平安江苏、法治江苏建设,纵深推进扫黑除恶专项斗争,社会治安综合治理扎实推进,信访工作不断加强,2021 年,群众安全感指数达 99.2％,社会大局保持和谐

---

① 数据来源:2021《江苏卷积核社会发展公报》。
② 江苏省人民政府.卫生健康事业[DB/OL].[2022-05-19].http://www.jiangsu.gov.cn/col/col31382/index.html?dkjkdi=dhbb13.

稳定。

据资料显示,2018 年,全省公众安全感指数是 97.6%(高于 2017 年 的 96.52%),2019 年,江苏公众安全感指数达到 98.34%①。2021 年 6 月 24 日,江苏省人民政府新闻办公室召开庆祝中国共产党成立 100 周年系列主题新闻发布活动——社会治理专场发布会。会上宣布了 2020 年全省群众安全感指数为 98.74%,高于公安部发布的 2020 年中国群众安全感指数 98.4%。江苏被公认为全国最安全的省份之一,"平安江苏"建设已成为服务保障高质量发展的重要品牌。至 2021 年,群众安全感指数再次上升,达 99.2%,创下历史新高。② 江苏省委政法委副书记田洪表示,江苏省在全国率先推广建立正处级市域社会治理现代化综合指挥中心,出台首部市域社会治理促进条例,探索出了具有中国特色、时代特征、江苏特点的社会治理之路,交出了一份社会治理的"高分答卷"。③

另外,在社会治理的网格创建达标方面,目前,江苏正强化大数据赋能,高标准推进各地社会治理大数据中心建设,深入推进网格化社会治理智能应用平台规范化建设,初步实现政法综治专业数据、政府部门管理数据、公共服务机构业务数据、互联网数据集成应用。同时,江苏还积极完善乡级基础平台,推动各地乡镇(街道)中心积极承接原乡级综治办职能、人员与为民服务中心联动融合,受理解决上级派单和基层社区、网格、居民等反映的社会治理问题。有资料显示,目前全省规范设立网格 10.5 万个,配备专兼

---

① 新浪新闻.2019 年江苏公众安全感达到 98.34%[DB/OL].[2020 - 04 - 16]. https://news.sina.com.cn/o/2020 - 04 - 16/doc-iircuyvh8162728.shtml.

② 扬子晚报网.这一数据创历史新高,江苏人民群众安全感达 99.2%[DB/OL]. [2022 - 01 - 10].https://www.yangtse.com/content/1364684.html.

③ 新华网.江苏交出社会治理"高分答卷"全省群众安全感达 98.74%[DB/OL]. [2021 - 06 - 24].http://www.js.xinhuanet.com/2021 - 06/c_1127594742.htm.

职网格员 24.65 万人,所有设区市全面建成网格学院,全省群众对网格服务管理满意度达 97.68%,创历史新高。[1] 2020 年,全省建有全国民主法治示范村(社区)171 个、省级民主法治示范村(社区)10 584 个,公众对法治建设满意度从 2012 年的 87.4%上升到 2021 年的 92.98%。[2]

第三节　江苏"六个高质量发展"的经验做法

2018 年是全国高质量发展元年,也是江苏高质量发展起步年;2018—2020 年是全国全面建成小康社会的决胜阶段,也是江苏决战全面建成小康社会的决胜阶段。面对严峻复杂的国际形势、艰巨繁重的改革发展稳定任务,特别是新冠肺炎疫情的严重冲击,江苏省坚持以习近平新时代中国特色社会主义思想为指导,全面贯彻党的十九大和十九届二中、三中、四中、五中全会精神,认真落实习近平总书记对江苏工作的重要指示要求,按照党中央、国务院决策部署,坚持稳中求进工作总基调,坚持新发展理念,坚决打好三大攻坚战,奋力推动高质量发展走在前列,顺利完成"十三五"规划目标任务,"强富美高"新江苏建设取得重大成果,高水平全面建成小康社会取得决定性成就,为开启全面建设社会主义现代化新征程奠定了坚实基础。其主要经验做法如下。

---

① 　群众对江苏网格工作满意率达到 97.68%,创历史新高[DB/OL].中国长安网.2022 - 01 - 24. https://baijiahao.baidu.com/s? id=1722844893185473595&wfr=spider&for=pc.
② 　江苏交出社会治理"高分答卷"全省群众安全感达 98.74%[DB/OL].新华网.2021 - 06 - 24. http://www.js.xinhuanet.com/2021 - 06/24/c_1127594742.htm.

一、坚持经济高质量发展稳中有进

加强对经济形势的分析研判,扎实做好"六稳"工作,针对新冠疫情、中美经贸摩擦、产业结构深度调整等带来的困难和挑战,采取有力有效措施,加快实现由大到强、由高速增长向高质量发展转变。

1. 以产业结构优化提升为重点,坚持巩固、增强、提升、畅通方针,持续深化供给侧结构性改革,加快产业向全球价值链中高端攀升。2018 年,大力推进化工钢铁煤电行业转型升级、优化空间布局,连云港盛虹炼化一体化项目开工建设,宝武梅钢基地等钢铁产能布局调整取得重要进展,关停落后煤电机组48.8 万千瓦。新增国家制造业单项冠军25 个,新增中国工业大奖企业4 家。2019年,大力发展13 个先进制造业集群,有6 个入围全国制造业集群培育对象,占全国的1/4。依法依规关停各类"散乱污"企业4 000余家,处置"僵尸企业"223 家,钢铁、水泥等行业完成"十三五"去产能任务,无锡 SK 海力士二工厂、华虹集成电路一期等重大项目建成投产,连云港盛虹炼化一体化等重大项目顺利推进。战略性新兴产业、高新技术产业产值占规上工业比重分别达32.8%和44.4%。大力实施"百企引航""千企升级"行动计划,营业收入超百亿元工业企业达142 家,比上年增加3 家,省级专精特新"小巨人"企业达973 家,比上年增加250 家。着力推动工业化和信息化融合发展,建成一批智能工厂、智能车间、工业互联网平台和标杆工厂。深入实施生产性服务业"双百"工程和互联网平台经济"百千万"工程,规上服务业营业收入增长8%,利润增长7.5%,服务业占 GDP 比重达51.3%。13 个先进制造业集群和50 条产业链培育发展取得明显成效,有9 个集群入围国家先进制造业集群决赛,占全国1/5,制造业基础更加坚实,竞争力进一步增强。现代服务业加快发展,服务业增加值占比达52.5%。金融机构人民币存贷款余额分别超过 17 万亿元和 15 万亿元,服务高质量发展的能力进一步提升。

2. 以"政府服务＋创造"推动民营经济高质量发展。占"半壁江山"以上的江苏民营经济在推动江苏高质量发展过程中有着举足轻重的作用。江苏以"政府服务＋创造"的方式,由省委、省政府下发促进民营经济高质量发展 30 条,省政府出台减税降费 28 条,省纪委牵头出台《构建亲清新型政商关系的意见》等,各部门纷纷出台具体措施,形成了促进'两个健康'更加完备的政策体系。政府兼顾有效监管和高效服务,营造平等竞争的环境,使不同所有制、不同规模的企业真正享有同等的权利,进一步降低企业的运营成本,是新时代民营经济快速发展的关键,也是江苏多年来民营经济蓬勃发展的重要经验。2018 年中国民营企业 500 强中,江苏上榜 86 家,位居全国第二,其中 10 家民营企业营业收入超千亿元,位居全国第一。

3. 坚持提升质量效益,确保财政收入稳定增长。2018 年,实现一般公共预算收入 8 630 亿元,增长 5.6%,其中税收收入增长 12%,税占比达 84.2%,同比提高 4.8 个百分点;规模以上工业企业利润增长 8.4%。2020 年,全年完成一般公共预算收入 9 059 亿元,比上年增长 2.9%;其中,税收收入 7 413.9 亿元,增长 1%;税收占一般公共预算收入比重达 81.8%。全年规模以上工业企业实现营业收入比上年增长 4%,利润增长 10.1%。规模以上工业企业营业收入利润率、成本费用利润率分别为 6%、6.4%,均比上年提高 0.3 个百分点。规模以上工业企业产销率达 98.3%。

4. 坚持节能降耗,提升资源利用效益。以"三大攻坚战"和推进"回头看"为抓手,推进污染治理向节能降耗、提升资源利用效益转化。2016 年至 2020 年,二氧化硫、氮氧化物、化学需氧量、氨氮四项主要污染物排放分别下降约 28.4%、25.8%、14%、14.6%,碳排放强度降低 24%,单位地区生产总值能耗下降 20% 以上,均超额完成国家下达的目标任务。2019 年 12 月,省政府办公厅下发了《关于印发江苏省自然资源统一确权登记总体工作方案的通知》,对全省自然资源进行摸底确权,为提升资源利用效益创造了条件。

面对新冠肺炎疫情、世界经济萎缩等带来的严重冲击和空前挑战,江苏坚持"两手抓、两手硬",统筹推动疫情防控和经济社会发展,在疫情得到有力有效控制并做好常态化疫情防控的前提下,用力踩足复工复产"大油门",按下经济恢复"快进键",先后出台"苏政 50 条""惠企 22 条"、稳外贸外资等政策措施,全省减税降费达 2520 亿元,金融机构向企业让利 1500 亿元,经济社会迅速恢复正常,"六稳""六保"任务有效落实。2020 年,经济实力跃上新的大台阶。全省地区生产总值跃升至 10.27 万亿元,人均达 12.5 万元,居各省、自治区之首。

二、坚决打赢"三大攻坚战"

"三大攻坚战"动真碰硬,强调既要"补好短板"又要"加固底板",力求为"六个高质量发展"托底升级塑造良好基础。

1. 制定出台关于防范化解地方政府隐性债务风险的实施意见,深入开展经济、金融、社会、科技等领域风险隐患排查化解,强化责任、综合施策,控降政府性债务工作有力有效推进,守住了不发生区域性系统性风险的底线。2020 年,政府隐性债务大幅减少,全口径债务率稳步下降,非法集资高发势头得到有效遏制。

2. 依法依规及时处置一批重大非法集资事件,积极清理整顿P2P 网贷机构,实现涉案金额亿元以上、参与人数千人以上的新立涉嫌非法集资刑事案件数量"双下降"。

3. 加大污染防治力度,提升生态环境质量。2018 年,狠抓中央环保督察"回头看"反馈意见整改,大力推进沿江化工污染整治、饮用水水源地安全检查和达标建设等行动,坚决打好污染防治攻坚战。2019 年,深入抓好中央环保督察及"回头看"反馈问题整改,认真落实全国人大常委会水污染防治法执法检查整改要求,深入推进长江经济带生态环境污染治理"4+1"工程。长江沿线取缔非法码头 117 个,清理岸线 31 公里,植树造林 16.2 万亩,9 个特色示范段建设取得阶段性成效。2020 年,落实"共抓大保护、不搞大开发"战略要求,长江经济带生态环境质量发生转折性变化。

4. 实施农村人居环境整治三年行动,大力推进生活垃圾处理、生活污水处理、村容村貌提升和厕所革命,城乡人居环境持续改善,林木覆盖率达 23.2%。2019 年,新增国家生态园林城市 4 个,总数和新增数量均为全国第一。

5. 大力实施脱贫攻坚三年行动,对照"两不愁三保障"和江苏省脱贫致富奔小康工程要求,聚焦重点片区、经济薄弱村和低收入群体,着力解决好因病因残因灾致贫返贫问题。2018 年,67.5 万建档立卡低收入人口增收脱贫,244 个省定经济薄弱村实现达标,低收入人口占比下降到 1% 以下。2019 年,巩固和提升"两不愁三保障"成果,深入实施脱贫致富奔小康工程,55.15 万建档立卡农村低收入人口实现年收入 6 000 元目标,97 个省定经济薄弱村全部达标,12 个省级重点帮扶县(区)摘帽退出。东西部对口支援和扶贫协作工作扎实开展。

到 2020 年,"三大攻坚战"取得决定胜利,生态文明建设示范市县数量居全国前列。"两不愁三保障"和脱贫致富奔小康工程成效显著。2020 年,全省 254.9 万建档立卡低收入人口、821 个省定经济薄弱村全部达标,12 个省级重点帮扶县(区)全部摘帽。扎实做好东西部扶贫协作、对口支援工作,助力帮扶受援地区 102 个国家级贫困县、近 400 万人摘帽脱贫。

三、不断发展壮大新动能

1. 深入实施创新驱动战略,着力推动新旧动能加速转换。

2018年,召开全省科技创新工作会议,制定出台促进科技与产业深度融合的政策措施,全社会研发投入占比达2.64%(新口径),万人发明专利拥有量26.45件,增加3.95件,科技进步贡献率达63%。2019年,全社会研发投入超过2 700亿元,占GDP比重达2.72%,万人发明专利拥有量达30.2件,同比增加3.7件。科技进步贡献率64%,区域创新能力位居全国前列。2020年,全社会研发投入占比达2.82%,高新技术企业总数超过3.2万家,万人发明专利拥有量36.1件,科技进步贡献率达65%。同时,不断完善科技成果转化政策体系,推动重大科技成果的转化应用。

2. 不断增强企业创新的主体地位。加快培育具有自主知识产权和自主品牌的创新型领军企业、独角兽企业和瞪羚企业,新认定国家高新技术企业超过8 000家。企业研发经费投入占主营业务收入比重提高至1.3%,大中型工业企业和规模以上高新技术企业研发机构建有率保持在90%左右,国家级企业研发机构达到145家,位居全国前列。2019年,企业研发投入占比超过80%。高新技术企业达2.4万家,净增近6 000家;

3. 有力推进关键核心技术攻关。把提高自主创新能力作为核心环节,聚焦产业升级需求,大力实施前瞻先导技术专项,集中力量加大对"卡脖子""牵鼻子"关键技术攻关力度,2018年,组织开展关键核心技术攻关131项;2019年,加快突破关键核心技术,着力推动科技与经济结合、成果向产业转化。

4. 积极开展重大科技平台建设。2018年,未来网络、高效低碳燃气轮机两个国家大科学装置落户我省,着力解决网络通信与安全的紫金山实验室启动建设,建设国家和省级重点实验室171个,国家级工程技术研究中心、国家重点实验室、国家级孵化器数量位居全国前列。2019年,未来网络试验设施、高效低碳燃气轮机试验装置、纳米真空互联实验站等重大创新平台建设取得新的进展,创建国家首个车联网先导区,国家级孵化器数量及在孵化的企业数均保持全国第一。2020年,苏南国家自主创新示范区建设取得明显成效,未来网络、高效低碳燃气轮机、纳米真空互联实验站等国家重大科技基础设施建设加快推进,国家重点实验室、国家级孵化器数量居全国前列。

5. 快速发展新产业新业态新模式。2018年,城市轨道车辆、新能源汽车、3D打印设备、智能电视产量分别增长107.1%、139.9%、51.4%和36.4%;商务服务业、软件和信息技术服务业、互联网和相关服务业收入分别增长7.9%、13.7%和41.6%。2020年,加强人工智能、大数据、物联网、区块链、车联网等技术创新与产业应用,首批实施人民银行数字人民币试点。战略性新兴产业、高新技术产业产值占规上工业比重分别达到37.8%和46.5%,数字经济规模超过4万亿元。

6. 高质量推进大众创业、万众创新。2018年,新增5家国家级专业化众创空间,新登记市场主体165.3万户,其中企业55.5万户,"双创"带动就业占城镇新增就业的50%以上。加快推动军民融合发展,建成1个国家级、9个省级军民结合产业示范基地。2019年,大众创业、万众创新深入推进。数字经济规模达4万亿元,商务服务业、软件和信息技术服务业、互联网和相关服务业营业收入分别增长9.4%、18.8%和23.4%。全年新登记市场主体184.1万户,平均每天5044户,其中企业54.3万户,平均每天1488户。2020年,大众创业、万众创新深入推进,"双创"工作迈上新台阶。

四、坚持城乡区域协调发展

深入实施乡村振兴战略,大力推动城乡融合发展,实现区域优势互补,城乡区域协调发展水平不断提升。

1. 培育壮大优势特色产业,加强农业基础建设,开展品牌化强农行动,农业产业结构不断优化,高效设施农业占比达19.6%,

高标准农田占比达 61％,农业综合机械化水平达 84％,农业科技进步贡献率提高到 68％,粮食总产量达 732 亿斤。深入推进十项重点工程,农业农村保持良好发展势头。新建高标准农田 350 万亩,农业机械化水平达到 86％;农业综合生产能力持续增强,粮食总产量达 741 亿斤;农业科技进步贡献率达 69.1％,高于全国 9.9个百分点。把实施乡村振兴战略作为新时代"三农"工作总抓手,深化农业供给侧结构性改革,农业农村面貌发生巨大变化。新建高标准农田 2 070 万亩,农作物耕种收机械化率达到 80％,粮食年产量稳定在 700 亿斤以上,农业科技进步贡献率达到 70％,农业综合生产能力持续增强。

2. 扎实推进特色田园乡村建设,130 多个村庄试点有序展开。"四好农村路"建设扎实推进,完成新改建道路 4 838 公里、桥梁 2874 座。2019 年,农村人居环境持续改善,无害化卫生户厕普及率达 95％,新铺设农村供水管网 2 500 公里,新改建农村公路 5 887 公里、桥梁 2 208 座,10 万户苏北农房改善年度任务全面完成。2020 年,特色小镇、特色田园乡村建设有力推进。

3. 农村土地制度、集体产权制度、农村金融等各项改革向纵深推进,超过一半的行政村完成集体资产股份合作制改革。总结推广马庄经验,农村文化建设、农民精神面貌和乡村治理水平不断提升。持续深化农村改革,70％村(居)基本完成集体产权制度改革。2020 年,农村承包地确权登记颁证全面完成,集体产权制度改革基本完成,农村金融等各项改革有序推进。

4. 区域一体化发展扎实推进。深入落实长江经济带"共抓大保护,不搞大开发"要求,制定出台推动我省长江经济带高质量发展走在前列的实施意见,统筹推进沿江产业结构调整、生态文明建设、交通枢纽建设和城市规划发展,沿江地区转型发展步伐加快。2019 年,高质量推动长三角区域一体化发展,全面实施《规划纲要》,大力推进产业创新、基础设施等"六个一体化",生态绿色一体化发展示范区启动建设。大运河文化带和大运河国家文化公园建设迈出坚实步伐,开工建设中国大运河博物馆。2020年,扎实推进长三角一体化发展,长三角生态绿色一体化发展示范区建设迈出实质性步伐。

5. **各项重点任务有力推进。** 认真实施长三角一体化《三年行动计划》和《近期工作要点》;深入实施"1+3"重点功能区战略,扬子江城市群、江淮生态经济区、沿海经济带、徐州淮海经济区中心城市建设扎实推进。切实加大对口支援合作和东西部扶贫协作力度,各项工作取得新成效。2019年,深入实施"1+3"重点功能区战略,出台推动南北共建园区高质量发展的政策措施,扎实推进苏南、苏中、苏北联动发展。2020年,坚持陆海统筹、江海联动、跨江融合,深入实施"1+3"重点功能区战略,大力推进新型城镇化,中心城市能级显著提升,城镇化率达72%。

6. **现代综合交通运输体系加快建设。** 沿江城市群城际铁路建设规划获国家批复,组建省铁路集团、东部机场集团,开工建设南沿江城际铁路、宁句城际轨道交通项目,加快推进连淮扬镇铁路、盐通高铁、连徐高铁、徐宿淮盐铁路建设,青连、连盐、宁启二期铁路建成通车。南京禄口机场T1航站楼改扩建工程顺利实施。连云港30万吨级航道二期工程、苏州太仓港区四期工程建设进展顺利,长江南京以下12.5米深水航道二期工程提前建成试运行。2019年,加快完善现代综合交通运输体系,徐宿淮盐铁路、连淮铁路建成通车,苏北五市全部进入"高铁时代";南沿江城际铁路、盐通高铁、连徐高铁等加快建设,常泰、龙潭等过江通道和宁淮城际铁路开工建设,沪通长江大桥、五峰山长江大桥顺利合龙,连云港30万吨级航道二期和南京禄口机场、苏南硕放机场改扩建等工程进展顺利。南京禄口机场旅客吞吐量突破3000万人次,跻身大型国际机场行列。水利基础设施和应急能力进一步提升,夺取了抗旱抗台抗洪胜利。2020年,交通、能源、信息等基础设施建设取得重大进展。建成5G基站7.1万座,基本实现全省各市县主城区和重点中心镇全覆盖。电力、天然气等能源保障能力进一步增强,海上风电、分布式光伏等新能源装机规模居全国前列。南京禄口国际机场T1航站楼改扩建工程投入运营,通州湾新出海口等重大项目开工建设。沪苏通长江公铁大桥、五峰山长江大桥、南京江心洲长江大桥建成通车,徐宿淮盐、连淮扬镇、沪苏通、盐通高铁建成运营,连徐高铁开通在即,南沿江、宁淮高铁建设有力推进,沪苏湖高铁开工建设。全省高铁运营里程新增1 356公里,累计达2215公里,从全国第十四位跃升至第三位,"轨道上的江苏"主骨架基本形成。

五、坚持改革开放再出发、迈新步

坚持改革开放向纵深推进,坚持改革再出发、开放迈新步。

1. 供给侧结构性改革深入推进。2018年,全年压减钢铁产能80万吨,水泥产能210万吨,平板玻璃产能660万重量箱,关闭高耗能高污染及"散乱污"规模以上企业3 600多家。大力推进化工企业"四个一批"专项行动,关停低端落后化工企业1 200家以上。规模以上工业企业资产负债率下降0.2个百分点左右;多措并举为企业降低成本1200亿元以上;200个补短板重大项目完成年度投资3 600亿元。

2. "放管服"改革力度持续加大。90%以上的审批服务事项能够在网上办理,"3550"目标基本实现。全面推进"不见面审批(服务)",开展基层政务公开标准化规范化试点,营商环境位居全国前列。省级政府机构改革顺利推进,事业单位分类改革有序展开,财税金融、国资国企、生态环境、社会事业等领域改革扎实开展,盐业体制改革、建筑业综合改革试点深入推进。2019年,深入推进"放管服"改革,加快五级政务服务体系建设,92.5%的审批事项可在网上办理;政务服务事项全部入驻政务大厅,90%以上实现

"一窗"分类综合受理。出台优化营商环境行动方案和促进民营经济高质量发展 30 条政策措施,社会信用体系加快建设,在全国工商联发布的万家民营企业评价营商环境报告中,我省位居前列。国资国企、财税金融、社会事业等重点领域改革扎实推进。政府部门、国有企业拖欠民营企业和中小企业账款清偿率超过 90%,超额完成国家确定的 50% 以上目标。2020 年,国资国企、科技、价格、自然资源、农业农村等重点领域改革扎实推进。全面落实惠企政策,累计减税降费 8 000 亿元。大力支持民营经济高质量发展,民营经济增加值达 5.8 万亿元,全省市场主体总量达 1 238 万户。全省机构改革工作全面完成,政府职能转变加快推进。持续深化"放管服"改革,省政府取消、下放、调整行政权力事项 525 项,我省营商环境总体水平位居全国前列。

3. 对外开放迈出新的步伐。制定出台高质量推进"一带一路"交汇点建设的意见,着力打造连云港战略支点,中哈物流合作基地、上合组织(连云港)国际物流园建设高标准推进。实施国际综合交通体系拓展等"五大计划",新增"一带一路"沿线对外投资项目 230 个,同比增长 50%;对"一带一路"沿线国家出口增长 9.6% 以上(人民币计价),占比提升到 24% 以上。进出口增长 9.6%(人民币计价),其中出口增长 8.6%,实际使用外资 255 亿美元,同比增长 1.6%。精心组织参与首届进口博览会,累计成交金额 58.9 亿美元,居全国第二位。积极复制推广国家自贸试验区改革政策,开发区转型发展、特色发展步伐加快,国家级开发区数量及绩效位居全国前列。国家高新区在全国率先实现设区市全覆盖。2019 年,坚持以"一带一路"交汇点建设统领向东向西双向开放,启动实施"五大计划"专项行动,对沿线国家和地区贸易增长 9.4%、占比提高 2.3 个百分点。中哈物流合作基地、上合组织连云港国际物流园、淮海国际陆港建设加快推进。有效应对中美经贸摩擦带来的困难和挑战,进出口总额基本保持稳定,其中出口增长 2.1%；实际使用外资稳中提质，总量达 257 亿美元，其中制造业、战略性新兴产业分别增长 18% 和 32%，占比达 49% 和 61%，同比分别提高 6 和 12 个百分点。涵盖南京、苏州、连云港三个片区的江苏自贸试验区正式获批设立，全省各级各类开发园区提档升级步伐进一步加快。高水平举办第二届江苏发展大会暨首届全球苏商大会、世界物联网博览会、世界智能制造大会，精心组织参加第二届中国国际进口博览会。2020 年，以"一带一路"交汇点建设为统领，深入实施"五大计划"专项行动，开放型经济水平进一步提升。累计实际使用外资 1298 亿美元，规模保持全国首位。对外贸易稳中提质，2020 年达 4.45 万亿元，居全国前列。一般贸易占比由 43.8% 提高到 53.4%，对"一带一路"沿线国家和地区出口占比由 22.9% 提高到 26.9%。国际产能合作不断深化，中阿（联酋）产能合作示范园、柬埔寨西哈努克港经济特区建设扎实推进。中哈（连云港）物流合作基地、上合组织连云港国际物流园、淮海国际陆港建设成效显著。中国（江苏）自贸试验区南京、苏州、连云港三大片区成功获批。开发区转型发展、特色发展步伐加快，南京江北新区、中韩（盐城）产业园建设取得新的成效。

六、坚持持续改善生态环境

2018 年是我国生态环境保护事业发展史上具有重要里程碑意义的一年，习近平生态文明思想正式确立，新发展理念、生态文明、美丽中国载入宪法，生态环境机构改革自上而下全面启动。首次以党中央名义召开全国生态环境保护大会，发出了打好污染防治攻坚战的号召。这一年对江苏生态环境保护事业来说也意义非凡。省委、省政府召开全省生态环境保护大会，设立打好污染防治攻坚战指挥部，确立"1＋3＋7"攻坚战体系并出台一系列重要文件。省人大常委会通过《关于聚焦突出环境问题依法推动打好污染防治攻坚战的决议》，省政协牵头开展了长三角污染防治联动民主监督，省纪委出台了《切实履行监督首要职责为打好污染防治攻坚战提供坚强纪律保障工作方案》，省公安厅、交通运输厅等专门出台文件，动员部署全系统打好污染防治攻坚战工作。三年多来，全省各地认真落实党中央、国务院和省委、省政府决策部署，牢固树立"绿水青山就是金山银山"的理念，全力打好污染防治攻坚战，扎实推动生态环境质量稳步改善。

1. 持续加大治理修复力度，扎实改善生态环境质量。2018年，组织实施9 100多项治污工程，出台空气质量改善、断面水质改善2个强制减排方案，加强长江生态环境保护、太湖水环境综合治理。针对环境质量改善滞后的地区，严格采取驻点帮扶、强化督查、公开约谈、区域限批、挂牌督办等一系列"硬措施"。修订《江苏省重污染天气应急预案》，成功保障上合青岛峰会、国际进口博览会、国家公祭日等重大活动环境质量。太湖治理连续11年实现"两个确保"。完成农用地土壤污染状况详查，初步构建土壤环境信息管理平台。编制完成《生物多样性保护优先区域规划》《重点流域水生生物多样性保护方案》。推进"绿盾2018"问题整改，取缔拆除项目55个，恢复湿地7.2万亩。2019年，落实"1＋3＋7"治污攻坚作战体系，出台柴油货车污染治理、太湖治理、长江保护修复、农业农村污染治理等实施方案。建立空气质量排名、末位约谈、专家帮扶等机制，每季度公布问题断面和责任人名单，针对不达标断面向地方党政主要领导发出预警函，定时定向传导压力。全面完成入江、入海排污口排查，太湖治理连续12年实现"两个确保"。中央环保督察"回头看"、长江经济带警示片反映问题按时序整改销号。推进山水林田湖草一体化保护和修复，印发《江苏省生态空间区域管控规划》，新建国家生态文明建设示范区7个、"两山"实践创新基地1个，总数位居全国前列。2020年，有效解决突出环境问题。在沿江11个省市中率先实现长江经济带生态环境警示片被披露问题整改清零；中央环境督察及"回头看"反馈的78

个问题基本完成整改,南通五山地区环境整治等被中央督察办评选为正面典型。

2. 重拳开展环境执法,有力震慑环境违法行为。全力配合中央环保督察"回头看",建立领导包案、整改销号、奖惩挂钩等机制,督察组交办的3 910件环境信访问题整改完成率达63%。完成第三批省级环保督察。联合出台两法衔接实施细则,建立"2+N"重大案件联合调查处理机制。组织开展沿江八市"共抓大保护"交叉互查、辐射安全综合检查等10余个专项行动,依法查处"辉丰案""灌河口案"等一批大案要案。全省环保部门下达行政处罚决定书1.91万件,罚款金额21.29亿元,同比上升36%和136%;配合公安机关侦办环境污染犯罪案件537件,抓获犯罪嫌疑人1 575人,同比上升6%和68%。连续10年组织环保局局长大接访,赴京到省信访批次、人次、来信均明显下降。省环保厅接报处置突发环境事件信息34起,同比减少35.8%,连续四年无较大及以上等级突发环境事件。泗洪受上游来水影响受灾得到妥善处置。2019年,推行生态环境执法"543"工作法和现场执法"八步法",强力推进移动执法系统升级,在全国率先实现执法记录仪全覆盖、全联网、全使用。出台行政案件处理程序规定、败诉案件过错责任追究办法。开展"水平衡""废平衡"专项执法、"锦囊式"暗访执法,累计下达处罚决定书1.4万件、罚款12.46亿元,严肃查处了常州滨江化工园污水排江、南京澄扬科技违规堆存大量危废等一批典型违法案件,南京胜科水务5.2亿元环保罚单成为国内之最。完善大气应急管控停限产豁免机制,豁免企业增加到1 278家,这一做法已在全国推广。获得全国环境监测大比武综合团体一等奖,涌现出以全国"人民满意的公务员"王利华为代表的一大批先进典型,全国"最美基层环保人"评选连续三年上榜。生态环境安全有力维护。扎实做好"3·21"事故环境应急监测和污染物处置工作,累计处置废水超过150万立方、转移处置危废1万多吨,没有发生次生环境灾害。开展化工企业环境安全隐患排查整治专项行动,累计排查5 755家次,推动消除了一大批环境风险隐患。在全国率先建立核安全工作协调机制,密切监测田湾核电站外围辐射环境,守好守牢生态环境安全底线。规范加强生态环境信访举报办理,全省信访举报总量、越级信访量同比分别下降 15.6%、15.1%,有力促进了社会和谐稳定。

3. 围绕大局主动作为,服务经济发展成效明显。坚持"依法依规监管、有力有效服务",出台服务高质量发展"十条"、便民服务"十二条"、畜禽规范养殖"九条",建立"厅市会商"机制,推动苏南沿江高铁、盛虹炼化等一批大项目顺利落地。开展"企业环保接待日",组织"千名环保干部与企业结对帮扶"。建立"金环对话"机制,联合 9 部门出台绿色金融"三十三条",在全国率先推出"环保贷",牵头举办"环保项目银企对接会",促成意向融资 169 亿元。与国开行签订开发性金融合作备忘录。出台环保应急管控豁免"十一条",首批 200 家企业纳入豁免名单。深化"放管服"改革,环评报告书审批时限压缩至 30 个工作日,8 项核与辐射审批事项并入全省政务服务"一张网"。2019 年,服务高质量发展成效突出。会同省工商联、省台办制定服务企业高质量发展若干措施。对102 个涉生态红线的线性工程提出解决方案,推动宁淮铁路、常州合全药业等重大项目落地。深化"企业环保接待日"制度,累计帮助 1580 家企业解决 1728 项治理难题。加大绿色金融政策扶持力度,召开"金环"对话会,推动"环保贷"升级,累计为 168 个项目发放低息贷款 81.52 亿元;出台绿色债券贴息等四个实施细则,为1 160 家企业安排奖补资金 1 817.82 万元。落实环保信任保护机制,对 432 家环境守法企业减少检查频次,简化环评程序,优先安排补助资金。

4. 坚持系统长远谋划,生态环保基础不断夯实。修订《江苏省太湖水污染防治条例》等 8 个地方性法规,出台《江苏省挥发性有机物污染防治管理办法》,发布《太湖地区城镇污水处理厂及重点行业主要水污染物排放限值》等 4 项地方标准。制定"三线一单",初步划定 4 431 个环境管控单元,完成 31.3 万家污染源普查工作,"十三五"水专项涉苏项目扎实推进。编制江苏省生态环境监测监控系统、环境基础设施、生态环境标准等三个基础性工程建设方案以及化工园区环境治理工程实施意见,辐射预警监测实现设区市"全覆盖"。成功举办国际生态环境新技术大会。与英国埃塞克斯郡、日本爱知县、芬兰等国家和地区的生态环境部门签订 7 项合作协议,数量为历年之最。2019 年,治理能力短板逐步拉长。省政府与生态环境部签订共建现代化试点省合作协议,全国唯一。扎实推进三个"基础性工程"建设,安排资金 10.3 亿元,建成由 4 331 个测点组成的 PM2.5 网格化监测系统,形成了覆盖全省的 3×3 公里大气监测热点网络;561 个重点乡镇建成了空气站,机动车遥测点增加到 115 个。沿江 8 市工业园区自动监控系统全部联网,对 6 913 家企业开展用电监控。日益完善的监测监控系统在预报预警、成因分析、监管执法和管控评估等方面为治污攻坚提供了强有力的技术支撑。全省危废处置能力提升到 208.2 万吨/年,较 3 年前增长了近 5 倍。颁布《江苏省生态环境监测条例》,这是该领域第一个地方性法规。发布及在研环保标准 79 项,为历年最多。2020 年,以部省共建设试点省为契机,积极探索体现中央精神、彰显江苏特色的生态环境治理现代化"路子"。出台"三线一单"生态环境分区管控方案,划定 4 365 个管控单元,严格分级分类管控。提前完成排污许可证发放登记工作,共发证 3.8 万家、登记 24.5 万家。深化生态环境损害赔偿制度改革,累计启动赔偿案件 984 件、赔偿金总额超过 13 亿元,位居全国前列。全省环保信用参评企业增加到 9.5 万家,同比增加约 89%。组织实施 661 项环境基础设施工程,不断拉长补齐污染防治能力短板,危废处置能力提高到 221.6 万吨/年。建成覆盖全省的 VOCs 网格化监测系统,重点乡镇空气自动监测、重点排污单位用电监控实现"全覆盖",全国首艘省级海洋环境监测船获批立项。发布地方环保标准25项。创立江苏"环保脸谱"体系,推动实现智慧化环境监管。2020年12月,部省共建第二次联席会议在南京召开,省委省政府和生态环境部党组主要领导共同出席,会议对我省生态环境治理现代化建设成效给予了充分肯定。

5. 强化组织宣传引导,汇聚生态环保强大合力。围绕中央环保督察"回头看"、精准帮扶、服务高质量发展等主题,在主流媒体持续发声,充分运用"两微"平台,不断放大生态环保声音,特别是对"环保一刀切""环保影响发展"等杂音、噪声,主动发声,有力回击,切实坚定了决心,增强了信心。全省环保社会组织联盟增加到34家,环保设施向公众开放点增加到40个,生态环境部在南京召开现场会,推广江苏经验做法。"江苏生态环境"微信公众号跃居全国省级环保政务微信排行榜第三名。2019年,齐抓共管格局加快形成。配合省纪委监委建成污染防治综合监管平台,进一步压紧压实责任,依托省攻坚办公室推动各地各部门主动作为。主动与各相关部门加强对接,增强工作合力。省生态环境厅荣获全省新闻发布工作第一名,一批宣传产品受到系统内外广泛关注。"美丽江苏·七彩约定"得到行业协会和地方积极响应。全省环保社会组织和高校环保公益社团联盟成员增加到81家。40多个国外代表团到访省厅或到我省生态环境治理现场参观交流,环保国际朋友圈不断扩大。

6. 稳步推进各项改革,更好破解难题激发活力。完成生态环境厅转隶组建工作,设区市局领导干部调整为以省厅为主的双重管理体制,环境监测机构"垂改"基本完成。出台生态环境损害赔偿制度改革"1+8"文件,省政府诉安徽海德公司案被最高法评为2018年全国十大行政民事案件。深化与污染物排放总量挂钩的财政政策。建立企业环保信任保护原则。完善企业环保信用评价制度,全省参评企业达 3.45 万家,同比增长 15%。连云港四级"湾长制"全覆盖。大力推行"试点工作法",鼓励基层大胆改革创新。2019 年,基本完成环保"垂管"改革和生态环境机构改革,新机制运行平稳。"湾(滩)长制"实现全覆盖。完成全省"三线一单"编制。提前一年实现重点行业排污许可证核发全覆盖,发证数量全国第一。注重发挥市场机制和经济杠杆作用,环保信用参评企业增加到 5.1 万家,累计对红色、黑色等级企业征收差别电价超过 2 亿元。与省检察院成立公益诉讼(环境损害)司法鉴定联合实验室,累计启动生态环境损害赔偿案件 144 件,赔偿金总额 5.32 亿元。

7. 特色创新更加务实,法治理念得到提升。(1) 运用系统集成思维,全力推动高质量发展。突出政策集成,在省级机关率先部署"五抓五促"专项行动,先后出台支持企业复工复产 18 条、加强企业产权保护 23 条等政策,推进产业园区生态环境政策集成改革试点,深化"企业环保接待日"制度,搭建服务外企的"绿桥",累计帮助 5 563 家企业解决 6 620 个环保难题。突出措施集成,组织建设 106 个共享环保基础设施"绿岛",惠及中心企业 3.2 万家;推动建设生态安全缓冲区,将城镇污水处理厂尾水接入人工湿地,利用生态自净功能减少污染排放、降低治理成本。突出机制集成,深化"厅市会商""金环对话""部门联动"机制,推动地方"减污扩容",保障优质重大项目落地;联合金融机构累计发放"环保贷"176.8 亿元,下达绿色奖补资金 7 034 万元,开展排污权抵押融资试点,着力缓解企业融资难问题。相关做法得到全国工商联和生态环境部肯定,连续两年在全国支持服务民营企业绿色发展座谈会上介绍经验。(2) 严格落实安全生产责任制,全力保障生态环境领域安全。协同推进安全生产专项整治"一年小灶""三年大灶",高质量完成危废处置专项整治任务,加快建设危废全生命周期监控系统。成立由厅主要领导任组长的疫情防控工作领导小组,及时下发 8

个专业性指导文件,组织检查医疗废物处置单位、定点收治医院等敏感单位 1.1 万家次,督促及时处置冠状病毒医疗废物 3 900 余吨,做到医疗废物、医疗污水及时有效收集和处理处置百分百全落实。在全国率先建设省级核安全工作协调机制,作为唯一省份在全国协调机制会议上发言,启动核与辐射风险隐患排查三年行动,举办核辐射事故应急处置综合演练,对 209 枚高风险移动源实施全覆盖在线监控。(3)坚持"法定职责必须为,法无授权不可为"理念,确保环境保护始终行驶在法治轨道上。制定年度重大行政决策目录并向社会公布,所有重大事项均经集体研究决定。《江苏省生态环境监测条例》正式实施,是该领域全国第一部地方性法规,荣获 2018—2020 年度江苏省法治建设创新奖。省人大颁布《江苏省水污染防治条例》,一批管理制度以法律条文固定下来。设立省市县三级执法重案组,全年累计下达行政处罚决定书 1.2 万件、罚款金额 9.8 亿元,侦办污染环境犯罪案件 2 422 件,执法力度位居全国前列。以法治手段严格规范执法行为,在全国率先实现移动执法终端全覆盖、全联网、全使用,利用视频连续抽查,确保执法记录实时上传、执法过程公开透明。坚持"环保干好干坏不一样",将 5 164 家企业纳入执法正面清单,停限产豁免企业数量增加到 2492 家,有效调动了企业治污减排的主动性积极性。①

另外,在应对风险和挑战的过程中,江苏在 2020 年出台了《关于加快生态环境保护铁军建设工作方案》,打造"团结向善、勇敢向上"文化内核,涌现出"全国先进工作者"胡冠九、"全省抗疫先进集体"省应急中心等一大批先进典型和感人事迹。先后部署开展百日会战、定向挖潜等一系列专项行动,有力推动环境质量改善,在全省经济快速增长的同时,推动全省生态环境质量达到新世纪以

---

①　江苏省生态环境厅. 环境状况年度公报[DB/OL]. http://hbt. jiangsu. gov. cn/col/col1649/index. html.

来最好水平。

七、坚持以人民为中心的生活高质量发展

深入践行以人民为中心的发展思想,坚持把人民群众对美好生活的向往作为奋斗目标,着力解决民生突出问题,不断提高人民群众获得感、幸福感、安全感。

1. 持续提升城乡居民的收入。2018 年,公共财政用于民生领域支出占比达 75%,城乡居民人均可支配收入分别达到 4.72万元和 2.08 万元,增长 8.2% 和 8.8%。城镇新增就业 153 万人,扶持 30.1 万人成功创业,带动就业 121.28 万人,城镇登记失业率和调查失业率分别为 2.97% 和 4.4%。2019 年,采取多种措施保民生保重点,公共财政一般性支出压减 10% 以上,民生支出增长8.5%。城镇和农村居民人均可支配收入分别达到 5.1 万元和2.3 万元,同比增长 8.2% 和 8.8%。加大援企稳岗力度,全年城镇新增就业 148.3 万人,超额完成 120 万的目标任务,城镇登记失业率、调查失业率分别为 3% 和 4.4%,均低于全国平均水平。全力抓好猪肉等主要农副产品保供稳价,发放价格临时补贴 8.5 亿元,居民消费价格上涨 3.1%。2020 年,积极调整优化财政支出结构,民生支出占比提高到 79%。城镇新增就业累计达 726 万人,调查失业率稳定在 5% 以内。城镇和农村居民人均可支配收入分别达到 5.31 万元和 2.42 万元,居全国前列。

2. 全民医保体系进一步完善,医疗保险待遇稳步提升。2018年,统一城乡居民医保制度,包括 17 种抗癌药在内的 309 个药品纳入医保支付,异地就医直接结算对象和范围进一步扩大。开展"健康江苏"建设实践试点,深化公立医院和医疗服务价格改革,大力推行分级诊疗,新增医联体 38 个,89% 的县(市、区)开展了远程医疗服务,县域就诊率接近 90%,公共卫生服务项目增加至 55项,65 岁以上老年人健康管理率达到 69%,居民健康水平位居全

国前列。2019 年,进一步织密扎牢社会保障网,企业退休人员基本养老金人均增长 5.5%,为 352.5 万低收入人口和医疗救助对象参加基本医保提供 10 亿元资金补助,大病保险受益人数和保障资金增幅分别达到 57.7% 和 59.3%,医保市级统筹制度基本建立。2020 年,社会保障体系日益完善,城乡基本养老保险制度更加健全,医保市级统筹制度基本建立,低保人员和特困群众基本生活得到有力保障。深入推进健康江苏建设,医疗卫生和居民健康水平显著提高,人均预期寿命达 78 岁以上。养老服务体系不断完善,婴幼儿托育服务和监管体系建设取得新进展。

3. 教育改革持续深化,学前教育资源供给不断增加,义务教育优质均衡发展加快推进,现代职业教育体系不断完善,高等教育事业得到加强,"双一流"和高水平大学建设取得新成效。2019 年,扎实办好十项民生实事,教育、卫生健康、文化、旅游、广播电视、体育、殡葬等事业加快发展,基层基本公共服务功能标准化配置实现度达 90% 以上。2020 年,现代化教育强省建设扎实推进,教育发展规模、综合实力、整体水平位居全国前列。

4. 大力发展文化事业与文化产业。成功举办紫金文化节、2018 年戏曲百戏(昆山)盛典。认真落实大运河文化带建设国家战略,设立省级大运河文化发展基金,启动实施大运河国家文化公园江苏段建设。推出系列文化精品,打造江南文化、运河文化品牌。成功举办第 19 届省运会,促进群众体育和竞技体育、体育事业和体育产业协调发展,江苏健儿在第 18 届亚运会上取得优异成绩。开展重点行业领域专项治理和隐患排查整治,生产安全事故起数和死亡人数实现"双下降"。2020 年,公共体育服务体系不断完善,基层综合性文化服务中心实现全覆盖,文化惠民活动不断深入,大运河文化带江苏段示范建设扎实推进,文明城市创建走在全国前列。

5. 食品药品安全监管得到加强。2018 年,大力开展扫黑除恶专项斗争,扎实开展社会矛盾纠纷大化解、大突破专项行动,推进网格化社会治理机制创新,群众安全感指数达 97.6%。推进信访矛盾攻坚化解,加强信访法治化建设。覆盖全省城乡的公共法律服务体系基本建成,诚信江苏建设取得积极进展。2019 年,持续推进社会治理创新,建立健全风险研判、评估、责任和防控"四项机制",着力解决信访突出问题,强化食品药品疫苗安全监管,纵深推进扫黑除恶专项斗争,社会总体保持和谐稳定,人民群众安全感指数达 98.3%。深刻汲取响水"3·21"等重特大事故教训,全面开展安全生产专项整治,深入推进各领域安全隐患大排查大整治,全年生产安全事故起数、死亡人数分别下降 15.6% 和 18.1%。2020 年,食品药品安全监管持续加强。深化平安江苏、法治江苏建设,纵深推进扫黑除恶专项斗争,社会治安综合治理扎实推进,信访工作不断加强,群众安全感指数达 98.7%,社会大局保持和谐稳定。

6. 坚持区域协调发展。2018 年,全年新开工棚户区(危旧房)改造 25.62 万套,基本建成保障性住房 24.24 万套(户),发放租赁补贴 2.29 万户。启动并有力推进改善苏北地区农民群众住房条件。大力推进老旧小区环境综合整治,加快推进多层老旧住宅加装电梯等适老化改造,省级宜居示范区建设任务超额完成。2020 年,群众住房条件明显改善,建设各类保障性住房 134 万套,改造城镇老旧小区 5 343 个,改善苏北农房 20 余万户。

第六章 生态哲学视域下全面高质量发展的"江苏方案"

自 2017 年 12 月江苏提出并大力推进经济社会高质量发展以来，虽然面对的外部形势错综复杂、各种挑战前所未有，自身发展也存在短板和不足，但高质量发展的各项工作不断取得新成效，始终走在前列，得到习近平总书记和党中央、国务院充分肯定。不过，基于生产生活对高质量发展的新需要和全面建设中国特色社会主义现代化强国对高质量发展的新要求，江苏要有效落实在推进中国式现代化中走在前做示范、谱写"强富美高"新江苏现代化建设新篇章的新目标，还需从理论和实践两个层面直面高质量发展的机遇和挑战，并提出科学合理的战略举措。

第一节 江苏转向全面高质量发展的机遇和挑战

生态哲学视域下，高质量发展不仅面临着发展观的深刻变革，而且面临着在全国和全球范围内发展环境、发展条件、发展路径的巨大变化。其机遇也随着时代需求的变化而改变。

一、江苏转向全面高质量发展的新机遇

在生态哲学视域下，江苏始终是中国这个经济社会大系统的有机组成部分，其新机遇首先孕育和蕴含于这个大系统的发展之

中。因此,江苏高质量发展的机遇也首先取决于中国经济社会系统性要求的变化。2020 年 10 月,在中国共产党十九届五中全会上,习近平总书记首次指出,"经济、社会、文化、生态等各领域都要体现高质量发展的要求"①。这意味着就整体思维、系统思维和辩证思维而言,必须正确处理经济高质量发展与社会、文化、生态等各领域的高质量发展的关系。由此,高质量发展在领域维度成为"经济社会发展方方面面的总要求",在空间维度成为"所有地区发展都必须贯彻的要求",在时间维度成为"必须长期坚持的要求"。2021 年 11 月,中国共产党第十九届中央委员会第六次全体会议公报明确宣布,党的十八大以来,我国经济已迈上更高质量、更有效率、更加公平、更可持续、更为安全的发展之路。未来必须坚持系统观念,统筹推进"五位一体"总体布局,协调推进"四个全面"战略布局,立足新发展阶段,贯彻新发展理念,构建新发展格局,推动高质量发展。2022 年,党的二十大再次强调发展是党执政兴国的第一要务,明确提出高质量发展是全面建设社会主义现代化国家的首要任务,要求加快构建新发展格局,着力推动高质量发展。由此,高质量发展由对经济发展阶段性的重大研判演进为对经济社会发展各方面的总要求,演化为全面建设社会主义现代化国家的首要任务。2023 年 2 月,中共中央、国务院印发的《质量强国建设纲要》旨在促进我国经济由大到强的转变,全面提高我国质量总体水平。党和国家层面的战略决策变化内在地要求江苏在省域层面必须对高质量发展做出新的响应,即从"六个高质量"转向全面高质量。这对江苏而言既是挑战,更是从党和国家层面提供了转向全面高质量发展的机遇,同时伴随着各省市自治区对高质量发展"总要求""首要任务"的积极回应,江苏转向全面高质量发展将在

---

① 中共中央党史和文献研究院编.十九大以来重要文献选编(中)[M].北京:中央文献出版社,2021:782.

省域层面获得更多协同发展的机会。而"六个高质量"作为多领域高质量发展的率先推进及已有成效和经验将有助于江苏在转向全面高质量发展中获得先机并提供良好的全面高质量发展基础。

二、江苏转向全面高质量面临的挑战

中华民族伟大复兴战略全局和世界百年未有之大变局的相互激荡、全球气候变化的加剧等使高质量发展的环境变得复杂而不确定;全球化的深入发展加剧着经济、政治、文化、生态等领域的利益冲突,时刻影响着人们的世界观、价值观和实际的行为方式选择。因此,在全面建设中国特色社会主义现代化的新征程中,高质量发展必须深入贯彻习近平新时代中国特色社会主义思想,坚持以习近平生态文明思想蕴含的生态世界观、生态价值观、生态系统思维和生态方法论为指导,坚持目标导向、问题导向、结果导向,以系统思维加快构建新发展格局。

在生态哲学视域下,江苏转向全面高质量发展至少面临两大挑战。

一是变乱交织的世界带来的挑战。当今的地球是一个生态共同体,当今的世界是人类命运休戚与共的命运共同体。但百年未有之大变局的加速演进、世界政治格局特别是地缘政治的深刻变化在给高质量发展带来机遇的同时,也给更高质量、更高水平、更加安全的对外开放,打造国内国际双循环发展新格局带来了一个变乱交织的世界,共谋发展进步、共促和平稳定的压力与日俱增。就发展空间而言,全面高质量发展要打造双循环格局的空间既大又小,大在以地球生物圈的整体性、系统性生态思维,坚持全球化取向,坚持全面深化改革开放的道路,使发展空间可以持续拓展,国际市场的循环圈可以更广更大;"小"在多主体市场竞争的内卷,使发展空间面临被挤压的风险。就营商环境而言,百年未有之大变局与诸多不确定风险的相互交织,使优商安商的环境变得复杂而不确定。国企、民企、外企的投资意愿和勇气变得难以预估。在此背景下，既要保持经济合理增长、发展健康安全，又要持续打造市场化法治化国际化一流营商环境，这是江苏全面高质量发展面临的现实挑战之一。

二是生态环境承载力的挑战。人与自然的关系问题是一切思想理论必须回答的一个"一体两面"问题。一方面，江苏虽然是人口大省、经济大省，2022 年"江苏制造"跃居全国第一，教育、科技和文化发展也位居全国前列，但是，众所周知，江苏"一山二水七分田"，国土空间有限，各种资源能源虽然品种多样，但体量有限。高质量发展虽然以生态优先、环境友好为原则，但总归是要以消耗一定的资源能源为代价。因此，在有限的生态环境承载力范围内如何实现全面高质量发展，是实现人与自然和谐共生的现代化，确保"强富美高"新江苏建设持续取得历史性成就的时代课题。另一方面，以气候变化为代表的全球生态环境问题的加剧对经济社会造成的灾难性后果日趋严重，给人类乃至地球的生存和发展带来毁灭性的风险。这种风险挑战是全球性的，任何国家地区或者省域、城市等都难以避免。

三、江苏转向全面高质量面临的主要问题

在马克思主义生态哲学视域中，不仅"整个自然界被证明是在永恒的流动和循环中运动着"[①]，而且人与自然是生命共同体，自然、人、社会及其相互关系都是动态演变的。因而，挑战风险也只有在动态发展，确切地说是在更好更高的发展中才能化解。不过，就自然演化和经济社会发展的内在逻辑而言，挑战风险、困难问题也是动态变化、无时不有、无时不在的，需要从变化了的实际出发研判问题，以便形成有效的解决方案。目前，江苏转向全面高质量

---

① 马克思恩格斯文集：第九卷[M]. 北京：人民出版社，2009：418.

发展,既面临着生态环境保护结构性、根源性、趋势性压力尚未根本缓解的共性问题,又在经济、文化、生态、民生和改革创新等方面存在自身需要化解的问题。2020 年是高质量发展作为经济社会发展方方面面的总要求的年份,以这一年为例,江苏转向全面高质量发展需直面以下问题。

1. 产业结构转型升级任务仍然艰巨

江苏经济发展高质量无论是人均 GDP、人均地区生产总值还是总体运行综合效益等都取得了阶段性成效,产业结构优化调整也由"二三一"转向了"三二一",且后者态势也得到了持续强化。不过,就三次产业结构比重而言,2020 年,江苏与经济综合实力位居全国前列的广东、浙江、山东相比仍然处于末位,其第三产业在三次产业构成的占比中为 52.5%,低于广东的 56.5%、浙江的55.7%和山东的 53.6%。2022 年,江苏三次产业结构比例为 4∶45.5∶50.5,与广东三次产业结构比重 4.1∶40.9∶55 相比,第三产业仍待增强。① 从投资结构看,制造业投资占比虽有下降,但仍然较高。2018 年,全省制造业投资占项目投资比重为 59.0%,对全部投资增长的贡献率为 79.9%。2020 年,第二产业中制造业投资占项目投资比重为 56.9%,仍然较高,产业转型任务艰巨。② 在遭遇世纪疫情等重大风险时,各市抗风险的经济韧性也有所差异,从表 6-1 可知,经济越发达,越需要重视经济结构的整体优化,增强经济韧性,加强风险防控。

---

① 参见 2020 年和 2022 年相关省份国民经济和社会发展统计公报。
② 2020 年江苏省国民经济和社会发展统计公报[DB/OL]. https://ssrb. njupt. edu. cn/2021/0412/c6837a189258/page. htm.

表 6 - 1　2020 年中国城市人均 GDP 百强榜

排行	城市名称	2020 年人均 GDP/元	比 2019 年增长/元
2	无锡	165 777	−14 223
5	南京	159 083	−6 598
6	苏州	158 221	−20 979
9	常州	147 881	−8 509
14	扬州	132 645	3 789
17	镇江	131 451	2 472
19	南通	129 893	1 598
25	泰州	117 727	6 996
56	盐城	88 730	9 581
57	淮安	88 349	9 807
71	徐州	80 580	−558
98	连云港	71 018	1 727

资料来源:13 个地级市统计年鉴、经济和社会发展公报

2. 自主创新能力亟待加强

一方面与区域创新综合能力位居全国第一的广东相比亟待缩小差距。例如,2020 年,江苏全省研发经费支出占地区生产总值的比重为 2.64%,较广东的 2.9% 低 0.26%。2022 年,江苏全年专利授权量 56 万件,较位居全国首位的广东少 27.73 万件;PCT专利申请量 6 986 件,较位居全国首位的广东约少 1.73 万件;有效发明专利量 42.9 万件,较位居全国首位的广东少 11.02 万件;全省高新技术企业总数 4.4 万余家,较广东约少 2.5 万家。① 由此,江苏要以高水平科技自立自强支撑江苏转向全面高质量发展,还需加快自主创新的步伐,加强创新驱动,走求实扎实的创新路子。

3. 营商安商的环境有待优化

2018—2020 年,江苏营商环境不断优化并形成了一定的特

---

① 参见 2022 年江苏、广东两省的国民经济和社会发展统计公报。

色,在很大程度上确保了对外贸易的稳定增长,但由于国内外多种因素的影响,进出口贸易产品有增有减,一些产品进口总额出现了负增长;不同主体的货物进出口贸易总额的波动性有所差异,2022年相较于2021年,国有企业货物进出口贸易总额的波动性大于出大于进(参见表6-2)。这表明在对外开放中不仅需要根据国际贸易与投资的变化规律和趋势进一步深化改革,加快一体推进政策、市场、政务、法治、人文"五个环境"建设,提升亲商安商的能力和水平,又要提升准确研判国际市场变化的能力和水平,通过贸易结构的持续调整,以贸促改,增加对全球市场不确定性的适应性。

表6-2 2022年江苏省货物进出口贸易主要分类情况

指标	绝对数/亿元	比上年增长/%
进出口总额	54 454.9	4.8
出口总额	54 454.9	4.8
一般贸易	20 464.7	9.2
加工贸易	10 875.1	8.7
机电产品	23 045.8	7.1
高新技术产品	12 074.0	7.2
国有企业	2 781.4	9.8
外商投资企业	16 035.7	2.9
私营企业	15 641.9	12.2
进口总额	19 639.2	0.4
一般贸易	10 792.4	3.4
加工贸易	6 032.9	−6.5
机电产品	10 826.9	−2.1
高新技术产品	7 823.4	−1.6
国有企业	2 230.3	4.2
外商投资企业	11 321.7	−3.9
私营企业	5 804.9	9.7

资料来源:省统计局2022年《江苏省国民经济和社会发展统计公报》

4. 区域发展不平衡不充分问题有待进一步解决

就13个设区市而言,经济体量持续壮大、综合运行态势良好,

2020—2022年,江苏13个设区市都进入了中国城市GDP排名百强榜,各地级市综合实力得到了进一步加强。其中,2020年,苏州GDP总量20 171亿元,居2020年全国GDP十强城市第6位,南京以GDP总量14 818亿元,居2020年GDP十强城市第10位,南京GDP增速为4.6%,居2020年GDP十强城市之首。但到2022年,苏州、南京在中国城市GDP排名百强榜中的位次并没有发生变化。同时,就区域平衡发展、协调发展而言,虽然历史条件、行政区划、发展基础、地理区位等客观原因导致了苏南、苏中、苏北发展的不平衡和不协调,但在现实发展中GDP增速的差异,也在一定程度上反映着苏南、苏中、苏北的发展强度和韧性,如果不加以重视并采取措施,三者之间的经济体量存在进一步拉大的可能性。例如,2020年,苏南、苏中、苏北的GDP平均增速分别为3.94%、3.93%、3.52%(参见表6-3)。同年,GDP总量合计苏南比苏中高出37 987亿元、比苏北高出35 547亿元、苏中比苏北少2 440亿元。到2022年,GDP总量合计苏南比苏中高出45 396.95亿元、比苏北高出41 877.13亿元,苏中比苏北少3 519.82亿元(参见表6-4)。

表6-3 2020年13个地级市GDP和GDP增速汇总表

地区	城市	GDP/亿元	GDP增速/%	地区	城市	GDP/亿元	GDP增速/%	地区	城市	GDP/亿元	GDP增速/%
苏南	南京	14 818	4.6	苏中	扬州	6 048	3.5	苏北	徐州	7 320	3.4
	苏州	20 171	3.4		泰州	5 313	3.6		连云港	3 277	3.0
	无锡	12 370	3.7		南通	10 036	4.7		宿迁	3 262	4.5
	常州	7 805	4.5						淮安	4 025	3.2
	镇江	4 220	3.5						盐城	5 953	3.5
合计		59 384				21 397				23 837	

资料来源:江苏省13个地级市统计年鉴、经济和社会发展公报

表 6‑4　2022 年 13 个地级市 GDP 和 GDP 增速汇总表

地区	城市	GDP/亿元	GDP增速/%	地区	城市	GDP/亿元	GDP增速/%	地区	城市	GDP/亿元	GDP增速/%
苏南	南京	16 907.85	2.1	苏中	扬州	7 105	4.3	苏北	徐州	8 457.84	3.2
	苏州	23 958	2.0		泰州	6 402	4.4		连云港	4 005	2.4
	无锡	14 851	3.0		南通	11 380	2.1		宿迁	4 111.98	3.6
	常州	9 550.1	3.5						淮安	4 742	3.6
	镇江	5 017	2.9						盐城	7 090	4.6
合计		70 283.95				24 887				28 406.82	

资料来源:江苏省 13 个地级市统计年鉴、经济和社会发展公报

同时,从城乡融合、一体化发展的态势,以及乡村振兴战略实施的角度来看,苏北五市全部进入"高铁时代",再加上连云港机场、连云港 30 万吨级航道二期工程的建设,无疑有利于推进区域发展的平衡和城乡经济社会发展的协调性。但苏北苏中也有待采取更有针对性的战略举措,以促进全省城乡协调发展,使全省城乡居民共同富裕。例如,2020 年的苏州和宿迁,城乡平衡发展、充分发展水平不同,城乡居民可支配收入也极不平衡。2020 年,苏州全市常住居民人均可支配收入 62 582 元,比上年增长 4.1%,其中城镇常住居民人均可支配收入 70 966 元,增长 3.4%;农村常住居民人均可支配收入 37 563 元,增长 6.9%。居民人均消费支出 34 770 元。同年,宿迁市全体居民人均可支配收入 26 421 元,比上年增长 5.9%。按常住地分,城镇居民人均可支配收入 32 015 元,增长 4.6%;农村居民人均可支配收入 19 466 元,增长 7.4%。居民人均消费支出 15 204 元。

5. 能源资源环境约束趋紧,生态优先有待持续加强

首先,经济社会的高质量发展在坚持节能降耗的同时,也必然

会增加能源资源的消耗。例如,2018 年以来,江苏全省城市天然气供气总量则随着城市化的发展而持续上升,2017 年、2018 年和2019 年,三年分别为 108.75 亿立方米、123.87 亿立方米和133.22 亿立方米;全省经济社会发展的主要能源产品消费量即电力消费量也由 2017 年的 5807.89 亿千瓦时上升到 2020 年的6 373.71亿千瓦时(参见表 6‑5)。[①] 同时,主要能源产品天然气、电力的生产量供不应求。2021 年,苏粤浙鲁四省的用电量分别为7 101 亿千瓦时、7 868 亿千瓦时、5 514 亿千瓦时、7 383 亿千瓦时[②],这表明四省经济社会的发展与电力消耗仍然保持正相关关系,意味着如果要实现以更高品质生态环境支撑更高质量发展,那么能源消耗必须加快转型步伐。

表 6‑5　2020 年苏粤浙鲁主要能源产品生产量和消费量

指标		江苏	广东	浙江	山东
主要能源产品生产量	天然气生产量/亿立方米	4.24	131.59	0.0	5.77
	发电量/亿千瓦时	5 217.54	5 225.91	3 531.31	5 806.43
主要能源产品消费量	电力消费量/亿千瓦时	6 373.71	6 926.12	4 829.68	6 939.84

其次,高质量发展的能源资源基础有限或者不可再生,难以承载既有的发展模式(参见表 6‑6)。苏、粤、浙、鲁作为我国经济综合实力最强的省份,在推动高质量发展上既具有相似的能源资源基础和条件,也具有各自的特色优势和天然不足(参见表 6‑6)。[③]

---

① 国家数据[DB/OL]. https://data. stats. gov. cn/easyquery. htm? cn=E0103.

② 中国统计年鉴—2022[DB/OL]. http://www. stats. gov. cn/sj/ndsj/2022/indexch. htm

③ 国家数据[DB/OL]. https://data. stats. gov. cn/easyquery. htm? cn=E0103.

江苏、山东的石油储量相对富裕,但石油产业因石油储量的有限性和自身必须清洁化、无污染化、无害化的时代需要而面临优化调整,同时,经济结构优化调整、新兴战略产业的发展也需要加速能源结构的调整和新能源开发。广东、浙江虽然无丰富的能源、矿产资源,却因此也建构起了更具开放性的经济社会发展模式,在开放型经济和新兴产业的发展上往往更加积极主动,从而赢得早发、先发的优势,这是值得江苏、山东借鉴的。

表 6-6　2016 年苏、粤、浙、鲁能源资源基础储备

	指标	江苏	广东	浙江	山东
主要能源、黑色金属矿产基础储备	石油储量/万吨	2 729.50	16.40		29 412.20
	天然气储量/亿立方米	23.31	0.59		334.93
	煤炭储量/亿吨	10.39	0.23	0.43	75.67
	铁矿储量/亿吨	1.62	0.92	0.59	9.60
	钒矿储量/万吨	4.13		3.76	
	锰矿储量/万吨		76.25		
	原生钛铁矿储量/万吨				899.82
主要有色金属、非金属矿产基础储备	铜矿储量/万吨	4.02	17.59	5.17	6.49
	铅矿储量/万吨	22.56	103.09	8.68	0.63
	锌矿储量/万吨	38.10	186.26	61.16	0.75
	硫铁矿储量/万吨	508.77	14 819.44	405.08	3.18
	磷矿储量/亿吨	0.13			
	高岭土储量/万吨	234.59	5 295.26	819.41	314.08
	铝土矿储量/万吨				158.90
	菱镁矿储量/万吨				14 793.49

　　最后,就资源环境而言,江苏虽然遍地是水,水文化也极其发达,但水资源总量和人均水资源量远远低于广东、浙江,人均用水

量因工业、农业用水量远远高于广东、浙江,也高于全国和山东省。森林覆盖率则低于全国平均水平,也是苏、粤、浙、鲁四省中最低的(参见表6-7)。[①] 这一方面要求强化工业、农业的节约集约化发展,更有赖于三次产业结构的进一步优化调整和转型升级,另一方面,环境污染攻坚战的成果有待持续巩固,以更大力度的生态环境保护支持更高水平的经济社会高质量发展。

表6-7 2021年苏、粤、浙、鲁水资源和森林覆盖率[②]

	全国	江苏	广东	浙江	山东
人均用水量(立方米/人)	419.2	668.4	321.6	255.8	206.6
水资源总量(亿立方米)	29 638.2	500.8	1 221.2	1 344.7	525.3
人均水资源量(立方米/人)	2 098.5	589.8	965.1	2 067.5	516.6
森林覆盖率/%	22.96	15.2	53.52	59.43	17.51

6. 社会事业发展不充分,社会治理能力仍需提升

近年来,社会事业、社会治理能力和人民生活水平无疑得到显著发展和提升(参见前文)。但与党和国家对江苏寄予的新期待和人民对美好生活更高的追求相比,还需要更充分地发展、更大力度地提升社会综合发展和治理能力。例如,横向比较而言,江苏与广东、浙江、山东在环境治理中,垃圾无害化处理率2019年除山东是99.9%外都达到了100%。不过,就教育、文化、卫生、社会保障等方面而言,需要在横向比较的基础上加快充分发展的步伐。例如,高等教育一直被视为江苏有优势的领域,但从2014年以来,广东、山东高等教育发展步伐大于江苏。就普通高等学校在校学生数而言,2019年与2014年相比,江苏增加了18.41万人,而广东和山

---

① 国家数据[DB/OL]. https://data.stats.gov.cn/easyquery.htm? cn=E0103.
② 中国统计年鉴—2022[DB/OL]. http://www.stats.gov.cn/sj/ndsj/2022/indexch.htm

东分别增加了 25.98 万人、38.72 万人,目前,广东、山东的普通高
等学校在校学生数都高于江苏。2019 年,普通高中在校学生数占
普通初中学生数的比例江苏最低。这反映了人民群众亟待解决的
普通高中升学难问题、江苏考生上大学难的问题具有一定的真实
性,需要在教育高质量发展中得到解决。近几年义务教育均衡化的
发展使江苏在初中、小学的办学规模和师生比等方面与广东、浙江、
山东基本平衡。其经验值得高中和高等教育在后续发展中借鉴。

　　在医疗卫生方面,江苏在每万人拥有医疗机构数、每万人拥有
卫生技术人员数等方面还需充分发展。例如,2019 年,江苏每万
人拥有医疗机构数与广东持平,皆为 5 个;少于浙江的 5 个和山东
的 8 个。在每万人拥有卫生技术人员数方面高于广东、山东,但低
于浙江 11 个。在文化高质量发展方面,整体发展良好,但艺术表
演团体机构数在四省中位于倒数第 2。在社会保障方面,2019 年,
城乡居民社会养老保险参保人数虽与山东持平且高于广东和浙
江,但也只约占年末常住人口的 28%;城镇参加养老保险人数占
城镇人口的比例约为 60%,低于浙江的 74%,高于广东的 56% 和
山东的 46%。

表 6－8　2019 年苏、粤、浙、鲁社会事业发展比较

	指标	江苏	广东	浙江	山东
教育	普通高校数/所	167	154	108	146
	普通高等学校在校学生数/万人	187.41	205.40	107.47	218.39
	普通高中学校数/所	580	1 008	601	640
	普通高中在校学生数/万人	105.03	183.74	78.42	167.21
	普通高中招生数/万人	38.76	63.94	27.31	58.79
	普通初中学校数/所	2 224	3 712	1 744	3 151
	初中在校学生数/万人	242.46	389.03	163.70	360.92

(续表)

	指标	江苏	广东	浙江	山东
教育	普通小学学校数/所	4 151	10 565	3 310	9 646
	普通小学在校学生数/万人	572.64	1 033.43	367.11	738.56
	普通小学专任教师数/万人	33.21	55.32	21.61	44.27
卫生	医疗卫生机构数/个	34 796	53 900	34 119	83 616
	卫生人员数/万人	78.63	96.19	62.80	100.06
	每万人拥有卫生技术人员数/人	78	69	89	78
	卫生机构床位数/万张	51.60	54.52	35.02	62.97
文化	公共图书馆业机构数/个	117	146	103	154
	公共图书馆总流通人次/万人次(2019)	8 424.55	12 200.50	13 935.06	5 244.93
	艺术表演团体机构数/个	626	397	1 550	1 306
	艺术表演场馆机构数/个	244	84	358	145
	博物馆机构数/个	345	241	366	541
	博物馆参观人次/万人次	10 034.13	6 861.00	8 029.65	7 658.29
社会保障	城镇参加养老保险人数/万人	3 417.43	4 633.44	3 031.72	2 868.01
	城乡居民社会养老保险参保人数/万人	2 336.9	2 646.2	1 199.4	4 560.3

资料来源:国家数据 https://data.stats.gov.cn/easyquery.htm? cn=E0103

在高质量发展中,社会事业发展的不充分、治理能力的不足在一定程度上与公共预算有关。由下表可知,江苏与GDP位居全国第1位的广东相比,其2021年一般公共预算收入只相当于广东的71%,地方财政一般预算支出约相当于广东的79.93%。

表 6-9 2021 年苏、粤、浙、鲁社会事业发展比较①

指标	江苏	广东	浙江	山东
一般公共预算收入/亿元	10 015. 16	14 105. 04	8 262. 64	7 284. 46
地方财政一般预算支出/亿元	14 585. 26	18 247. 01	11 014. 59	11 713. 16

总之,高质量发展的多维性、动态性要求江苏始终立足省情实际和阶段性发展特征,重视横向比较和纵向发展,在既有成绩的基础上进一步完善顶层设计、评价指标体系,加强组织领导和机制创新,鼓励全省各地加快转向全面高质量发展的步伐,在全面建设中国特色社会主义现代化国家的新征程上各展所长、比学赶超,以指标体系引导抓重点破难题、补短板锻长板,探索全面高质量的新路子。同时,针对问题,结合"十四五"时期全省经济社会发展的总体要求、主要目标和 2035 年远景目标,制定全面高质量发展的"江苏方案"旨在以创新驱动,推动全省人均地区生产总值在 2020 年基础上实现翻一番,居民人均收入实现翻一番以上,区域创新能力进入创新型国家前列水平,基本实现新型工业化、信息化、城镇化和农业现代化,形成高水平开放型经济新体制,基本实现社会治理体系和治理能力现代化,人的全面发展和全省人民共同富裕走在全国前列,生态环境根本好转,初步展现出江苏社会主义现代化图景。

---

① 中国统计年鉴—2022[DB/OL]. http://www.stats.gov.cn/sj/ndsj/2022/indexch.htm

第二节　江苏全面高质量发展的
指导思想和基本原则

2020 年 5 月,习近平在参加全国政协十三届三次会议经济界委员联组会时指出,"要坚持用全面、辩证、长远的眼光分析当代经济形势,努力在危机中育新机、于变局中开新局",要求"巩固我国经济稳中向好、长期向好的基本趋势"。① 2023 年 7 月,在全国环境保护大会上,习近平总书记强调全面推进美丽中国建设,要求以高品质生态环境支撑高质量发展,加快推进人与自然和谐共生的现代化。② 因此,生态哲学视域下,绿色始终是高质量发展的底色,"含绿量"与"含金量"的协同增长和经济、政治、文化、社会的全面协调发展是其应有之义。全面高质量发展的指导思想和基本原则应该以习近平新时代中国特色社会主义思想为指导,以稳中求变、变中求新为原则,在"稳""变""新"的良性循环中实现全面高质量发展。

一、追求"稳""变""新"的良性循环发展

1. 追求"稳态"发展的科学依据。生态学中有稳态(Homeostasis)的概念,指的是通过调节作用,使得正常机体的各个器官、系统协调活动,共同维持内环境的相对稳定状态。内环境保持相对稳定是生物体自由生存的条件。将社会看作经济、文化、环境等各因素协同运作的有机体,其正常的运作也必然需要内部

---

① 习近平.习近平谈治国理政:第四卷[M].北京:外文出版社,2022:183.
② 全面推进美丽中国建设 加快推进人与自然和谐共生的现代化[N].光明日报,2023 - 7 - 19(01).

达到良性的稳态条件。在继承马克思主义关于人与自然关系的哲学思考的基础上,生态学马克思主义流派提出稳态经济思想。[①]改革开放以来,江苏凭借自身"平原少山＋江河密布"的良好自然地理条件、外部积极的国际贸易形势与国内政策的大力扶持,成为位居全国前列的经济强省。然而发展有着从无序走向有序、从激增走向平缓变化的过程,良好的发展方式必然是稳态发展而具有可持续性的。稳态是一种动态平衡,高质量发展的理念正对应着社会稳态发展的科学愿景,江苏"六个高质量发展"的提出,体现出对发展背后生态成本的重视,反思"唯增长论"的发展模式,破除单一向度的 GDP 迷思,体现出走绿色发展和生态文明之路的坚定决心,高质量发展的江苏方案,是追求稳态发展的科学决策。

2. 追求"稳态"发展基础条件。江苏是实现"稳态"发展基础条件最好的省份。2018 年,《中国省域竞争力蓝皮书》显示,江苏省在全国 31 个省、区、市中经济综合竞争力排名第一,是全国唯一所有下辖地级市都跻身百强城市的省份。与许多省份的不平衡发展不同,江苏的富裕是均富,省内十三市的发展水平放眼全国都属于前列。并且,江苏省的经济发展、改革开放水平、城乡建设、文化建设、生态环境与人民生活水平,已经处于发展中国家的领先身位,甚至高于部分发达国家。根据江苏省统计局公布的数据,2021年,江苏省 GDP 达到 11.64 万亿元人民币,折合 1.805 万亿美元,同期韩国的 GDP 为 1.79 万亿美元。2022 年,江苏 GDP 跃上了12 万亿的新台阶。江苏省经济发展的优势显著,这是各领域各层面全面高质量发展的基础。江苏强在整体,活在以市为子系统的有序竞争与合作。统一、开放、有序、竞争的合作增强了江苏高质量发展的内在复合性、复杂性和多样性,有利于江苏创新差异化均

---

① 魏建翔. 生态学马克思主义的稳态经济思想评析[J]. 福建农林大学学报(哲学社会科学版),2019,22(5):34-42.

衡发展的模式,为全面高质量发展探寻新路。

3. 全面高质量发展稳中求进的主要路径。在习近平生态文明思想引领下建设"富强美高"的新江苏,推进生态文明建设,力争双碳目标尽早实现,是江苏省的重要使命,是自身可持续发展和全面发展的内在要求。江苏要在科技创新上取得新突破,在强链补链延链上展现新作为,在建设中华民族现代文明上探索新经验,在推进社会治理现代化上实现新提升,"六个高质量发展"仍需重点推进。(1)经济高质量发展方面,经济结构优化调整已见成效。转型升级有所加强。江苏省以制造业为代表的第二产业在经济中仍占据较大比重;另一方面,第三产业逐渐成为支撑经济高质量发展的主要产业和方向。经济总量持续扩大、经济实力不断增强的同时,经济结构战略性调整也不断向纵深推进,科技创新能力稳步提升,高新技术产业加快发展。(2)改革开放高质量发展方面,江苏省营商环境持续优化,经济发展重心向第三产业平稳转移,对外贸易结构不断优化,利用外资质量有所提升。(3)城乡建设高质量发展方面,江苏新型城镇化和城乡一体化发展、乡村振兴战略的大力实施,江苏大力实施美丽乡村和特色小镇建设,富有江苏特色的新时代乡村建设取得长足进步,城乡建设水平快速提升。(4)文化建设高质量发展方面,重视公民的文明素养、道德风尚建设的整体水平,公共文化服务体系趋向完善,江苏在全国率先建成"省有四馆、市有三馆、县有两馆、乡有一站、村有一室"五级公共文化设施网络体系。文化及相关产业发展规模和质量持续提升。(5)生态环境高质量发展方面,空气质量有波动,水环境总体平稳,长江、淮河江苏段水质较好,太湖自2007年蓝藻事件以来连续14年实现"两个确保",土壤环境存在一定隐患,生态环境总体稳定。(6)人民生活高质量发展方面,居民人均可支配收入持续增加,全省脱贫攻坚成效显著,社会保障体系加快完善,教育发展水平较高,医疗卫生成就显著,公众安全感持续提高,"全要素网格化"社会治理新模式彰显特色。江苏的高质量发展在经济、改革开放、城乡建设、文化建设、生态环境与人民生活六个方面，以稳扎稳打的姿态切实进行全面发展，稳态发展的高质量是真正的高质量。

4."稳"中求"变"的战略思路。即转换发展的"生态位"。

生态位(niche)，又称格乌司原理，1917 年由美国生态学家格林内尔(J. Grinnel)提出。该原理的内容主要指在生物群落或生态系统中，每一个物种都拥有自己的角色和地位，即占据一定的空间，发挥一定的功能。生态位现象对所有生命现象都具有普适性，不仅适用于生物界(包括动物、植物、微生物)，也适用于人(包括由人组成的集团、社会、国家)。随着有机体的发育，它们能改变生态位，避免同质化竞争，以求得更适宜的生存空间与个体发展。全面高质量发展的江苏方案，正是江苏在发展道路上不断自我革新，调整自身生态位的明智选择。从"六个高质量发展"转向全面高质量发展，既是贯彻党和国家关于高质量发展的新要求新任务的应然选择，更是基于江苏经济、社会、文化、生态、改革开放及人民生活所达到的总体水平、质量和阶段性变化趋势，对江苏在全国高质量发展中的"生态位"进行科学界定的选择。以经济高质量发展方面为例，第一产业除了传统农业，江苏积极求变，与绿色优质农产品生产相关的绿色农业、智慧农业、订单农业等现代农业加快发展。作为制造业大省，第二产业在省内经济中一直占据重要地位。在低技术含量、高能耗的生存赛道竞争激烈的情况下，江苏省努力促进先进制造业加快发展，在智能制造、新型材料、新型交通运输设备和高端电子信息产品的新产品领域实现较快增长。如工业机器人、3D 打印设备、新能源汽车、服务器、光纤、智能手机、太阳能电池等新产品制造业，这是江苏在经济高质量发展中选择"江苏智造"转换第二产业生态位的有效尝试。江苏经济高质量发展，是寻找新增长，以智造代制造的新赛道拓展，是一、二、三产业与智能、绿色的紧密结合，是对自身生态位的先发调整。在城乡建设、开放水平、文化建设、生态环境、人民生活等多领域的高质量发展,都是根据江苏特色与自身所处的生态位而科学调整发展节奏、发展方向的结果。

5."变"中求"新"不断优化人民美好生活的"生境"。生境(habitat)指生物的个体、种群或群落生活地域的环境,包括必需的生存条件和其他对生物起作用的生态因素。生境是指生态学中环境的概念,生境又称栖息地。人作为一种社会动物,社会中的经济、文化、自然环境等诸多影响因子都关系到人的生境。在党的领导下,中国人民当家做主的社会主义本质决定了一切发展都以人民为中心,高质量发展的江苏方案,是一份为江苏人民营造美好生境的全方位长远规划。

从马克思主义生态哲学的人化自然观角度来看,江苏省的生态环境高质量发展,既要满足经济建设和社会发展的需要,也要满足子孙后代生态利用和可持续发展要求,使生态保护与经济社会发展相互促进。与资本主义对自然资源的无度攫取不同,马克思主义生态哲学观指导下的中国秉承生态发展观,深入贯彻新发展理念,主动融入新发展格局,以碳达峰碳中和目标为引领,以美丽江苏建设为总目标,坚持系统治理、源头治理,把实现减污降碳协同增效作为促进经济社会发展全面绿色转型的总抓手,统筹经济高质量发展和生态环境高水平保护,深入打好污染防治攻坚战,集中攻克身边的突出生态环境问题,持续推进治理体系和治理能力现代化,有效维护生态安全,不断满足人民日益增长的优美生态环境需要,在率先建设人与自然和谐共生的现代化上走在前列,为江苏开启全面建设社会主义现代化新征程、奋力谱写"强富美高"新篇章奠定坚实的生态环境基础。① 富裕的经济基础,先进的城乡

---

① 何聪,王伟健.努力建设"强富美高"新江苏[N].人民日报,2022-07-20(009).

建设,优美的生态环境,丰富的文化活动,自由的开放程度,都是人民美好生活的重要影响因子。江苏省的"六个高质量发展"紧密围绕人民对美好生活的进一步追求,长远规划,谋篇布局,全方位多角度地改善和营造人民的美好"生境"。

二、坚持生态优先与质量第一相统一

党的二十大指出,"马克思主义是我们立党立国、兴党兴国的根本指导思想"①。"实践没有止境,理论创新也没有止境。不断谱写马克思主义中国化时代化新篇章,是当代中国共产党人的庄严历史责任。"②习近平新时代中国特色社会主义思想是马克思主义中国化的最新理论成果。习近平生态文明思想是习近平新时代中国特色社会主义思想的重要组成部分,党的十九大报告首次把美丽中国作为建设社会主义现代化强国的重要目标。美丽中国目标的提出,不仅寄予了人民对未来美好生活的期盼,也反映了中国共产党对人类文明规律的深刻认识、对现代化建设目标的丰富理解,在具体论述生态文明建设的重要性时,十九大报告前所未有地提出了"像对待生命一样对待生态环境""实行最严格的生态环境保护制度"③等论断。党的二十大报告中更阐明了"中国式现代化是人与自然和谐共生的现代化"④,"必须牢固树立和践行绿水青

① 习近平. 高举中国特色社会主义伟大旗帜 为全面建设社会主义现代化国家而团结奋斗:在中国共产党第二十次全国代表大会上的报告[M]. 北京:人民出版社,2022:16.

② 习近平. 高举中国特色社会主义伟大旗帜 为全面建设社会主义现代化国家而团结奋斗:在中国共产党第二十次全国代表大会上的报告[M]. 北京:人民出版社,2022:18.

③ 习近平. 决胜全面建成小康社会 夺取新时代中国特色社会主义伟大胜利:在中国共产党第十九次全国代表大会上的报告[M].北京:人民出版社,2017:24.

④ 习近平. 高举中国特色社会主义伟大旗帜 为全面建设社会主义现代化国家而团结奋斗:在中国共产党第二十次全国代表大会上的报告[M]. 北京:人民出版社,2022:23.

山就是金山银山的理念,站在人与自然和谐共生的高度谋划发展"①。这充分彰显了坚持人与自然和谐共生对经济社会发展的极端重要性,人与自然的关系作为社会最基本的关系,在全球生态环境问题日渐突出的背景下,不仅具有基础性,而且具有战略性。因此,坚持生态优先、促进人与自然和谐共生是落实高质量发展作为全面建设中国特色社会主义现代化首要任务的必然选择,是深入贯彻习近平生态文明思想的体现。与此同时,《质量强国建设纲要》和江苏省《关于深化质量强省建设的实施意见》都要求牢固树立质量第一意识。以质量第一意识建设质量强省既是对"强富美高"江苏实践的新要求,也是"美丽江苏"建设的新任务。高度重视生态环境承载力,进一步优化生态环境安全,促进产业、财政、金融、科技、贸易、环境、人才等方面政策与质量政策协同等,都是江苏深化质量强省建设的重要内容。习近平在参加十四届全国人大一次会议江苏代表团审议时再次强调,要始终以创新、协调、绿色、开放、共享的内在统一来把握发展、衡量发展、推动发展;必须更好统筹质的有效提升和量的合理增长,始终坚持质量第一、效益优先,大力增强质量意识,视质量为生命,以高质量为追求。因此,江苏推进全面高质量发展必须坚持生态优先与质量第一的统一,以高质量发展支撑高水平保护为取向,加快开创"强富美高"的新局面。

三、始终贯彻"七个坚持"

江苏全面高质量发展以经济发展、改革开放水平、城乡建设、文化建设、生态环境与人民生活水平等六个方面为重点,统筹现代

---

① 习近平.高举中国特色社会主义伟大旗帜 为全面建设社会主义现代化国家而团结奋斗:在中国共产党第二十次全国代表大会上的报告[M].北京:人民出版社,2022:50.

化建设的各方面各层面,其全面性、系统性、整体性的实现必须始终贯彻以下"七个坚持"。

坚持党对高质量发展的全面领导。新时代党和人民奋进的必由之路是坚持党的全面领导。① 这是江苏高质量发展的政治前提。习近平总书记在 2022 年全国两会期间强调,"我国发展仍具有诸多战略性的有利条件",其中首要的一条就是"有中国共产党的坚强领导"。② 历史和实践已经并将进一步证明,要确保"中华号"巨轮乘风破浪、行稳致远,就必须由党掌舵领航。③ 以经济建设为中心是兴国之要,发展是党执政兴国的第一要务,是解决我国一切问题的基础和关键。习近平总书记深刻指出:"能不能驾驭好世界第二大经济体,能不能保持经济社会持续健康发展,从根本上讲取决于党在经济社会发展中的领导核心作用发挥得好不好。"④ 中国特色社会主义进入新时代,江苏经济发展也进入了新阶段,基本特征就是经济已由高速增长阶段转向高质量发展阶段。加强党对经济工作的战略谋划和统一领导,完善党领导经济工作体制机制,以党的坚强领导推动江苏高质量发展,最重要的是充分发挥党总揽全局、协调各方的政治引领作用。

坚持以人民为中心。这是江苏高质量发展的价值取向。为人民谋幸福是江苏高质量发展的价值底色。中国共产党人的初心和使命,就是为中国人民谋幸福,为中华民族谋复兴。进入新时代,人民的需求已经不再是"更多"而是"更好",对高品质商品和服务的需求快速增长。这就要求进一步提升江苏经济的质量和效益,

---

① 习近平. 习近平谈治国理政:第四卷[M]. 北京:外文出版社,2022:34.
② 中国人民政治协商会议全国委员会办公厅编. 中国人民政治协商会议第十三届全国委员会第五次会议文件[M]. 北京:人民出版社,2022:52.
③ 张胜,王斯敏. 走好"必由之路",用好"有利条件",迈向光明未来[N]. 光明日报,2022 - 03 - 17(007).
④ 中共中央文献研究室编. 十八大以来重要文献选编(中)[M]. 北京:中央文献出版社,2016:834.

并要求江苏制造、江苏建造、江苏服务等实现转型升级,以更优质的产品和服务满足人民的更高需求。

坚持经济社会发展与环境保护的统一。深刻认识生态环境保护和经济发展的辩证统一关系。经济发展和环境保护的目的是统一的,都是为了满足人民的美好生活需要,两者的内容是相辅相成的,是可以相互转化的。一方面,生态环境保护做得好,生态环境质量改善了,经济发展就可持续,发展空间也更广阔;另一方面,经济发展又能为生态环境保护修复提供坚实物质保障,为人民群众提供更加优质的生态产品。江苏的高质量发展追求的是绿色、可持续的发展。

坚持走和谐共生的现代化道路。我国建设社会主义现代化具有许多重要特征,其中之一就是我国现代化是人与自然和谐共生的现代化,注重同步推进物质文明建设和生态文明建设。[①] 江苏省的高质量发展同样以坚持走和谐共生的现代化道路为原则,把生态文明建设摆在江苏高质量发展全局工作的突出位置,统筹污染治理、生态保护,应对气候变化,促进生态环境持续改善,努力建设人与自然和谐共生的现代化。

坚持城乡一体化。着力解决城乡发展不平衡不充分的问题。深入实施乡村振兴战略,大力推动城乡融合发展,实现区域优势互补,城乡区域协调发展水平不断提升。加强农业基础建设,农业产业结构不断优化,扎实推进特色田园乡村建设,将江苏乡村的秀丽山水转化为生态发展优势,区域一体化发展扎实推进,现代综合交通运输体系加快建设,让"轨道上的江苏"成为平衡城乡发展的桥梁,大力推进新型城镇化。[②]

---

① 习近平.努力建设人与自然和谐共生的现代化[J].环境与可持续发展,2022,47(2):5.

② 丛书编写组.深入实施乡村振兴战略[M].中国计划出版社,2020.

　　坚持区域协同。这是苏南、苏北、苏中联动发展的需要。坚持陆海统筹、江海联动、跨江融合,深入实施"1＋3"重点功能区战略,扬子江城市群、江淮生态经济区、沿海经济带、徐州淮海经济区中心城市建设扎实推进。[①]深入落实长江经济带"共抓大保护,不搞大开发"要求,推动江苏长江经济带高质量发展走在前列,统筹推进沿江产业结构调整、生态文明建设、交通枢纽建设和城市规划发展,沿江地区转型发展步伐加快。推动长三角区域一体化发展,大运河文化带建设迈出坚实步伐,推动江苏南北共建高质量发展。

　　坚持改革创新"双轮"驱动,坚持国际国内"两局"并举。坚持改革开放向纵深推进,供给侧结构性改革持续深入,"放管服"改革力度持续加大,深入实施创新驱动战略,着力推动江苏发展新旧动能加速转换。[②]加快培育具有自主知识产权和自主品牌的江苏省创新型领军企业转向"江苏智造",推进核心技术攻关,把提高自主创新能力作为核心环节,以改革创新"双轮"驱动江苏高质量发展。面向全国,放眼全球,统筹好国内、国际两个大局,是推动经济社会持续健康发展的良好办法。国内大局与国际大局交织激荡,既相互影响又互为机遇,既立足国内,充分运用我国资源、市场、制度等优势,又重视国内国际经济联动效应,积极应对外部环境变化,更好利用两个市场、两种资源,推动互利共赢、共同发展。江苏的高质量发展应当着眼全国发展大局和国家战略布局,充分发挥江苏对内对外双向开放优势,在推动形成以国内大循环为主体、国内国际双循环相互促进的新发展格局中发挥有力支点和战略枢纽作用。

---

　　①　陈澄.区域协调发展迈向更高质量[N].新华日报,2022－07－13(009).
　　②　王斌来,刘新吾,王欣悦."科创＋""绿色＋"双驱发力[N].人民日报,2022－03－29(010).

第三节　全面高质量发展"江苏方案"的目标任务和生态战略

"坚持以马克思主义为指导，最终要落实到怎么用上来。"[①]"善为理者，举其纲，疏其网。"[②]高质量发展能否沿着正确方向取得预期的成效，关键在于能否准确认识和把握社会主要矛盾、确定中心任务。就国家层面而言，高质量发展面临的社会主要矛盾是人民日益增长的美好生活需要和不平衡不充分的发展之间的矛盾。推动高质量发展与坚持以人民为中心的发展价值导向、贯彻新发展理念、构建新发展格局、推动人的全面发展和全体人民共同富裕取得更为明显的实质性进展等一起构成了化解新时代社会主要矛盾的中心任务。

一、总目标、阶段目标与规划指标

人与自然的关系是始终贯穿于人类社会发展最基本的关系，也是生态哲学领域最基本的关系问题。人与自然和谐共生既是生态文明时代的根本特征，也是中国式现代化的本质要求之一。习近平提出了"人与自然是生命共同体"的生态本体论，超越了将人与自然关系极端化的西方人类中心主义和生态中心主义的世界观，将对生态问题的考察纳入发展的社会视域中，使生态环境高质量成为高质量发展的有机组成部分。全面高质量发展的"江苏方案"，必然跨越"唯GDP论"的单一向度，全面贯彻把建设美丽中国

---

①　习近平.习近平在哲学社会科学工作座谈会上的讲话[N].人民日报，2016-5-18(01).

②　董诰等编.全唐文[M].北京：中华书局，1983：6847.

摆在强国建设、民族复兴的突出位置的战略要求,始终以绿色为全面高质量发展的鲜亮底色。

2020年11月,习近平总书记在考察江苏时,为江苏的发展提出了"争当表率、争做示范、走在前列"的新目标,其中争当表率是指在"推动高质量发展上争当表率",激励江苏高质量发展走向纵深。2023年7月,习近平在江苏考察时要求江苏在推进中国式现代化中走在前做示范,谱写"强富美高"新江苏现代化建设新篇章。因此,江苏高质量发展的目标需要与时俱进,江苏高质量发展的任务和要求也须因时因势而变。

根据发展目标的重要程度和时间尺度,全面高质量发展"江苏方案"的目标可划分为总目标、阶段目标和规划指标三部分。

总目标:在实现"两个一百年"奋斗目标、实现中华民族伟大复兴的中国梦的进程中,不断提高江苏人民的生活水平,通过"强富美高"新江苏建设和质量强省建设,贡献中国式现代化的实现和中华民族的伟大复兴。

阶段目标:根据现代化建设、生态文明建设,以及实现高质量发展、"双碳"目标的阶段性要求,在时间进度上把全面高质量发展"江苏方案"的总目标,分解为两个阶段和三方面内容。2017年到2035年,以"六个高质量"为重点,以全面高质量为取向,在基本实现现代化中走在前做示范,基本实现"强富美高"新江苏目标。到2050年,实现以人民为中心的全面发展的现代化,江苏高质量发展位居中国2050年建成富强民主文明和谐美丽的社会主义现代化强国的前列,物质文明、政治文明、精神文明、社会文明、生态文明的建设水平全面提升,成为具有全球影响力的全国一流的现代化强省。同时,将2030年前实现"碳达峰"与2060年前实现"碳中和"目标融入江苏高质量发展的全过程,加快建设人与自然和谐共生的现代化,在统筹高质量发展与高水平保护上始终走在前列。

规划指标一是指"十四五"时期,江苏省设定的高质量发展贯穿全面建设现代化全过程各方面的约束指标体系,综合各领域的预期性指标和特色指标。例如,经济发展高质量的诸多指标需综合《江苏省"十四五"制造业高质量发展规划》等文件的指标设定,改革开放高质量的指标需综合《江苏省"十四五"贸易高质量发展规划》等文件的指标设定,城乡建设高质量需综合《江苏省"十四五"城乡社区服务体系建设规划》等文件的指标设定,生态环境高质量的规划指标需综合《江苏省"十四五"生态环境基础设施建设规划》等文件的指标设定,文化建设高质量指标需综合《江苏省"十四五"文化发展规划》《江苏省"十四五"文化和旅游发展规划》等文件的指标设定,人民生活高质量指标需综合《江苏省"十四五"卫生健康发展规划》等文件的指标设定。二是重点落实今年省委、省政府《关于深化质量强省建设的实施意见》提出的阶段性指标。即到2025年,质量整体水平进一步提高,品牌影响力显著提升,人民群众质量获得感、满意度明显增强,质量政策制度更加完善,质量强省建设取得显著成效,质量竞争力保持全国前列。规模以上工业企业研发投入强度达到 2.3%,每万人口高价值发明专利拥有量17件,单位地区生产总值能源消耗较 2020 年下降 14%,单位规模以上工业增加值能源消耗较 2020 年下降 17%。地产农产品质量安全例行监测合格率和食品抽查合格率均达到 98%以上。制造业产品质量合格率达到 95%以上,消费品质量合格率达到 95%,制造业质量竞争力指数达到 88。工程质量抽检合格率逐年提高。服务业供给有效满足产业转型升级和居民消费升级需要。公共服务质量满意度达到 82 分以上。质量安全保障能力持续强化,不发生系统性区域性重大质量安全事故。到 2035 年,质量强省建设基础更加牢固,质量第一成为全社会价值追求,质量竞争优势更加凸显。

江苏在推动高质量发展上争当表率,我们以为,一方面需要牢牢把握新发展阶段的新形势、新任务、新要求,紧扣高质量发展的重点领域和关键环节,更大力度推进改革,更高水平推进创新,努力在经济强省、制造强省、教育强省的基础上把江苏建设成为科技强省、文化强省、开放强省,以高品质的生态环境支撑高质量的全面发展,以人民生活的"含金量"和"含绿量"验证高质量发展新实效。另一方面要着眼全国发展大局和国家战略布局,充分发挥江苏对内对外双向开放优势,在推动形成以国内大循环为主体、国内国际双循环相互促进的新发展格局中发挥有力支点和战略枢纽作用;要准确把握中国特色社会主义现代化建设本质特征,坚持以人民为中心,扎实推进共同富裕、促进人的全面发展,大力推进人与自然和谐共生,不断探索形成现代化建设的战略路径和现实模样。

二、全面高质量发展的目标任务

生态哲学视域下,江苏全面高质量发展以马克思主义为指导,有机融合人与自然、人与人、人与社会、人与世界的关系,客观、科学而理性地把握发展情形,融入人与自然和谐发展的价值观、可持续发展的科学发展观和实现美丽中国未来发展的社会实践观。[①]将高质量发展由点到面贯彻到以"六个高质量"为重点领域的社会生产生活生态各方面,贯彻到器物、制度、精神各层面。就经济发展、改革开放、城乡建设、生态环境、文化建设、人民生活六个重点领域而言,体现总目标、阶段目标与规划指标的具体目标任务如下。

1. 经济发展高质量目标任务

持续深化供给侧结构性改革,推动产业转型升级。江苏作为东部沿海经济大省、全国经济发展"压舱石",肩负稳定宏观经济的重大政治责任。经济高质量发展内含着质量变革、效益变革和动

---

① 王泽应.马克思主义伦理思想中国化最新成果研究[M].北京:中国人民大学出版社,2018.

力变革"三大变革",其中动力变革是发展动力向高值化、服务化、平台化及绿色化发展的转型,针对钢铁、石化、冶金、纺织等传统优势产业大力开展技术改造升级,使人工智能、新能源汽车、生物医药、高端装备制造、集成电路、物联网、节能环保、智能电网、先进碳材料等战略性新兴产业成为推动产业结构转型升级和经济高质量发展的重要动力源。

充分发挥创新引领作用,着力强化自主自立科技创新。经济高质量发展必然是以创新驱动为动力,提高全社会研发投入比,向创新型国家和地区高等水平靠近。要着力提升苏南国家自主创新示范区的创新引领功能,积极支持南京创建综合性国家科学中心,大力支持紫金山实验室、姑苏实验室、太湖实验室争创国家实验室,积极创建国家技术创新中心、产业创新中心、制造业创新中心和国家重点实验室,加强基础研究和共性技术供给,夯实突破性创新的基础条件。落实强链补链延链的结构变革取向,以"智改数转"强化先进制造业的产业链和价值链,补强智慧农业产业链,延伸第三产业的服务链,以高技术创新提供高附加值的服务业。简言之,围绕产业链部署创新链,围绕创新链培育产业链,将创新作为高质量发展的最强引擎,促进科技与经济结合、成果向产业转化。[①]

创新绿色低碳技术,加快发展绿色低碳产业。以"绿转碳改"全面推进经济社会的绿色低碳转型,加快绿色低碳产业的发展,大力培育绿色产业主体,发展一批具有国际竞争力的大型节能环保企业,推动先进生态环保技术产品走出去,加快构建绿色供应的产业体系和深化生态产品供给侧改革,实现绿色可持续发展。

挖掘释放内需潜力,着力培育新消费点。把扩大内需同改善

---

① 吴政隆. 政府工作报告:2021年1月26日在江苏省第十三届人民代表大会第四次会议上[J]. 江苏省人民政府公报,2021(4):5-23.

民生更好地结合起来,增强投资、消费对经济发展的关键性和基础性作用。顺应消费升级趋势,着力提升传统消费,培育壮大新型消费,推动线上线下消费融合发展,建设国际型消费城市,促进新型文旅消费,推动消费新业态向农村延伸,加快发展现代服务业以满足人民群众日益增长的美好生活需要。

2. 改革开放高质量目标任务

打造改革新高地,打造市场化法治化国际化的一流营商环境。四十余年的实践证明,改革开放是中国发展的关键一招。党的十八大以来,党中央坚持对外开放不动摇,开创了对外开放日益深入的新局面。江苏要持续深化"放管服"改革,深入推进"不见面审批""一件事"等改革。网上政务服务能力、社会信用体系建设和营商环境向国际一流水平看齐。

加快发展外贸新业态,稳外资稳外贸。大力促进货物和服务贸易协调发展,加快发展跨境电商、市场采购贸易等外贸新业态。扩大优质消费品、先进技术和设备进口,放大进博会溢出效应。既要坚持引资与引技、引智相结合,着力引进一批重大外资项目和掌握核心技术、引领未来发展的创新型企业,培育国际合作和竞争可持续优势,又要加大对外投资力度,进一步提升对外开放的水平。2022年,江苏全年新增境外投资项目850个,中方协议投资额96.7亿美元,与广东全年境外新增中方实际投资额220.72亿美元相比,仍有很大提升空间。

高质量推进绿色"一带一路"交汇点建设,加大开放载体建设的力度。依托"一带一路"交汇点定位,继续放大向东开放优势,开拓向西向南开发步伐,扩大对"一带一路"沿线国家和地区进出口的增长。就2022年对"一带一路"沿线国家的进出口而言,江苏对"一带一路"沿线国家的进出口贸易额为14 902.9亿元,与广东的22 519.7亿元相比少7 616.8亿元。

深化南京江北新区、苏州工业园区、中哈物流合作基地、中阿

(联酋)产能合作示范园、柬埔寨西港特区、昆山深化两岸产业合作试验区等各类开放平台体制机制改革,在建中韩盐城产业园、中以常州创新园,连云港新亚欧陆海联运通道等国际合作项目高质量拓展推进,形成海陆内外联动、东西双向互济的开放格局。①

3. 城乡建设高质量目标任务

提升区域协同度,整体协调城乡的高质量发展。促进苏南、苏中、苏北区域协同发展,解决城市农村地区发展不平衡、不充分问题,坚持优势互补、协同联动。重视城市群、都市圈建设,作为我国最早启动、首个获得国家层面批复的跨省域都市圈,南京都市圈的发展要扛起探路之责。深入落实长三角一体化发展国家战略,大力实施扬子江城市群和江淮生态经济区、沿海经济带、徐州淮海经济区中心城市"1+3"重点功能区战略。城乡区域协调发展新格局加快形成,乡村振兴战略深入实施,持续推进农村人居环境与道路桥梁整治,实现城乡基本公共服务均等化,区域一体化发展扎实推进,健全城乡融合发展体制机制,推动城乡要素平等交换、双向流动。

促进新产业新业态蓬勃发展,提升城乡产业融合的一体化水平。巩固拓展脱贫致富奔小康成果,持续深化农业供给侧结构性改革,因地制宜发展高效精品农业,培育壮大乡村休闲旅游、农产品电商、农业直播、健康养老等新业态新模式,进一步缩小城乡居民收入差距,促进城乡产业融合朝一体化方向迈进。

确保粮食和重要农副产品供给安全。全面压实"米袋子"省长负责制和"菜篮子"市长负责制,深入实施"藏粮于地、藏粮于技"战略,大力支持育种、培土基础研究和重点育种项目,严守耕地红线,坚决遏制耕地"非农化",防止"非粮化",加强高标准农田建设和大

---

① 华桂宏,李怀建.新时代江苏全面对外开放新格局的构建[J].中共南京市委党校学报,2020(5):7.

中型灌区配套改造,实施耕地地力提升工程,强化农业科技和装备支撑,稳定粮食播种面积和产量,提升收储调控能力,恢复生猪生产,做好畜禽水产养殖,确保粮食和重要农副产品供给安全,把饭碗牢牢端在自己手中。①

4. 文化建设高质量目标任务

增强文化引领力,增强文化凝聚力。深化理论研究和建设,强化思想理论武装,传承弘扬中华优秀传统文化和革命文化,建设中华民族共有精神家园,加强文物保护利用和非物质文化遗产保护传承。② 大力弘扬社会主义核心价值观,加强对马克思主义、毛泽东思想、习近平新时代中国特色社会主义思想整体性系统性研究、学理性阐释和学科性建设,坚持用习近平新时代中国特色社会主义思想武装全党、教育人民、指导实践、推动工作,全社会文化自信、文明程度达到新高度。

大力提升文化产业与公共文化服务,既要满足人民群众多元化的精神文化需求,又要加强文化在产业融合中的对经济社会发展的拉动作用。持续发展江苏版博会、江苏印博会、苏州创博会、南京融交会等文化会展平台,开办更多"紫金奖"文化创意设计大赛等优质文化艺术竞赛。持续提升江苏文化和旅游消费质量水平,推动文化和旅游融合发展。坚持以文塑旅、以旅彰文,推动文化和旅游在更广范围、更深层次、更高水平上融合发展,努力缩小与中国省市文化产业发展指数位居前三的广东和浙江的文化产业化差距。着力提高公共文化服务覆盖面和实效性,巩固好江苏在全国率先建成"省有四馆、市有三馆、县有两馆、乡有一站、村有一室"五级公共文化设施网络体系基础,鼓励优质的文艺创作走向大众,文化事业和文化产业高质量发展走在前列。

① 陈晨.保障粮食安全是乡村振兴首要任务[J].光明日报,2022 - 05 - 11.
② "十四五"文化发展规划[S].中共中央办公厅、国务院办公厅,2021 - 06 - 02.

打造江苏文化软实力,加强历史文化遗存的保护和发展。江苏人文荟萃,汇集保留了悠久的历史文化传统,未来江苏文化形象要打造更加鲜明、富有生态文化特色的精神产品。建成扬子江创意城市群、大运河特色文化产业带和长三角文化产业一体化发展示范区,使文化遗产得到系统性保护,文化基因理念得到深入阐发。"吴韵汉风""水韵江苏"文化特色更加彰显,长江文化、海洋文化、大运河文化、江南文化、金陵文化、淮扬文化的时代价值要以系统思维、综合创新思维,合力打造江苏文化名片,形成体系化的"江苏文化名品"。

5. 生态环境高质量目标任务

深入打好污染防治攻坚战,持续改善生态环境质量。以天蓝地绿水清为目标,围绕大气、水体和土壤污染治理等三项重点持续推进污染防治攻坚战,加强大气污染区域联防联控,大气污染防治目标参考江苏省生态环境厅在 2021 年 5 月 14 日发布的《江苏省大气污染物综合排放标准》。水污染防治参照《江苏省 2022 年水生态环境保护工作计划》等文件,坚持"三水统筹",强化源头治理,加强工业污染防治、深化城镇生活污染防治、推进农业农村污染防治、加强船舶港口污染监管、保障重点区域水环境、开展水生态环境修复、加强水资源保护利用,加强太湖、洪泽湖、南水北调东线等重点流域综合治理,促进水环境质量不断改善。强化土壤分类管控和污染源头治理,加强危险废物、医疗废物收集处理,严格污染地块再开发利用准入管理,促进土壤资源永续利用,土壤污染防治参照 2022 年 9 月起实施的《江苏省土壤污染防治条例》等文件。

以绿色低碳循环为目标,全面推动形成绿色发展方式。坚持在发展中保护、在保护中发展的可持续发展,推进绿色生产。把2030 碳达峰、2060 碳中和目标纳入经济社会发展整体布局,加快产业结构、能源结构、运输结构和农业投入结构调整,碳排放强度、主要污染物排放总量持续下降,扎实推进清洁生产,发展壮大绿色产业。参照《"十四五"工业绿色发展规划》一系列具体目标,到2025年,全省单位地区生产总值能耗下降14.5％,工业领域重点行业力争在2030年左右率先达峰。绿色产业逐步壮大,绿色制造体系建设全面开展,绿色低碳循环生产方式基本形成。

大力推进生态系统保护修复,改善生态环境监管体制。不断增强生态系统服务功能,提升生态系统的碳汇能力;稳步推进山水林田湖草的系统修复,特别是长江生态环境系统保护修复,大力推进污染治理"4＋1"工程和沿江特色示范段建设。有效保护生物多样性,以高品质的生态环境支撑高质量发展。以宁静和谐美丽为目标,不断提升江苏生态环境高质量的水平。进一步完善生态环境治理体系,深入推进生态文明制度改革,加快补齐生态环境基础设施短板,明显提高生态环境监管能力,以数字化、网络化、智能化建设有效管控环境风险,使蓝天白云、绿水青山成为常态,不断满足人民对优美生态环境的需要,实现生态环境治理体系和治理能力现代化。

6. 人民生活高质量目标任务

着力保障和改善民生,不断增进民生福祉。全面高质量发展目标坚持"以人民为中心"的价值取向,促进富民增收,推动居民收入稳步增长,着力提高低收入群体收入,扩大中等收入群体,扎实推进共同富裕。完善多层次社会保障体系,加大基本养老保险、基本医疗保险保障力度,扩大失业保险保障范围,大力促进补充医疗保险发展,加强医保基金监管,完善社会救助、社会福利、慈善事业、社会工作、优抚安置和残疾人福利保障等制度,进一步兜牢基本民生底线。不断推动幼有所育、学有所教、劳有所得、病有所医、老有所养、住有所居、弱有所扶取得新进展,为广大人民群众提供更可靠更充分的保障。[①] 着力解决结构性的民生问题,着力实施普惠性的民生工程,着力办好扶助性的民生实事,实现共同富裕是中国式现代化的重要特征,更是中国特色社会主义的本质要求。根据"十四五"规划和 2035 年远景目标纲要的要求,增进民生福祉、促进社会公平、最终达到共同富裕始终是人民生活高质量发展的最重要目标。

着力防范和化解风险隐患,守牢安全发展底线。牢固树立安全发展理念,全面排查化解各领域的风险隐患,依法打击各类非法金融活动,从严抓好食品药品监管工作,做好防灾减灾救灾工作,加强政府债务及国有企业、平台公司投融资管理,大力推进平安江苏、法治江苏建设,扎实做好信访工作,健全矛盾纠纷多元化解、联动处置机制,健全扫黑除恶长效机制,坚决防止发生区域性风险,不断提升社会治理体系和治理能力现代化水平,确保社会和谐稳定,切实筑牢保障人民生命安全、身体健康、财产安全的坚固防线。

以人民生活高质量为价值追求,着力满足多样性的民生需求。建设来源于政治、经济、文化、社会、生态全方位的高质量发展的人民高品质生活。物质生活需要总体上得到满足后,精神文化需要的满足更加凸显出来,在量和质上也都有了更高要求。正如马克思指出的,"已经得到满足的第一个需要本身、满足需要的活动和已经获得的为满足需要而用的工具又引起新的需要"[②]。我们必须更加自觉地承担为人民谋幸福、满足人民美好生活新期待的使命,高度繁荣发展文化,充分发挥文化的灵魂作用,把人民文化需要当作民生硬需求来予以保障。大力推进江苏文化强省、体育强省建设,在生态环境方面,提供更多优质生态产品以满足人民日益

---

① 吴政隆. 政府工作报告:2021 年 1 月 26 日在江苏省第十三届人民代表大会第四次会议上[J]. 江苏省人民政府公报,2021(4):5-23.

② 马克思恩格斯文集:第一卷[M]. 北京:人民出版社,2009:531.

增长的优美生态环境需要,让良好生态环境成为江苏人民高品质生活的"标配",实现政治、经济、文化、社会、生态全方位发展的高质量生活。

三、全面高质量发展的生态战略决策

所谓战略决策,是指由集体中的先进分子以某种思想观念为指导,确定组织的现有方位、未来发展方向和目标,并做出达到预期目标的合理方案的过程。决策不同于对策,对策是针对具体问题的应对方法,决策是对未来事物发展的大方向的把控。战略不同于计划,计划是对于未来活动的具体安排,详细规定每一时期的具体工作;战略面向全局,决定未来,是制高点,管方向,管长远。战略决策不同于普通决策,是对一个地方发展所面临形势的全面判断和长期把握。战略决策,简单地说,就是谋长远、谋全局的决策。

战略决策的依据是适量的信息,战略决策起始是发现问题。江苏全面高质量发展的战略决策依据的是江苏过去实际发展中呈现的各种信息,如"十三五"时期的发展绩效与发展中经济、生态、文化等各方面依然存在的问题,对从中发现的问题进行预测、分析,结合国家中长期规划、目标和战略部署与"十四五"开局以来国家及江苏的新情况进行战略决策。

江苏高质量发展的决策机制可以参照 2020 年 5 月 18 日江苏省人民政府发布的《江苏省重大行政决策程序实施办法》。在党的全面领导下,决策单位通过举办座谈会、听证会、书面征求意见等形式加强群众参与,经过省级专家库论证,经过风险评估与合法性审查后,制定有关公共服务、市场监管、社会管理、环境保护等方面的重大公共政策和措施,制定经济和社会发展等方面的重要规划,决定对经济社会发展有重大影响、涉及重大公共利益或者社会公众切身利益的其他重大事项。决策过程需要体现科学化、民主化、

法治化。

江苏高质量发展的战略决策内容包括目标、方案与实施。战略决策的目标是决策内容中的起点,具有清晰、准确、具体的特征。江苏高质量发展的战略决策目标是在建设社会主义现代化、实现第二个百年奋斗目标的总目标下,在经济发展、改革开放、城乡建设、生态环境、文化建设、人民生活等方面建设现代化的"强富美高"新江苏。决策方案与决策实施贯穿江苏高质量发展的全过程,方案与具体实施随着不同时期、不同领域的进展进度相应做出调整反馈。

基于生态哲学的江苏高质量发展生态战略决策,一方面,在理论层面需以马克思主义生态哲学在新时代新阶段守正创新的最新成果为指导。另一方面,在实践层面需要立足省情国情和世情,从人民的需要出发,提出具有全局性长远性的战略目标和方案部署。具体而言,可从以下几方面切入。

第一,立足人与自然是生命共同体的本体论。这一方面是在思想上甩掉不同本体论纠缠的需要。例如,"深绿"的生态中心主义本体论。这种"非人类中心主义"的观点支持以生态的整体性消解人的主体性。再如,"浅绿"的人类中心主义的生态本体论,这种本体论既不能帮助我们彻底摆脱人与自然相对立的思想逻辑,又容易导引人们把生态文明建设简单地与环境保护画等号,仅把自然视作需要保护的属于人类的资源。"深绿"与"浅绿"两种思潮都是带有工具理性色彩的"主客二分"的思想,造成人与自然在理论认识方面和实践方面的分裂与对抗,也是自然主义和人道主义相互对立的重要原因。因此,高质量发展只有坚持人与自然是生命共同体的本体论,才能从根源上正确认识和把握人与自然休戚与共的关系,以及动态演进、辩证发展的规律,确保在尊重自然、顺应自然、遵循自然规律的前提下合理地利用自然和改造自然。引导人们既不把自然看作人类的工具或索取对象,也不把人类看作自然的入侵者与毁灭者,承认人可以能动地改造自然,这是一种互视(认识上)、互动(实践上)双向关系,使人和自然可以辩证统一。[①]

　　另一方面,生态需要是人类生产生活的基本需要,人与自然的矛盾已成为经济社会主要矛盾的有机组成部分,因而我们确信江苏高质量发展的生态战略决策需要坚持生态优先,深入推进生态修复与污染防治,不断提升生态环境的品质。水、空气、土壤,是关乎生命续存的最基本生态因子,人是自然中的人,因此我们必须坚定走绿色发展道路,对自然进行可持续的开发与保护。江苏省辖江临海,扼淮控湖,水域面积接近总面积六分之一,占比位居全国之首。目前,自然资源类型较为丰富,拥有国际重要湿地 2 处,林木覆盖率达 24.1%,海岸线全长约 954 公里,自然岸线比例39.55%。整体地势较为低平,呈"一山两水七分田"的基本特征。江苏得天独厚的平原水乡自然环境与江苏人两者在实践中早已形成了生命共同体,自然的各个生态因子之间有着密切关联并在整体上相互耦合,水土空气之间是系统性关系,对自然环境这个有机体而言,每个生态因子的变化都牵一发而动全身,而人类的一切社会生产生活都与自然生态息息相关,因此我们要以系统的眼光,全面扎实地推进生态修复与污染防治。在空气质量方面,重点关注全省环境空气质量优良天数比率与全省 PM2.5 平均浓度。在水环境方面,坚持长江"共抓大保护、不搞大开发",着力修复长江岸线整体生态功能,强化太湖水环境综合治理并坚持自 2020 年起太湖十年禁捕,进一步提升城市、县城和乡镇污水处理设施,黑臭水体的持续生态净化,对省内的排污单位完成实时监测监控联网。在土壤方面,持续开展多样化的土壤环境质量监测,深入推进土壤保护和污染治理修复,管控土壤环境风险,加快构建土壤环境信息

---

　　① 张云飞.唯物史观视野中的生态文明[M].北京:中国人民大学出版社,2014:574.

288 | 生态哲学视域下高质量发展的"江苏方案"研究 |

管理平台。全省加快推进垃圾分类,普遍推行生活垃圾分类制度,在投放、收集、运输、处理四个环节中重点攻克分类处理难点。以系统思维整体推进空气、水质、土壤的多重生态修复,扎实做好进一步污染防治工作,生态环境高质量是江苏高质量发展的绿色基底,保护环境、修复生态也是通过最本质实践来深化人与自然的关系。

基于本体论的路径,江苏全面高质量发展的战略决策应该始终立足人与自然是生命共同体的本体论。党的二十大为高质量发展的战略决策指明方向:"必须牢固树立和践行绿水青山就是金山银山的理念,站在人与自然和谐共生的高度谋划发展。"①全面高质量发展既是经济发展、改革开放、城乡建设、生态环境、文化建设、人民生活的,又是物质的、精神的和制度的;既是长期的又是苏南苏北苏中全域性的。

第二,确立生态生产力的认识论。对人与自然关系的思考是生态哲学的本质问题,马克思主义的生态哲学是唯物主义的生态哲学,马克思认为人与自然的关系本质上是两者之间的物质变换关系,是一种建立在现实劳动基础上的双向生成、双向构建的关系。以实践为导向,在社会生活实践中应当主动协调与自然的关系,把生态概念纳入到生产、生活中去。② 人与自然的关系问题或者说生态问题在本质上是发展问题,在认识论(epistemology)的层面,我们要从生产力的高度来理解生态问题,要辩证看待生态保护和经济发展的关系,确立生态即生产力的认识论。

确立生态环境即生产力的认识论,反映在高质量发展的决策

---

① 习近平.高举中国特色社会主义伟大旗帜 为全面建设社会主义现代化国家而团结奋斗:在中国共产党第二十次全国代表大会上的报告[M].北京:人民出版社,2022:50.
② 郝清杰,杨瑞,韩秋明.中国特色社会主义生态文明建设研究[M].北京:中国人民大学出版社,2016:199.

上。（1）经济发展方面，要求转向自然经济体系和社会经济体系的耦合共建，自然生态系统生物链、食物链和大小不同尺度的生态系统构成自组织的生产、交换、消费分配体系，体现着自然的创造性；社会经济系统以与自然经济体系的物质变换为基础，体现人类的创造性。认识和把握生态生产力有利于构建集自然创造与人类创造于一体的生态经济体系，促进绿色、低碳的生态化发展方式的形成。由此，大力发展绿色产业，推动生态优势转化为产业优势，才能实现生态和经济"双丰收"。（2）在改革开放方面，重点领域改革结合生态环保形成江苏特色品牌，促进建设好生态经济市场与高水平开放型经济新体制，着力引进流向绿色产业的外资与绿色技术。（3）城乡建设方面，利用各地的自然优势发展生态产业，提供更多优质的生态产品，将生态价值转化为更好推动城乡建设的经济价值。（4）在生态环境方面，重点推进美丽江苏建设，加快实施重要生态系统保护和修复重大工程，实施生物多样性保护重大工程，推行草原森林河流湖泊湿地休养生息，实施好长江十年禁渔，健全耕地休耕轮作制度，防治外来物种侵害。（5）在文化发展方面，社会主义生态文明观深入人心，构筑当代江苏的生态文化，全省人民思想道德素质、生态文明素质明显提高，文化强省建设实现新的跃升。（6）在人民生活方面，让优美的自然环境与优质的生态产品环绕江苏人民的幸福生活，处处彰显自然生态之美、城乡宜居之美、水韵人文之美、绿色发展之美，建成美丽中国示范省份。

第三，确立绿色发展理念。发展观（Concept of Development）是唯物辩证法的一个总特征，发展的实质就是事物的前进、上升，是新事物代替旧事物。发展观是一定时期经济与社会发展的需求在思想观念层面的聚焦和反映。中国特色社会主义生态文明的一个重要内容就是必须严格遵循可持续发展的原则，坚决杜绝一切超越生态环境承载力的发展方式。可持续发展是指既满足当代人的需要，又不损害后代人满足需要的能力的发展，其内涵包括经济可持续发展、生态可持续发展、社会可持续发展,可持续发展观是科学发展观的核心内容。党的十八大以来,以习近平同志为核心的党中央把握时代大势,提出并深入贯彻创新、协调、绿色、开放、共享的新发展理念,以新发展理念引领高质量发展。新发展理念是我国现代化建设的指导原则,是新时代引领我国高质量发展的根本遵循。因此,全面高质量发展的江苏方案必须牢固确立以新发展理念为核心的可持续发展观,党的十九届六中全会审议通过《中共中央关于党的百年奋斗重大成就和历史经验的决议》强调:"必须实现创新成为第一动力、协调成为内生特点、绿色成为普遍形态、开放成为必由之路、共享成为根本目的的高质量发展。"[1]江苏实现高质量发展的各项目标和决策,必须坚持问题导向,完整、准确、全面贯彻新发展理念,以创新发展解决发展动力问题,以协调发展解决发展不平衡问题,以绿色发展解决人与自然和谐共生问题,以开放发展解决内外联动问题,以共享发展解决社会公平正义问题,在解决重大问题中助推经济社会的全面高质量发展。

(1)以自主自立的科技创新驱动江苏高质量发展。党的二十大提出:"以国家战略需求为导向,集聚力量进行原创性引领性科技攻关,坚决打赢关键核心技术攻坚战,加快实施一批具有战略性全局性前瞻性的国家重大科技项目,增强自主创新能力。"[2]科技创新始终是经济发展的源动力,是经济发展可持续的源头活水,江苏高质量发展必须加快建设科技强省。(2)以更加安全、有效的高水平的开放促进高质量发展,党的二十大指出,"中国坚持对外开放的基本国策,坚定奉行互利共赢的开放战略",以开放发展解

① 郑庆东主编.习近平经济思想研究文集(2022)[M].北京:人民出版社,2023:68.

② 习近平.高举中国特色社会主义伟大旗帜 为全面建设社会主义现代化国家而团结奋斗:在中国共产党第二十次全国代表大会上的报告[M].北京:人民出版社,2022:35.

决海陆内外联动问题,东西双向互济的开放格局加快建立。(3)全面推进城乡一体和区域协同发展。按照《江苏省国土空间规划(2021—2035)》,加快构建全省国土空间规划"一张图",严格落实划定的耕地和永久基本农田、生态保护红线、城镇开发边界,统筹当前和长远,统筹刚性和弹性,科学布局生产空间、生活空间、生态空间,全面推进节约集约用地,筑牢国土空间安全底线,加快形成主体功能明显、优势互补、高质量发展的国土空间开发保护新格局,为推动全省经济社会高质量发展行稳致远提供有力的空间保障。(4)以各领域各区域的绿色化、低碳化促进全省人与自然和谐共生的现代化建设。筑牢美丽江苏生态基底,强化国土空间管控,严格划定生态保护、基本农田、城镇开发等空间管控边界,建立健全国土空间动态监测评估预警机制、生态环境承载力约束机制,落实最严格的耕地保护制度,完善生态环境保护法规标准以保障生态可持续。(5)以社会主义核心价值观为引领,系统谋划推进文化事业产业发展,加快提升文化产业化的能力和水平,提高文旅融合的贡献率,实现文化强省的跃升。(6)以共建共享解决环境正义和社会正义,以全体人民的共同富裕夯实人与自然、人与人关系和谐的基础。全面贯彻党的教育方针,加快建设现代化教育强省,更加注重提高人口素质,着力提升人口的科学文化和身心健康素质,增强城乡居民创造高品质生活的能力,加快促进人的全面发展,推动社会全面高质量发展。

第四,坚持系统的生态整体思维。方法论是对客观现实的主观反映,是一种以解决问题为目标的理论系统。马克思主义生态哲学建立在历史唯物主义和辩证唯物主义基础上。在《哲学的贫困》一书中,马克思首次提出把社会看作处于不断发展之中的有机体,而非社会要素的机械结合。马克思运用辩证法研究社会问题、生态问题,在此影响下构建了以"社会有机体"和"全面生产"两个关键词为核心的生态方法论。马克思把人类社会看作一个能够变化并且经常处于变化过程中的有机体,全面生产则是推动社会有机体发展的重要因素。马克思在《1844 年经济学哲学手稿》中指出:"动物的生产是片面的,而人的生产是全面的",人的"全面生产"不仅是物质的精神的,而且"人再生产整个自然界",人"懂得按照任何一个种的尺度来进行生产,并且懂得处处都把固有的尺度运用于对象"。① 同时提出:"宗教、家庭、国家、法、道德、科学、艺术等等,都不过是生产的一些特殊的方式,并且受生产的普遍规律的支配","正像社会本身生产作为人的人一样,社会也是由人生产的。"②这表明全面生产是构成社会各个要素的系统整体的生产。而生态因素在整个社会有机体或是社会共同体中区别于经济、文化、社会、政治等重要影响因子,有着重要价值与特殊功能,以生态为核心的高质量发展是社会有机体全面发展的未来范式。

在江苏高质量发展的过程中,坚持系统的生态整体思维是人与自然的关系和人与人的社会关系日益耦合的内在需要。运用系统的生态整体思维和方法,才能全方位、全领域、全过程地进行自然、人、社会统筹兼顾的全面高质量发展。全面高质量发展是关涉经济、社会、文化、生态等各领域和生产生活各方面的系统工程。

系统的生态整体思维在具体的落实运用中要求实现发展方式的绿色转向、治理方式的创新转换、个体生活方式与消费方式的转变等各领域各环节的变革,"做到相互促进、齐头并进,不能单打独斗、顾此失彼,不能偏执一方、畸轻畸重",不断满足人民群众对美好生活的追求。③ 同样,以马克思"社会有机体"和"社会全面生产"两个关键词为核心的系统整体方法论映射到江苏的高质量发展,也体现出两个重点,一是系统地发展,二是以生命共同体为核

---

① 马克思恩格斯文集:第一卷[M].北京:人民出版社,2009:162 - 163.
② 马克思恩格斯文集:第一卷[M].北京:人民出版社,2009:186 - 187.
③ 夏锦文,吴先满.新时代江苏经济社会高质量发展研究[M].南京:江苏人民出版社,2020:304.

心的全面发展。系统的生态整体思维对应于江苏以经济发展、改革开放、城乡建设、文化建设、生态环境、人民生活为重点的全面高质量,则构成了江苏高质量发展的社会有机体,由此江苏高质量发展才可能成为全国的社会有机体的全面发展范式。

第四节　全面高质量发展"江苏方案" 的绿色低碳路径

2012 年,中国共产党第十八次全国代表大会不仅将生态文明建设纳入促进现代化建设各方面相协调的"五位一体"总体布局,而且要求"树立尊重自然、顺应自然、保护自然的生态文明理念,把生态文明建设放在突出地位,融入经济建设、政治建设、文化建设、社会建设各方面和全过程"[①]。中国共产党第二十次全国代表大会报告在明确指出"高质量发展是全面建设社会主义现代化国家的首要任务"[②]的同时,要求站在人与自然和谐共生的高度谋划发展。2023 年 7 月,习近平在全国环境保护大会上进一步强调,今后 5 年是美丽中国建设的重要时期,要深入贯彻新时代中国特色社会主义生态文明思想,要以高品质生态环境支撑高质量发展,加快推进人与自然和谐共生的现代化。因此,全面高质量发展是以人与自然关系的全面高质量发展为基础和前提的,在这一意义上,没有生态环境的高质量也就没有经济社会文化和人民生活的高质量。正如 2015 年 11 月 30 日国家主席习近平在气候变化巴黎大

---

①　胡锦涛. 坚定不移沿着中国特色社会主义道路前进 为全面建成小康社会而奋斗:在中国共产党第十八次全国代表大会上的报告[M]. 北京:人民出版社,2012:39.

②　习近平. 高举中国特色社会主义伟大旗帜 为全面建设社会主义现代化国家而团结奋斗:在中国共产党第二十次全国代表大会上的报告[M]. 北京:人民出版社,2022:28.

会开幕式上发表的题为《携手构建合作共赢、公平合理的气候变化治理机制》的重要讲话中所指出的："过去几十年来,中国经济快速发展,人民生活发生了深刻变化,但也承担了资源环境方面的代价。鉴往知来,中国正在大力推进生态文明建设,推动绿色循环低碳发展。"①由此,2020 年 9 月 22 日在第七十五届联合国大会上,中国做出庄严承诺:二氧化碳排放力争于 2030 年前达到峰值,努力争取 2060 年实现碳中和。以碳达峰碳中和目标驱动中国实现技术创新和发展转型,是实现可持续发展、打破资源环境制约的迫切需求;是推动经济结构转型升级、顺应技术进步的大势所趋;是促进人与自然和谐共生、满足人民对美好生态环境需求的诚挚愿望;更是展现中国大国担当、构建人类命运共同体的历史伟任。不过,中国碳达峰碳中和目标的实现面临减排幅度大、转型任务重、脱碳时间紧三大挑战,需保持战略定力,坚持行业和地区梯次有序达峰原则,采取降碳、脱碳、碳移除等措施,加快能源结构转型和技术进步,积极稳妥逐步落实碳达峰碳中和目标,既要防止"一刀切"简单化,又要防止转型不力带来落后和无效投资。② 以碳达峰碳中和目标的达成促进全面高质量发展是江苏顺应国内外绿色化、低碳化发展趋势的必然选择。其主要实现路径如下。

一、确立绿色低碳的生态价值观

绿色化、低碳化若要在社会生产生活中得到有效贯彻,需要在全社会范围树立共同的绿色低碳价值观,使得绿色、低碳的思想渗透到生活的方方面面。绿色不仅是高质量发展的底色,而且绿色发展也是引领高质量发展的理念,推进绿色发展则是实现以高品

---

① 习近平.论坚持人与自然和谐共生[M].北京:中央文献出版社,2022:116.
② 徐政,左晟吉,丁守海.碳达峰,碳中和赋能高质量发展:内在逻辑与实现路径[J].经济学家,2021(11):10.

质生态环境支撑高质量发展的战略路径。低碳社会（low-carbon society）就是通过创建低碳生活，发展低碳经济，培养可持续发展、绿色环保、文明的低碳文化理念，形成具有低碳消费意识的"橄榄形"公平社会。① 低碳化的社会价值观是生态文明建设的重要内容，从本质来看，低碳化的社会价值观是崇尚生态价值、绿色环保、秉持可持续发展理念的文化，旨在促进人、社会、自然和环境的全面协调可持续发展。从功能作用来看，低碳化的社会价值观是一种科学价值观，它遵循科学法则，崇尚科学精神，并具有实践指导性。从社会整体发展的角度来看，低碳化社会价值观要求在全社会形成低碳、可持续发展的意识和价值观，促进包括社会发展、经济建设和文化发展在内的整体发展的低碳化与生态化。低碳化的社会价值观的培育指向形成低碳价值观并使之成为社会主义生态文明价值观的有机组成部分。这是社会主义生态文明建设顺应绿色化、低碳化发展潮流的价值反映。低碳价值观包含发展理念生态化、发展方式低碳化、低碳生活风尚化、低碳社会的价值趋向，包含低碳经济价值观、低碳经济发展理念、低碳经济发展目标和全民低碳精神等部分。② 由此，中共中央、国务院《关于完整准确全面贯彻新发展理念做好碳达峰碳中和工作的意见》和《2030 年前碳达峰行动方案》在对碳达峰碳中和进行顶层设计，擘画中国绿色高质量发展蓝图的同时，部署了"绿色低碳全民行动"，体现了既重视经济社会的绿色低碳转型和高质量发展，又重视内在的绿色、低碳的价值观塑造的特点，超越了西方国家把低碳化作为新自由资本主义谋取垄断利润和竞争优势的经济政治新路径的后现代化战略选择。

　　江苏作为拥有产业基础坚实、科教资源丰富、营商环境优良、

---

① 任福兵，吴青芳，郭强. 低碳社会的评价指标体系构建[J]. 江淮论坛，2010.
② 任福兵，吴青芳，郭强. 低碳社会的评价指标体系构建[J]. 江淮论坛，2010.

市场规模巨大等优势的经济大省、用能大省,各地区全面加快绿色低碳转型,奋力谱写"强富美高"新江苏现代化建设新篇章,坚持推进绿色、低碳的价值观是一场深刻的价值观革命,需要多措并举推进全民绿色、低碳行动,以全民生产生活观念的转变为前提,增强以高品质生态环境支撑高质量发展的行为自觉,为人与自然关系的全面改善,人与人、人与社会的关系的和谐做出新的努力。

二、建设全面高质量发展的绿色低碳政府

政府带头进行绿色化、低碳化垂范,高位谋划"保护生态就是发展生产力"的策略方案,在整体上着力打造以政府为主导、企业为主体、市场为载体、个人和社会共同参与的绿色低碳政府。着力于全面改善产业结构,构建绿色低碳发展格局,加快推动经济社会发展全面绿色转型;夯实省域低碳政策、创新生态管理体制的根基;补齐各地资源短板,健全低碳基础设施,推动低碳经济纵深化发展;统筹污染治理、生态保护,应对气候变化,奋力建设人与自然和谐共生的美丽江苏。

一是充分发挥顶层设计和宏观调控的作用,统筹点面结合的高质量发展。一方面要充分认识实现绿色低碳高质量发展的根本途径是能源体系改革,以能源转换为抓手,以科技创新为引擎,将科技创新与能源革命相结合,以生态碳汇能力提升为补充,以供给侧改革促进发展方式的变革。另一方面将双碳目标融入江苏高质量发展的各领域各方面,以系统思维统筹落实绿色低碳的发展观。[①] 江苏省作为制造业大省,应进一步优化产业结构,促进三大产业结构优化升级,同时着力提升省内产业层次和技术水平,大力发展科技密集型产业和战略性新兴产业,提升工业产品附加值,降

① 刘毅,李红梅,寇江泽,等.改善生态环境就是发展生产力[N].人民日报,2022 - 08 - 22(001).

低能源消耗和污染排放。积极借助数字技术、智能技术,改造和赋能第三产业。牢固树立"绿水青山就是金山银山"的发展理念,把绿色低碳发展作为全省经济社会发展的重大战略和生态文明建设的重要途径,统筹推进应对自然灾变和人为的生态环境问题,着力夯实绿色低碳发展的基础,从上而下引领绿色低碳的高质量发展。

2022年6月,江苏省委办公厅、省政府办公厅联合印发《深入开展公共机构绿色低碳引领行动实施方案》,要求全省公共机构准确把握新形势新要求,加快推进绿色低碳转型发展,更好发挥示范引领作用,促进碳达峰目标实现,助力美丽江苏建设。从全国各省区市看,江苏率先在党委政府层面出台该方案。《实施方案》提出,到2025年,全省公共机构单位建筑面积能耗、碳排放比"十三五"末分别下降6％、7％。公共机构绿色低碳发展机制基本建立,用能效率大幅提升,能源消费结构转型和节能降碳水平走在全国前列,开创公共机构节约能源资源绿色低碳发展新局面。推动公共机构带头采购节能、低碳、循环再生等绿色产品,推广应用绿色建材,强化物业、餐饮、能源管理等服务采购需求中的绿色低碳管理目标和服务要求。鼓励无纸化办公和双面打印,使用循环再生办公用品,减少使用一次性塑料制品,合理设置空调温度,倡导绿色低碳出行方式,深入开展生活垃圾分类。常态化开展"光盘行动",坚决制止浪费行为,带头从细节处进行低碳化垂范。推动修订《江苏省公共机构节能管理办法》,制定公共机构能源托管相关标准。落实能耗定额标准,开展对标提升行动,加强用能超约束值单位管理。完善省公共机构节能管理平台建设,实现能耗统计、监控预警、碳排放测算、示范创建、考核评价、能源审计等功能。加强与主要能源资源管理服务企业合作,打通数据壁垒,实现主要能耗数据自动抓取,全面考核公共机构碳排放指标完成和绿色低碳引领行动落实情况。[①]

三、构建多主体共建共享的全面高质量发展共同体

在全面建设社会主义现代化国家、加快推进人与自然和谐共生现代化的重要时期,江苏全面高质量发展的推进,除了政府进行绿色低碳垂范带动,更需要不同社会主体的积极参与和贡献,企业、社会(团体)、个人都是江苏高质量发展共同体的重要组成部分。2020 年 7 月 21 日,习近平总书记在企业家座谈会上强调:"企业家要带领企业战胜当前的困难,走向更辉煌的未来,就要在爱国、创新、诚信、社会责任和国际视野等方面不断提升自己,努力成为新时代构建新发展格局、建设现代化经济体系、推动高质量发展的生力军。"[②]企业既是市场主体,又是经济社会高质量发展的主要行为主体,企业的高质量发展是经济高质量发展的微观基础。实现全面高质量发展,企业不仅要逐步适应,而且要奋勇争先。[③]2023 年 7 月,习近平总书记在江苏考察时指出,高科技创新和高质量发展代表着未来的发展方向。在全面高质量发展中,企业始终是高科技创新和高质量发展的重要力量。自 20 世纪末新一轮科技浪潮发生以来,科技创新已成为国家综合国力竞争的引导力量,也成为中国由富起来到强起来的内在驱动力量。"强富美高"新江苏的高质量发展离不开企业作为市场主体的科技创新,离不开企业作为全面高质量发展主体的高科技攻关和绿色化、低碳化的高科技突破。同样,企业也只有通过与时俱进的高科技创新才能保证其核心竞争力,才能保证向价值链上游迈进。目前,江苏经

---

① 黄伟,徐双. 以新发展理念引领绿色低碳高质量发展[N]. 新华日报,2022 - 06 - 10(004).

② 习近平. 习近平著作选读:第二卷[M]. 北京:人民出版社,2023:321.

③ 姜付秀. 企业当在高质量发展上奋勇争先[N]. 人民日报,2022 - 02 - 14 (005).

济社会的高质量发展成效显著,但资源能源、生态环境保护的结构性、根源性、趋势性压力尚未根本缓解,人口红利边际递减,要想在市场竞争中始终保持优势,就不能再走依靠初级生产要素的老路,而是要依靠创新与绿色化、低碳化的生产来获得超额收益、高附加值与高质量发展的优势。

社会团体、行业协会作为全面高质量发展共同体的一部分也发挥着重要作用。推动社会组织高质量发展,要坚持正确方向,首先要坚持和加强党的全面领导,以党的方向为方向,以党的意志为意志,走稳走好中国特色社会组织发展之路。① 推动社会组织高质量发展,社会组织要重点围绕科教兴国、人才强国、创新驱动发展等国家战略提供专业服务。区域性和省级社会组织要重点为江苏的高质量发展、江苏现代化的全面建设,以及长三角等区域发展提供针对性决策资政服务。各类社会组织尤其是社区社会组织要聚焦巩固和拓展脱贫攻坚成果,将城乡一体化的高质量发展同乡村振兴有效衔接,立足动员社会力量、链接各方资源、提供专业服务,积极参与养老、助残、妇女儿童的生活帮助,助推人民生活高质量发展。

江苏全面高质量发展同样离不开人民群众的参与,离不开人民群众的积极性、主动性和创造性。因为,无论是绿色发展还是高质量发展都是以人民为中心的发展。同时,"强富美高"新江苏建设包含了生产、生活和生态,具有全面性、全域性和全员性,是引领全省人民团结奋斗的总目标总定位。因此,全面高质量发展要注重对个体的高品质生产生活生态需求的引领,通过培育现代公民、"生态公民",注重发挥个体在生态文明建设、高质量发展中的作用,以网络化、信息化保障人民群众在高质量发展规划、决策、参

---

① 柳拯. 深刻把握"五个必由之路"推动中国特色社会组织高质量发展[J]. 中国社会组织,2022(9):2.

与、贡献中的民主权利,进一步激发和满足其共建共享的积极性和获得感。

简言之,在党和政府的领导下,建设好多主体共同参与、共建共享的江苏高质量发展共同体,是保障江苏全面高质量发展广泛而深入地在社会各层面展开并取得积极成效的必然选择。

四、以绿色科技创新增强高质量发展新动能

加快绿色低碳技术创新攻关,是绿色低碳发展的最强动力。其中与能源相关的绿色技术是核心。目前我国能源结构中仍然以化石能源为主。据国家统计局数据,2017 年至 2020 年,全国煤炭消费占一次能源消费的比重由 60.4% 下降至 57% 左右,数据有所下降,但对石化燃料依赖仍重。工业革命以来建立的以石化能源为基础的产业系统,要转变为新能源(可再生能源)主导的能源系统,是新时代的技术革命,要重点关注可再生能源相关绿色科技,加快发展清洁能源。据国网江苏省电力有限公司的最新统计数据,2022 年,江苏全社会用电量达 7 399.5 亿千瓦时,同比增长 4.2%。其中,工业用电量 5 063.2 亿千瓦时,同比增长 1.7%。全社会用电量和工业用电量均创新高。用电量、人均用电量均超德国、法国等发达国家。另外,据江苏省电力行业协会发布的数据,2022 年 1—12 月,江苏省发电装机容量 16 155.81 万千瓦。其中,新能源装机容量 5 050.90 万千瓦,占总装机容量的 31.26%;风电装机容量 2 254.42 万千瓦,占总装机容量的 13.95%;太阳能发电装机容量 2 508.46 万千瓦,占总装机容量的 15.53%;垃圾发电装机容量 199.22 万千瓦,占总装机容量的 1.23%;生物质发电装机容量 88.80 万千瓦,占总装机容量的 0.55%。这意味着江苏以用电为代表的能源消耗体量庞大,同时,新能源发展成效显著,但不足以取代传统能源。这从源头上影响着江苏高质量发展的绿色低碳转型。

　　对此,一方面,要着力提升科技创新,聚焦绿色低碳技术攻关。经济社会的发展依赖于科学技术进步,要实现生态环境的协调发展,必须加大绿色研发投入,提升绿色科技水平。重点关注与生态环境密切相关的九大绿色科技领域为:自动驾驶技术,碳捕集利用与封存技术(Carbon Capture and Storage,CCS),新能源车技术,储能技术,氢能与燃料电池技术,绝热材料,高效光伏发电材料,海上风电技术,超导技术。应在上述领域加大研发投入,尽早实现科技突破,为江苏省绿色能源、绿色交通、绿色建筑及绿色制造业发展奠定坚实的科技基础。加快绿色低碳科技革命。要狠抓绿色低碳技术攻关,加快先进适用技术研发和推广应用。要建立完善绿色低碳技术评估、交易体系,加快创新成果转化。要创新人才培养模式,鼓励高等学校加快绿色低碳发展相关学科建设。

　　另一方面,加快推进绿色制造,以点带面提升绿色制造水平。江苏应把绿色制造作为制造强省的底色,不断提升经济高质量发展的"含绿量",能耗水平进一步下降。截至 2022 年,江苏省累计创建国家级绿色工厂 199 家、绿色园区 17 家、绿色供应链管理企业 23 家,认定省级绿色工厂 283 家。① 根据《江苏省工业领域节能技改行动计划(2022—2025 年)》,到 2025 年,工业单位增加值能耗将比 2020 年下降 17％以上,工业能效水平位居全国前列,除绿色制造业外,江苏省低碳农业、绿色建筑、低碳交通运输业建设水平全国领先,这都是在绿色科技创新推动下的高质量发展。② 未来要持续巩固绿色制造的优势发展地位,以重大需求和重大任务为牵引,进一步突出创新核心地位,深耕绿色发展赛道。

---

　　① 　江苏省人民政府网. 绿色发展[DB/OL].[2022 - 05 - 19]. http://www. jiangsu. gov. cn/art/2022/5/19/art_31380_2424589. html.
　　② 　工业能效提升行动计划[S]. 工信部、发改委等六部门,2022 - 07 - 04.

五、以全面高质量发展总要求打造现代生态治理体系

近年来,江苏在现代生态治理体系构建方面形成了一系列体系化成果。例如,通过省部共建,创新性地构建了生态环境治理体系,其中又包含七大子体系;构建由组织体系、指挥体系、行动体系、监督体系、保障体系等五个子体系构成的生态环境执法体系;在打造高质量生态环境的过程中,还创新性地构建了"环保脸谱"体系、绿色低碳循环发展经济体系、监测评估的绩效考核体系、生态环保综合执法体系、生态环境地方标准体系、生态环境损害赔偿"1+7+1"制度体系,以及公开透明、自动评价、实时滚动的信用评价体系等。不过,高质量发展作为经济社会发展的总要求和全面建设社会主义现代化的总任务,对现代生态治理体系的打造提出了更加全面、更加系统的要求。从过程治理的角度而言,以全面高质量发展总要求打造现代生态治理体系,需要建立和完善从源头到结果全覆盖的高质量生态治理体系,以确保现代生态治理体系的有效性和高水平性。

就源头而言,首先要建立健全绿色化、低碳化的能源治理体系。针对高质量发展中遭遇的资源能源问题,从江苏经济社会高质量发展的输入端全面深化供给侧结构性改革,在不断完善现有资源能源法律法规的同时,创新保障能源革命的制度体系,强化能源转型的外部约束机制和体制。在有法可依的情况下,继续加强环境执法,利用现代数字技术加强环境监督,全面实行能耗定额管理,加快推进能源利用与环境管理信息化建设,加强绿色低碳管理能力建设,实现资源能源源头防控、过程管控和能效考核的双向治理。

其次,创新环境规制工具和手段。完善碳排放交易市场,持续创新绿色财政税收和金融工具。关注省内重点排放单位碳排放报告、监测计划制定和核查、复查工作,以及配额分配工作,使碳排放

交易市场真正活化并积极运作起来。制定约束政策和激励政策，提高企业节能改造、污染治理等低碳生产意愿。通过营造有利于低碳发展的外部环境，积极推动产业、能源、消费领域的绿色低碳转型。要坚持创新绿色金融工具。拓宽绿色直接融资渠道，拓展绿色保险创新试点，健全绿色融资担保体系，通过这些政策工具积极优化和调整产业结构，引导和促进区域产业绿色化转型。

再次，扩大环境信息透明度，加强环保宣传教育。优美的生态环境已成为人民对更美好生活需要的有机组成部分。在社会主义中国这一生态文明建设的场域中，人民群众既是自然生态系统和社会生态系统的主人，又是高品质生态环境的建设者和享有者。因此，推进全面高质量发展的现代生态治理体系要走群众路线。政府应进一步加强生态环境信息数据公开，向公众发布本地区的实时空气质量数据、水质量数据等，提升公众对实时环境信息的关注度和满意度；要不断完善和拓展公众参与环保监督的渠道，在加强垂直管理水平的同时，减少群众参与环境保护和污染防治的管理层级，以扁平化的体制机制改革提升公众参与现代生态治理的能效。

最后，要高度重视重大项目的环境听证工作，加强绿色化、低碳化的项目过程管理和目标管理，以重大项目示范和引领高质量发展的生态价值取向。

六、以"双碳"为抓手全面推进城乡高质量发展和高水平保护

在城乡建设高质量的推进下，据江苏省统计局抽样调查数据，2022 年末，全省常住人口城镇化率为 74.42％，其中苏南、苏中、苏北地区分别为 82.78％、71.17％、65.47％，区域城镇化水平在稳步提升的同时，差异逐渐缩小。13 个设区市中，城镇化率最高的是南京市 87.01％；最低的连云港市 63.08％。城市已成为江苏高质量发展的主要载体，同时也是碳排放的主要来源地。以"双碳"

为抓手全面提升城市生态环境高质量发展水平,把握城市这一碳排放主体,是实现江苏以高品质生态环境支撑高质量发展的关键所在。

江苏作为目前全国唯一的美丽宜居城市建设试点省份,积极适应新时代城市发展的新要求,将绿色低碳发展理念融入城市建设全过程,推动城市建设转型,建设宜业、宜居的低碳城市,是城市高质量发展的必由之路。

一是要持续推进江苏省国家低碳试点城市(苏州、淮安、镇江、南京、常州)试点示范工作,持续推进"十四五"时期"无废城市"建设(南京、无锡、徐州、常州、苏州、淮安、镇江、泰州、宿迁)示范工作,以遍布苏南、苏中、苏北的地方低碳试点创新发展,南北贯通带动全省绿色低碳高质量发展。[①] 在低碳试点城市的带动下,全省高质量发展实现良好开局。

二是鉴于江苏正处于经济转型的关键时期,资源、能源、环境的结构性、根源性和趋势性问题依然突出。必须在深入推进环境污染攻坚战的同时,加快"美丽江苏"建设步伐,在"强富美高"新江苏建设中以和谐美丽形塑"强富美高"之魂,以城乡一体化打造高品质的美丽城乡共同体,以生态城市的高质量发展带动乡村振兴,以美丽乡村的高水平建设促进美丽城乡共同体的构建。

三是以实现"双碳"目标为抓手,有效推进江苏的高质量发展。根据江苏省公布的"十四五"规划和2035年远景目标,江苏将率先基本实现社会主义现代化,并做到水平更高、走在前列。预期到2035年,全省经济实力、科技实力、综合竞争力大幅跃升,区域创新能力进入创新型国家前列水平;基本实现新型工业化、信息化、城镇化和农业现代化,建成现代化经济体系;形成高水平开放型经

---

① 江苏省人民政府网. 2017—2018 年江苏省低碳发展报告[DB/OL]. [2019 - 06 - 20]. http://www.jiangsu.gov.cn/art/2019/6/20/art_63909_8366407.html.

济新体制,参与国际经济合作竞争新优势明显增强;基本实现省域治理体系和治理能力现代化,建成更高水平的法治江苏、智慧江苏、健康江苏、平安江苏、诚信江苏,建成文化强省、教育强省、科技强省、人才强省、体育强省,人民平等参与、平等发展权利得到充分保障,公民素质和社会文明程度达到新的高度,人的全面发展和全省人民共同富裕走在全国前列;碳排放提前达峰后稳中有降,生态环境根本好转,建成美丽中国示范省份,初步展现出现代化图景,"强富美高"新江苏建设迈上新的大台阶。[①] 积极稳妥推进碳达峰碳中和,是全面建设中国特色社会主义现代化建设新征程中把生态文明建设放在突出地位,融入经济建设、政治建设、文化建设、社会建设各方面和全过程的重要战略路径,也是落实高质量发展首要任务的重要战略路径。因此,江苏在提升城市化平衡度的同时,必须前瞻性地加快城市实现碳达峰碳中和的步伐,以城市的高品质生态环境建设支撑江苏的高质量发展。

七、以"双循环"为目标打造全面高质量发展新格局

党的二十大强调:"坚持高水平对外开放,加快构建以国内大循环为主体、国内国际双循环相互促进的新发展格局。"[②]中共江苏省委十三届八次全会提出,要把以国内大循环为主体、国内国际双循环相互促进的新发展格局作为谋划下一步经济工作的"大坐标"。

江苏高质量发展必须着眼"两个大局",深刻认识新发展阶段的新特征新要求,深刻认识风险与机遇的辩证关系,把握发展规

---

① 娄勤俭.关于《中共江苏省委关于制定江苏省国民经济和社会发展第十四个五年规划和二〇三五年远景目标的建议》的说明[J].群众,2021(1):4.

② 习近平.高举中国特色社会主义伟大旗帜 为全面建设社会主义现代化国家而团结奋斗:在中国共产党第二十次全国代表大会上的报告[M].北京:人民出版社,2022:28.

律,努力在危机中育先机、于变局中开新局,为全面建设社会主义现代化开好局、起好步。作为经济大省和开放大省,如何践行习近平总书记嘱托,在构建新发展格局上争做示范,成为江苏必须答好的时代问卷。

结合江苏全面高质量发展的重点领域,以构建"双循环"为目标打造发展新格局的实践路径:在经济发展高质量方面,立足自身,加快培育完整内需体系,持续释放内需潜能。一手抓需求,一手抓供给,推动产业链、供应链优化升级,推进区域一体化助力建设全国统一大市场,稳固国内大循环主体地位,增强在国际大循环中带动能力;在改革开放高质量方面,坚持开放,深度融入全球经济。坚持把"一带一路"交汇点作为促进国内国际双循环的战略通道,江苏需要进一步主动对标高标准国际经贸规则,探索规则、规制、管理、标准等制度型开放,推进自贸区和开发区等开放平台建设,不断提升投资贸易自由化、便利化水平,推动更高水平对外开放,促进国内国际市场联通。江苏未来需要继续以开放促发展,坚持内外联动,通过高质量参加'一带一路'建设,积极参与长三角区域高质量一体化建设等区域合作,加大与国内中西部地区协作和分工,推动海陆内外联通、东西双向互济的开放格局的形成,在服务全国构建新发展格局方面,坚持以问题为导向,突出以高品质生态环境支撑高质量发展的道路探索,以生态经济体系的打造为基础,以绿色低碳的改革开放为引擎,形塑美丽城乡共同体,铸塑"一山二水七分田"的山水田园文化共同体,最终实现人民生活高质量。

第五节　全面高质量发展"江苏方案"的生态政治保障

一、坚持党对高质量发展的领导

马克思主义生态哲学思想是基于人与自然之间交互及对立关系的产生和消解的伟大创造,基于辩证唯物主义自然观的科学内涵,以及西方生态社会主义哲学思潮对现代生态问题的回应。[①]新时代中国特色社会主义生态文明从文化建设、经济建设、社会协同、人的全面发展等辩证关系出发,开创了人类文明发展的新形态。全面高质量发展的江苏方案基于中国特色社会主义的生态文明建设,是理论维度上对马克思主义生态文明的创新发展,更是实践维度构建人民美好生活的现实路径。坚持党的领导作为中国共产党百年奋斗的宝贵经验之首,对于继续推进高质量发展意义重大,党的全面领导既是社会主义生态文明建设的根本政治保证,也是全面建设中国特色社会主义、推动高质量发展的根本政治保证。只有以习近平生态文明思想为指南,坚持党对高质量发展的领导,转变思路、调整策略、统筹谋划,才能绘出"绿水青山"与"金山银山"相映生辉的高质量发展画卷,确保生态文明建设和高质量发展统一于全面建设中国特色社会主义现代化的全过程各方面。同样,江苏高质量发展是一项复杂的系统工程,涉及经济社会发展的全过程各方面,必须发挥党总揽全局、协调各方的引领作用。

---

① 黄闪闪,郭春喜. 马克思主义生态哲学思想的内在逻辑与当代实践研究[J]. 中南林业科技大学学报(社会科学版),2022,16(1):8-13.

二、将生态文明建设目标贯穿于高质量发展的全过程各方面

1. 这是立足新发展阶段、深入贯彻新发展理念的基本要求。党的二十大报告指出，"高质量发展是全面建设社会主义现代化国家的首要任务。发展是党执政兴国的第一要务"[①]。发展是解决我国一切问题的总钥匙，加快构建新发展格局，着力推动高质量发展，是"十四五"乃至更长时期我国经济社会发展的主题，关系到我国社会主义现代化建设全局。发展理念是发展行动的先导，是发展思路、发展方向、发展着力点的集中体现，一定的发展实践都是由一定的发展理念来引领的。新发展理念是一个系统的理论体系，回答了关于发展的目的、动力、方式、路径等一系列理论和实践问题，引导我国经济发展取得了历史性成就、发生了历史性变革。新发展理念是我国现代化建设的指导原则，是新时代引领我国高质量发展的根本遵循。

立足新发展阶段，深入贯彻新发展理念，坚持以人民为中心的发展思想，牢记根本宗旨。高质量发展的落脚点就是为了实现人民的根本利益。新发展理念深刻回答了"为谁发展""靠谁发展"的根本性问题。为人民谋幸福、为民族谋复兴，是新发展理念的"根"和"魂"。进入新发展阶段，要统筹考虑需要和可能，推动人的全面发展、全体人民共同富裕取得更为明显的实质性进展，按照经济社会发展规律循序渐进，自觉主动解决地区差距、城乡差距、收入差距等问题，着力补齐民生短板、办好民生实事，使人民群众获得感、幸福感、安全感更加充实、更有保障、更可持续。实现创新、协调、绿色、开放、共享发展，坚持问题导向，以创新发展解决发展动力问

[①] 习近平. 高举中国特色社会主义伟大旗帜 为全面建设社会主义现代化国家而团结奋斗：在中国共产党第二十次全国代表大会上的报告[M]. 北京：人民出版社，2022：28.

题,以协调发展解决发展不平衡问题,以绿色发展解决人与自然和谐共生问题,以开放发展解决内外联动问题,以共享发展解决社会公平正义问题,在解决重大问题中助推经济社会高质量发展。立足新发展阶段,深入贯彻新发展理念,是将生态文明建设目标贯穿于高质量发展的全过程各方面的重要战略谋划。①

2. 把深入贯彻新发展理念落到实处,优化将生态文明建设融入高质量发展的顶层设计和中长期规划。党的十七大报告中首次把生态文明建设作为一项战略任务确定下来,在党的十八大报告中,中国把生态文明建设纳入统筹推进"五位一体"的总布局,要求把生态文明建设放在突出地位,纳入经济建设、政治建设、文化建设、社会建设的各方面和全过程。党的十九大立足于新时代的高质量发展,将建设生态文明提升为中华民族永续发展的"千年大计"。将美丽中国纳入国家现代化目标之中,要求在 2035 年基本实现现代化时,生态环境根本好转,美丽中国基本实现,2050 年把中国建设成富强民主文明和谐美丽的社会主义现代化强国。党的二十大报告强调:中国式现代化是人与自然和谐共生的现代化,推动绿色发展,促进人与自然和谐共生,尊重自然、顺应自然、保护自然,是全面建设社会主义现代化国家的内在要求。必须牢固树立和践行绿水青山就是金山银山的理念,站在人与自然和谐共生的高度谋划发展。党的十七大首次提出生态文明建设,到党的二十大强调中国式现代化是人与自然和谐共生的现代化,生态文明的理念随着国家高质量发展的脚步不断具体、不断优化。

坚持战略谋划是中国共产党在不同时期从胜利走向胜利的重要法宝。进入新时代,党和政府大力推行生态文明建设,把生态文明建设纳入中国特色社会主义事业的"五位一体"总体布局。与社

---

① 完整,准确,全面贯彻新发展理念谱写社会主义现代化建设新篇章[J].求是,2022(16):7.

会巨大发展力相对应的是社会经济面临着如何转型升级,推动生态文明体制改革,加强生态文明制度建设是推进江苏高质量发展的重要保障。新时代的江苏正在践行马克思主义生态哲学思想的理论,并且通过一系列政策改革和指引,将其落实到生态环境的发展中去。深刻认识习近平"两山"理念中的哲学思想对指导我国生态文明建设具有重要意义。一方面,从本质上来讲,社会生产力的无序增长往往以生态环境的严重破坏为代价,为此必须改变单纯追逐金山银山的旧有生产模式,重新认识经济发展与生态环境的紧密联系。另一方面,绿水青山理念所体现的永续发展的价值理念,是对马克思主义生态理论的创新发展。我们所讲的生产绝不是"竭泽而渔"的毁灭式生产,而是要激发源源不断的社会生产力和经济财富的生产①。习近平总书记指出"保护生态环境就是保护生产力"。把握生态环境保障与社会经济发展之间的和谐张力才能为经济稳定增长提供长期发展动力。江苏的高质量发展要坚持战略谋划,贯彻"绿水青山就是金山银山"的发展理念,坚持在发展中保护、在保护中发展,积极探索代价小、效益好、排放低、可持续的环保新道路,加快构建有利于节约能源资源和保护生态环境的国民经济体系,根据发展现状不断优化将生态文明建设融入高质量发展的顶层设计和中长期规划。

3. 制定"双碳"与全面高质量发展内在一致的战略方案。中共中央、国务院印发的《关于完整准确全面贯彻新发展理念做好碳达峰碳中和工作的意见》,明确了我国实现碳达峰碳中和的时间表、路线图,国务院印发《2030年前碳达峰行动方案》,聚焦2030年前碳达峰目标描绘路线图。江苏省委省政府编制印发的《关于推动高质量发展做好碳达峰碳中和的实施意见》明确了江苏全省

① 方世南.习近平生态文明思想对马克思主义规律论的继承和发展[J].理论视野,2019(11):6.

在 2030 年如期实现碳达峰、2060 年实现碳中和的总体目标任务。实现碳达峰碳中和是推动高质量发展的内在要求,实现高质量发展,就要坚定不移贯彻新发展理念,坚持系统观念,以经济社会发展全面绿色转型为引领,以能源绿色低碳发展为关键,加快形成节约资源和保护环境的产业结构、生产方式、生活方式、空间格局,坚定不移走生态优先、绿色低碳的高质量发展道路。[①] 因此,江苏省高质量发展的新方案必然需要融合"双碳"战略目标、任务和内容,同时明确实现"双碳"目标是有效落实高质量发展的时代之需。

碳达峰、碳中和将赋能江苏高质量发展。首先,碳达峰、碳中和目标将有效赋能生态文明建设,全面推进社会认知向绿色低碳角度升级。其次,碳达峰、碳中和目标可以有效赋能经济转型升级,增强供给侧结构性改革活力,推动技术、能源结构、产业结构、市场结构的高质量转型。实现"双碳"目标内含一系列节能、降碳的科技创新要求,对高质量发展的动能转换具有极强的推动作用。科技创新是实现双碳目标的必要支撑,是增强双碳目标执行力的基础,也是经济发展、改革开放、城乡建设、生态环境、文化建设、人民生活的高质量建设前提。

江苏需要制定"双碳"与高质量发展内在一致的战略方案。第一,要坚定不移地遏制"两高"项目;第二,要把自主自立的绿色低碳科技创新作为促进两者协同共进的重点和关键;第三,积极参与国内和国际的碳排放交易市场的建设,进一步加大财政资金支持力度,设立碳达峰碳中和投资基金,通过市场化方式支持能源、交通、工业、建筑等重点领域绿色低碳发展;第四,设立碳达峰碳中和科技创新专项资金,重点支持绿色低碳关键核心技术研发与推广应用;第五,强化政策引导和重点领域管控,有效支撑碳排放率先达峰目标实现。不断推进产业结构和能源机构调整,电动汽车、光

---

① 俞海,王鹏.正确认识和把握碳达峰碳中和[J].红旗文稿,2022(13):45-48.

伏、风电等热点产业蓬勃发展,积极拓展光能、氢能、地热等应用,强化能源绿色转型推动力。依托省级绿色建筑示范城区建设,推动建筑绿色化改造,打造"零碳"建筑试点。[①] 将双碳目标的实现更好融入江苏高质量发展的全过程各方面。

三、以"六个高质量发展"为重点推进全面高质量

唯物辩证法的联系观指出,事物之间存在着普遍多样的联系,一切事物之间都是由多层次、多方面的要求组成的。这种内在联系有助于人类认识到自身与自然界是一个交互共生的整体。自然的发展演进体现为各种因素的相互作用,"我们所接触到的整个自然界构成一个体系,即各种物体相联系的总体"。对人类而言,自然界既不是单个物种的"联合体",也不是多个物种的"独联体",而是休戚与共的生命共同体。正是基于人与自然相互联系、相互依存的生命关系,中国提出了建设生态文明,开辟了中国建设现代化的新路。习近平总书记在庆祝中国共产党成立一百周年大会上宣告:"我们坚持和发展中国特色社会主义,推动物质文明、政治文明、精神文明、社会文明、生态文明协调发展,创造了中国式现代化新道路,创造了人类文明新形态。"[②]因此,就高质量发展而言,既需要突出重点抓当下,高质量经济建设、政治建设、文化建设、社会建设和生态建设,还要协同推进器物层面、制度层面、精神层面的高质量发展。以制度的全面系统建设保障人和社会在器物层面、精神层面的全面发展,进而真正实现以人与自然和谐共生为基础的、以人民为主体、以人民为中心的全面高质量发展。

---

① 中国环境报.明确"双碳"路径坚持"高""新"特色南京高新区赋能绿色低碳发展[DB/OL].[2022-08-25]. https://www.mee.gov.cn/ywdt/dfnews/202208/t20220825_992453.shtml.

② 中共中央党史和文献研究院编.习近平关于尊重和保障人权论述摘编[M].北京:中央文献出版社,2021:105.

全面高质量发展最终依赖于人的全面发展,人的全面发展集中体现在人的自然性和社会性的全面发展。因此,江苏以"六个高质量发展"为重点推进全面高质量发展是以出发点与回归点相统一的原则,渐次促进人的全面发展、促进社会的全面发展的战略选择。以不同阶段的主要矛盾为出发点,谋求人的生态需要和社会需要的满足,以高质量的生产满足高品质的生活需要,以综合的系统思维,牢固树立新时代中国特色社会主义生态文明思想,始终以马克思主义的科学实践观和发展观指导高质量的发展。既要尊重自然、顺应自然、保护自然,又要尊重劳动、尊重创造、尊重人的发展。一是把生态环境高质量置于更加突出的地位,重视其高品质的基础性、战略性和前瞻性;二是加快经济结构的绿色化、低碳化转型升级,打造绿色低碳的生态经济体系;三是提升城乡生态一体化建设水平,以生态化赋予城乡一体新的品质;四是以双循环格局的打造为抓手,加快自主自立的科技创新步伐,以创新谋求高质量发展的话语权,实现更高质量、更高水平的改革开放;五是坚持以人文化天下,加快将教育优势转型为高质量发展的人才优势和科技创新优势。通过搭建数字化、智能化的教育、科研平台,集成智力资源,形成众创性成果。不拘一格,塑造高素质、高水平的高质量发展人才,促进以创造创新创业为基础的人民生活的高质量发展。

四、构建人与自然和谐共生的高质量发展制度体系

党的十九届四中全会提出,坚持和完善生态文明制度体系,促进人与自然和谐共生。建立系统完整的生态文明制度体系,打造生态环境保护的制度屏障,将为实现"美丽中国"的奋斗目标和中华民族的永续发展提供重要支撑。党的二十大把高质量发展确定为全面建设中国特色社会主义现代化的总任务。这意味着需要把高质量发展作为总任务有效落实到中国式现代化的各方面,包括人口的发展、全体人民的共同富裕、物质文明和精神文明的协调发

展、人与自然的和谐共生、世界的和平发展等方面。其实质是人、自然、社会、世界及其相互关系和谐与发展问题。这是涉及不同主体不同层次不同领域的关系的和谐与发展问题。其中人与自然的关系是最基础的。人与自然关系问题凸显的是人与人、人与社会、人与世界的关系问题。因此，以全面系统高效的制度体系保障人与自然和谐共生是全面建设中国式现代化的内在需要。全面高质量发展的江苏方案同样需要重视构建人与自然和谐共生的高质量发展制度体系，以制度规约人与自然和谐共生的人口质量、人的文明，规约社会和世界的发展对地球生物圈的影响，进而促进现代化的全面建设和文明新形态的创造。

构建人与自然和谐共生的高质量发展制度体系要以习近平新时代中国特色社会主义思想为制度之魂，秉持"生态兴则文明兴"的文明史观，坚持"以人民为中心"的价值立场，坚持以推动人、自然、社会的全面协调可持续的高质量发展为目标。一是实行最严格的生态环境保护制度。要健全源头预防、过程控制、损害赔偿、责任追究的生态环境保护体系。加强对生态环境的全程保护，构建事前预防、过程监督和事后追责的生态保护机制。要完善污染防治区域联动机制和陆海统筹的生态环境治理体系。完善绿色生产和消费的法律制度和政策导向，完善地方性生态环境保护法律规章制度。完善绿色产业发展支持政策，引导社会资本投入绿色产业发展。

二是全面建立资源高效利用制度。首先要加快构建科学的自然资源产权体系，明确自然资源使用者的具体责任和权利，划清各类自然资源使用权、所有权的边界，形成归属清晰、权责明确、监督有效的基础性生态文明制度。其次要健全资源节约集约循环利用政策体系。在资源利用过程中，树立节约集约循环利用的资源观，提升人民群众资源节约和生态环境保护意识。落实资源有偿使用制度，采用强制性手段确保自然资源使用者在使用过程中支付相应费用，以确保合理配置自然资源，防止资源浪费现象。

三是健全生态保护和修复制度。要协同推动生态环境保护和修复，促进绿色可持续发展，强化自然资源整体保护，运用系统思维方法，统筹山水林田湖草一体化保护和修复，加强长江、太湖、淮河重点水域生态保护和系统治理，维护自然生态系统的良好运转。健全迁地保护、就地保护制度。科学设置各类自然保护地，确保重要自然生态系统、自然景观和生物多样性得到系统性保护，强化自然保护地监测、评估、考核、监督，逐步形成一整套体系完备、监管有力的监督管理制度。筑牢生态安全屏障。严惩毁林开荒、围湖造田等生态破坏行为，坚持谁破坏、谁赔偿的原则，形成严密高效的制度安排。

四是严明生态环境保护责任制度。建立生态文明建设目标评价考核制度，领导干部要树立科学的政绩观，将环境破坏成本、生态资源消耗等一系列反映生态效益的指标纳入考核评价体系。落实中央生态环境保护督察制度，设立专职督察机构，并根据需要对督察整改情况实施"回头看"。实施生态补偿和生态环境损害赔偿制度，建立多元化生态补偿机制，制定横向生态补偿机制办法，以地方补偿为主，中央财政给予支持。严格实行生态环境损害赔偿制度，健全环境损害赔偿方面的法律制度、评估方法和实施机制，强化生产者环境保护法律责任，大幅度提高违法成本。[①]

综上，生态哲学视域下高质量发展的"江苏方案"需要以"六个高质量"为基础和重点转向全面高质量。这是响应我国高质量发展由经济高质量转而成为对经济社会发展各方面的总要求、全面建设社会主义现代化国家的首要任务的内在要求，是根植于社会主要矛盾即人民日益增长的美好生活需要和不平衡不充分的发展之间的矛盾的演化而必须采取的应对策略。

① 完善促进人与自然和谐共生的生态文明制度体系[DB/OL].[2020-03-12]. https://baijiahao.baidu.com/s? id=1660951318507757420&wfr=spider&for=pc.

伴随着各省市自治区对高质量发展"总要求""首要任务"的积极回应,江苏转向全面高质量发展将在省域层面获得更多协同发展的机会。同时也至少面临两大挑战:一是变乱交织的世界带来的挑战,一是生态环境承载力的挑战。产业结构转型升级任务仍然艰巨;自主创新能力亟待加强;营商安商的环境有待优化;区域发展不平衡不充分问题有待进一步解决;能源资源环境约束趋紧,生态优先有待持续加强;社会事业发展不充分,社会治理能力仍需提升等问题。针对问题,结合"十四五"时期江苏经济社会发展的总体要求、主要目标和2035年远景目标,制定全面高质量发展的"江苏方案"旨在以创新驱动,推动全省人均地区生产总值在2020年基础上实现翻一番,居民人均收入实现翻一番以上,区域创新能力进入创新型国家前列水平,基本实现新型工业化、信息化、城镇化和农业现代化,形成高水平开放型经济新体制,基本实现社会治理体系和治理能力现代化,人的全面发展和全省人民共同富裕走在全国前列,生态环境根本好转,初步展现出江苏社会主义现代化图景。

全面高质量发展"江苏方案"以习近平新时代中国特色社会主义思想为指导,以稳中求变、变中求新为原则,寻求在"稳""变""新"实现良性循环的基础上谋求全面高质量发展。坚持人与自然和谐共生,始终贯彻七个坚持,以生态惠民、绿色发展为的生态价值观和发展理念,建设全面高质量发展的绿色低碳政府,构建多主体共建共享的全面高质量发展共同体,以绿色科技创新增强高质量发展新动能,以高质量发展总要求优化现代生态治理体系,以"双碳"为抓手全面提升城乡生态环境的高质量发展,以"双循环"为目标打造全面高质量发展新格局。在构建新发展格局中,坚持以问题为导向,突出以高品质生态环境支撑高质量发展的道路探索,以生态经济体系的打造为基础,以绿色低碳的改革开放为引擎,形塑美丽城乡共同体,铸塑"一山二水七分田"的山水田园文化共同体,最终实现人民生活高质量。

参考文献

（一）著作类

[1] 陈燕儿.人才流动与经济高质量发展[M].北京:中国社会出版社,2022.

[2] 成长春.长江经济带高质量发展路径与江苏探索[M].南京:江苏人民出版社,2020.

[3] 迟福林主编.动力变革 推动高质量发展的历史跨越[M].北京:中国工人出版社,2018.

[4] 国家发展和改革委员会市场与价格研究所.高质量发展背景下的市场运行研究[M].北京:经济科学出版社,2019.

[5] 国务院发展研究中心课题组.迈向高质量发展战略与对策[M].北京:中国发展出版社,2017.

[6] 国务院国资委研究中心.中央企业高质量发展报告 2021[M].北京:中国经济出版社,2022.

[7] 韩保江.中国经济高质量发展报告[M].北京:社会科学文献出版社,2019.

[8] 黄海清.中国经济从大调整迈向高质量发展[M].北京:中国金融出版社,2020.

[9] 黄雪丽,顾平.三维变革视角下的江苏文化产业高质量发展研究[M].长春:吉林大学出版社,2022.

[10] 江苏省博物馆学会.江苏博物馆事业高质量发展[M].

北京：文物出版社，2019.

[11] 江苏省建筑行业协会. 创新引领建筑业高质量发展 江苏省建筑业改革发展调研报告［M］. 北京：中国建筑工业出版社，2018.

[12] 李强，邢蕊，黄昊. 产业技术创新生态体系 面向高质量发展的体系构建与实践探索［M］. 北京：经济科学出版社，2022.

[13] 林俊. 经济与管理书系 光明社科文库 开放型经济高质量发展问题研究 基于江苏产业结构调整视角［M］. 北京：光明日报出版社，2021.

[14] 刘德海. 聚焦高质量 改革再出发［M］. 南京：江苏人民出版社，2020.

[15] 刘德海. 推进江苏高质量发展走在前列［M］. 南京：江苏人民出版社，2019.

[16] 刘吉双，朱广东，包振山. 生态优先绿色产业发展论 江苏沿海地区推进经济高质量发展的理论与实践探索［M］. 北京：中国经济出版社，2018.

[17] 刘俏. 从大到伟大 2.0：重塑中国高质量发展的微观基础［M］. 北京：机械工业出版社，2018.

[18] 刘妍. 中国农业高质量发展 基于出口对产业的影响与传导路径［M］. 北京：光明日报出版社，2020.

[19] 刘宇濠. 深圳迈向高质量发展阶段的龙岗路径［M］. 北京：新华出版社，2019.

[20] 马克思恩格斯文集：第一～十卷［M］. 北京：人民出版社，2009.

[21] 马克思恩格斯选集：第一～四卷［M］. 北京：人民出版社，2012.

[22] 孟祺. 数字经济与经济高质量发展研究［M］. 北京：经济科学出版社，2022.

[23] 宁吉哲. 迈向高质量发展的中国经济[M]. 北京：中国统计出版社，2018.

[24] 彭荣. 高质量发展评价方法及其应用研究[M]. 广州：中山大学出版社，2022.

[25] 彭文斌，曾世宏. 绿色创新与高质量发展[M]. 北京：经济管理出版社，2022.

[26] 沙勇. 文化高质量发展研究系列丛书 大美非遗 大运河边的守艺人[M]. 南京：江苏人民出版社，2020.

[27] 史丹. 中国经济高质量发展[M]. 北京：经济管理出版社，2019.

[28] 陶良虎，李波平，徐勇. "互联网＋"让中国经济高质量发展[M]. 北京：国家行政管理出版社，2020.

[29] 屠启宇，李健. 特大城市高质量发展模式 功能疏解视野下的研究[M]. 上海：上海社会科学院出版社，2018.

[30] 王虎邦. 高质量发展下宏观杠杆率动态调整对经济增长的影响效应研究[M]. 长春：吉林大学出版社，2020.

[31] 王可达. 新时代经济高质量发展理论与广州实践研究[M]. 广州：广州出版社，2020.

[32] 王文娟. 新发展理念与高质量发展[M]. 北京：经济科学出版社，2021.

[33] 王一鸣，陈昌盛. 高质量发展 宏观经济形势展望与打好攻坚战[M]. 北京：中国发展出版社，2018.

[34] 王忠宏主编. 高质量发展的中国经济 2019 版[M]. 北京：中国发展出版社，2019.

[35] 韦艳，尚保卫. 智慧健康养老产业高质量发展现状与路径[M]. 北京：中国经济出版社，2022.

[36] 魏澄荣. 创新驱动福建高质量发展专题研究[M]. 长春：吉林人民出版社，2019.

[37] 吴传清,黄磊,邓明亮. 长江经济带创新驱动与绿色转型发展研究[M].北京:中国社会科学出版社,2021.

[38] 习近平. 高举中国特色社会主义伟大旗帜 为全面建设社会主义现代化国家而团结奋斗:在中国共产党第二十次全国代表大会上的报告[M].北京:人民出版社,2022.

[39] 习近平. 论坚持人与自然和谐共生[M].北京:中央文献出版社,2022.

[40] 习近平. 习近平谈治国理政:第三卷[M].北京:外文出版社,2020.

[41] 习近平. 习近平谈治国理政:第四卷[M].北京:外文出版社,2022.

[42] 习近平. 之江新语[M].杭州:浙江人民出版社,2007.

[43] 夏锦文,吴先满. 新时代江苏金融高质量发展研究[M].南京:江苏人民出版社,2019.

[44] 夏锦文,吴先满. 新时代江苏经济高质量发展中的金融问题探索[M].南京:江苏人民出版社,2019.

[45] 夏锦文,吴先满. 新时代江苏经济高质量发展中的金融问题新探索[M]. 南京:江苏人民出版社,2020.

[46] 夏锦文,吴先满. 新时代江苏经济社会高质量发展研究[M].南京:江苏人民出版社,2020.

[47] 许正中. 高质量发展的政治经济学[M].北京:中国言实出版社,2020.

[48] 杨玉桢. 高质量发展视域下政产学研协同创新[M].北京:经济科学出版社,2022.

[49] 易昌良. 中国高质量发展指数报告[M].北京:研究出版社,2019.

[50] 张二震. 高质量发展的昆山之路[M].北京:人民出版社,2019.

[51] 张洪程,陆建飞,金涛,等. 江苏省稻米产业高质量发展战略研究[M]. 北京:中国农业出版社,2021.

[52] 张宁宁. 江苏省建筑业高质量发展调研报告[M]. 南京:江苏人民出版社,2020.

[53] 张自然,张平,袁富华,等. 中国经济增长报告(2017—2018)迈向高质量的经济发展[M]. 北京:社会科学文献出版社,2018.

[54] 郑焱. 推动江苏高质量发展走在前列 2018 年江苏省政府决策咨询研究重点[M]. 南京:江苏人民出版社,2019.

[55] 郑焱. 高质量建设强富美高新江苏 2017 年江苏省政府决策咨询研究重点课题成果汇编[M]. 南京:江苏人民出版社,2018.

[56] 郑焱. 推动江苏高质量发展走在前沿 2018 年江苏省政府决策咨询研究重点课题成果汇编[M]. 南京:江苏人民出版社,2019.

[57] 中共中央文献研究室. 习近平关于社会主义生态文明建设论述摘编[M]. 北京:中央文献出版社,2017.

[58] 中共中央宣传部,中华人民共和国生态环境部编. 习近平生态文明思想学习纲要[M]. 北京:学习出版社:人民出版社,2022.

[59] 中共中央宣传部. 习近平新时代中国特色社会主义思想三十讲[M]. 北京:学习出版社,2018.

[60] 中国政策研究网编辑组. 高质量发展[M]. 北京:中国言实出版社,2019.

[61] 朱克力. 趋势:高质量发展的关键路径[M]. 北京:机械工业出版社,2019.

[62] 朱之鑫,张燕生,马庆斌,等. 中国经济由高速增长转向高质量发展研究[M]. 北京:中国经济出版社,2019.

(二)论文类

[1] 陈峰燕.高质量推进南通生态环境建设研究,[J].现代经济信息,2019,(6):470-472.

[2] 陈诗一,陈登科.雾霾污染、政府治理与经济高质量发展[J].经济研究,2018(2):20-34.

[3] 邓想,曾绍伦.乡村振兴战略背景下村镇产业生态链构建研究[J].生态经济,2019(4):111-117.

[4] 邓子纲,贺培育.论习近平高质量发展观的三个维度[J].湖湘论坛,2019(1):13-23.

[5] 高德步.高质量发展与新时代中国经济学的创新转型[J].中国特色社会主义研究,2020(1):47-51.

[6] 韩喜平,刘岩.实现以共同富裕为导向的高质量发展[J].山东社会科学,2022(3):5-10.

[7] 何成军,李晓琴.乡村旅游转型升级动力机制研究:基于供需协同视角的研究[J].云南农业大学学报(社会科学),2020(2):77-83.

[8] 黄娟,毛凯,孙兆海.生态空间管控在地级市域生态文明建设中的实践:以淮安市为例[J].环境科技,2017(5):71-74.

[9] 黄闪闪,郭春喜.马克思主义生态哲学思想的内在逻辑与当代实践研究[J].中南林业科技大学学报(社会科学版),2022,16(1):8-13.

[10] 黄志斌,高慧林.习近平生态文明思想:中国化马克思主义绿色发展观的理论集成[J].社会主义研究,2022(3):60.

[11] 惠树鹏,王绪海,单锦荣.中国工业高质量发展的驱动路径及驱动效应研究[J].上海经济研究.2021(10):53-61,76.

[12] 金碚.关于"高质量发展"的经济学研究[J].中国工业经济,2018(4):5-18.

［13］金春鹏. 新时期江苏向海经济发展优势、问题及路径研究［J］. 江苏海洋大学学报（人文社会科学版）. 2021（5）：1－11.

［14］荆文君，孙宝文. 数字经济促进经济高质量发展：一个理论分析框架［J］. 经济学家，2019（2）：66－73.

［15］李金昌，史龙梅，徐蔼婷. 高质量发展评价指标体系探讨［J］. 统计研究，2019（1）：4－14.

［16］李林山，赵宏波，郭付友，等. 黄河流域城市群产业高质量发展时空格局演变研究［J］. 地理科学，2021（10）：1751－1762.

［17］李子联，王爱民. 江苏高质量发展：测度评价与推进路径［J］. 江苏社会科学，2019（1）：247－256，260.

［18］李子联. 中国经济高质量发展的动力机制［J］. 当代经济研究. 2021（10）：24－33.

［19］柳拯. 深刻把握"五个必由之路"推动中国特色社会组织高质量发展［J］. 中国社会组织，2022（9）：2.

［20］孟东方. 应始终将以人民为中心的发展思想贯穿高质量发展的全过程［J］. 西南大学学报（社会科学版），2022（1）：42－49.

［21］聂长飞，简新华. 中国高质量发展的测度及省际现状的分析比较［J］. 数量经济技术经济研究，2020（2）：26－47.

［22］潘雅茹，罗良文. 基础设施投资对经济高质量发展的影响：作用机制与异质性研究［J］. 改革，2020（6）：100－113.

［23］任保平，豆渊博. 黄河流域生态保护和高质量发展研究综述［J］. 人民黄河，2021（10）：30－34.

［24］任保平，李禹墨. 新时代我国高质量发展评判体系的构建及其转型路径［J］. 陕西师范大学学报（哲学社会科学版），2018（3）：105－113.

［25］任保平，文丰安. 新时代中国高质量发展的判断标准、决定因素与实现途径［J］. 改革，2018（4）：5－16.

[26] 任保平.新时代中国经济从高速增长转向高质量发展:理论阐释与实践取向[J].学术月刊,2018(3):66-74,86.

[27] 师博,任保平.中国省际经济高质量发展的测度与分析[J].经济问题,2018(4):1-6.

[28] 眭依凡.大学内涵式发展:关于高质量高等教育体系建设路径选择的思考[J].江苏高教.2021(10):12-21.

[29] 孙智君,陈敏.习近平新时代经济高质量发展思想及其价值[J].上海经济研究,2019(10):25-35.

[30] 唐亚林,于迎.主动对接式区域合作:长三角区域治理新模式的复合动力与机制创新[J].理论探讨,2018(1):28-35.

[31] 王琳,马艳.中国共产党百年经济发展质量思想的演进脉络与转换逻辑[J].财经研究.2021(10):4-18,34.

[32] 王茹,王爱民.江苏省高质量发展综合评价研究[J].经营与管理,2021(11):171-175.

[33] 王一鸣.百年大变局、高质量发展与构建新发展格局[J].管理世界,2020(12):1-13.

[34] 魏敏,李书昊.新时代中国经济高质量发展水平的测度研究[J].数量经济技术经济研究,2018(11):3-20.

[35] 吴雨星,吴宏洛.马克思经济发展质量思想及其中国实践:暨经济高质量发展的理论渊源[J].当代经济管理.2021(11):13-18.

[36] 尤玉军,解娟娟.江苏苏中绿色发展的实证研究[J].江苏社会科学,2017(5):263-268.

[37] 俞海,王鹏.正确认识和把握碳达峰碳中和[J].红旗文稿,2022(13):45-48.

[38] 张军扩,侯永志,刘培林,等.高质量发展的目标要求和战略路径[J].管理世界,2019(7):1-7.

[39] 张宪昌.习近平关于高质量发展重要论述及其当代价值

[J].中共福建省委党校学报,2018(12):14-21.

[40] 赵剑波,史丹,邓洲.高质量发展的内涵研究[J].经济与管理研究,2019(11):15-31.

(三) 报纸类

[1] 陈澄.区域协调发展迈向更高质量[N].新华日报,2022-07-13(009).

[2] 方伟.政府工作报告:2020年1月10日在连云港市第十四届人民代表大会第四次会议上[N].连云港日报.2020-01-20(001).

[3] 黄伟,徐双.以新发展理念引领绿色低碳高质量发展[N].新华日报,2022-06-10(004).

[4] 江苏省徐州市市场监管局.以质量发展为引领以"走在前"标准谱写徐州市场监管新篇章[N].中国质量报.2020-09-02(005).

[5] 刘毅,李红梅,寇江泽,等.改善生态环境就是发展生产力[N].人民日报,2022-08-22(001).

[6] 王丛霞.推动生态环境保护高质量发展[N].经济日报2021-07-07(11).

[7] 习近平在全国生态环境保护大会上强调:全面推进美丽中国建设? 加快推进人与自然和谐共生的现代化[N].光明日报,2023-7-19(01).

[8] 严维青.准确把握习近平总书记对"高质量发展"的最新阐释[N].青海日报,2021-10-12(008).